高等学校规划教材

线性代数及其应用

潘斌　于晶贤 / 主编　　　张明昕　潘烨 / 副主编

·北京·

内容提要

本书是根据教育部高等学校教学指导委员会制订的新的本科数学基础课程教学基本要求编写的，包括行列式、矩阵、线性方程组、方阵的特征值与特征向量、二次型和MATLAB实验共六章.每章都配有丰富的典型例题和充足的习题，书末附有部分习题参考答案.

本书适合作为高等学校理工科各专业线性代数课程的教材，也可供相关科研人员参考.

图书在版编目（CIP）数据

线性代数及其应用/潘斌，于晶贤主编. —北京：化学工业出版社，2020.10（2024.8重印）
高等学校规划教材
ISBN 978-7-122-37507-0

Ⅰ.①线… Ⅱ.①潘…②于… Ⅲ.①线性代数-高等学校-教材 Ⅳ.①O151.2

中国版本图书馆CIP数据核字（2020）第145292号

责任编辑：唐旭华　郝英华　　　　装帧设计：史利平
责任校对：王素芹

出版发行：化学工业出版社（北京市东城区青年湖南街13号　邮政编码100011）
印　　装：河北延风印务有限公司
710mm×1000mm　1/16　印张$9\frac{1}{2}$　字数189千字　　2024年8月北京第1版第5次印刷

购书咨询：010-64518888　　　　售后服务：010-64518899
网　　址：http://www.cip.com.cn
凡购买本书，如有缺损质量问题，本社销售中心负责调换。

定　　价：26.00元

前言

数学是培养和造就各类高素质科学技术人才的共同基础，是高等学校理、工、农、医、经管等专业学生重要的基础课.线性代数作为描述处理有限维空间中多元线性系统最重要的数学工具，已经广泛应用于石油化工、油气储运、自动控制等领域的理论分析方法、数据处理和数量模型分析中.

随着科学技术的迅猛发展，高等学校传统的数学观念和教学体系受到冲击，工程技术对数学基础内容需求量不断膨胀，并从数学观点、方法及实践方面提出了更高要求，这与有限的计划学时之间的矛盾日益突出.在当前工科数学教育中，迫切需要更新“重传统、轻现代”的教学内容，以适应高等学校工程教育面向21世纪人才培养模式的需要.在教学内容、课程体系及教学方法的改革中，教学内容的改革首当其冲.

本书是为提高学生的数学素质，培养学生的创新精神和实践能力，在辽宁石油化工大学进行的“应用型转型发展视域下大学数学课程教学改革与实践”省部级教学改革项目的推动下，组织编写的大学数学教学改革教材之一.辽宁石油化工大学应用数学教研室在多年教学实践与改革探索的基础上，结合教育部普通高等学校教学指导委员会制订的新的本科数学基础课程教学基本要求，并充分发挥石油化工特色专业的优势，编写了一套既有理论基础，又有上机实践的教材，以适应本科院校向应用型发展的教学改革新形势需要.

本书由潘斌、于晶贤主编，张明昕、潘烨副主编，内容可分为理论基础和数学实验两部分.第一部分包括第1章至第5章，第1章由姜凤利、陈丽编写；第2章由盛浩、牛宏编写；第3章由祝丹梅、李阳编写；第4章由魏晓丽、范传强编写；第5章由张明昕编写.数学实验部分为第6章，由于晶贤、潘烨编写.全书由潘斌统稿审定.

衷心感谢关心本书和对本书提出宝贵意见的同志！书中不足之处，恳请读者批评指正.

编者

2020年6月

目 录

第1章　行列式

行列式的概念源于线性方程组的求解问题. 在深入研究矩阵理论和线性方程组的有关问题时，都需要应用行列式的概念和性质. 本章主要介绍 n 阶行列式的概念、性质和计算方法.

1.1　二阶、三阶行列式

1.1.1　二阶行列式

对于二元线性方程组

$$\begin{cases} a_{11}x_1+a_{12}x_2=b_1 \\ a_{21}x_1+a_{22}x_2=b_2 \end{cases} \tag{1.1}$$

为求得方程组（1.1）的解，用 a_{22} 和 a_{12} 分别乘上列方程的两端，然后两个方程相减，可消去 x_2，得

$$(a_{11}a_{22}-a_{12}a_{21})x_1=b_1a_{22}-a_{12}b_2$$

类似地，消去 x_1，得

$$(a_{11}a_{22}-a_{12}a_{21})x_2=a_{11}b_2-b_1a_{21}$$

当 $a_{11}a_{22}-a_{12}a_{21}\neq 0$ 时，可求得方程组（1.1）的解为

$$x_1=\frac{b_1a_{22}-a_{12}b_2}{a_{11}a_{22}-a_{12}a_{21}},\quad x_2=\frac{a_{11}b_2-b_1a_{21}}{a_{11}a_{22}-a_{12}a_{21}} \tag{1.2}$$

为了便于记忆、使用这一解的公式，记分母 $a_{11}a_{22}-a_{12}a_{21}$ 为

$$\begin{vmatrix} a_{11} & a_{12} \\ a_{21} & a_{22} \end{vmatrix}=a_{11}a_{22}-a_{12}a_{21} \tag{1.3}$$

称式（1.3）为二阶行列式. 其中数 $a_{ij}(i=1,2;\ j=1,2)$ 称为行列式的元素或元，下标 i 称为行标，下标 j 称为列标.

二阶行列式的计算法则可利用图 1.1 进行，并称这一计算方法为二阶行列式的对角线法则.

类似地，记

$$b_1a_{22}-a_{12}b_2=\begin{vmatrix} b_1 & a_{12} \\ b_2 & a_{22} \end{vmatrix},\quad a_{11}b_2-b_1a_{21}=\begin{vmatrix} a_{11} & b_1 \\ a_{21} & b_2 \end{vmatrix} \tag{1.4}$$

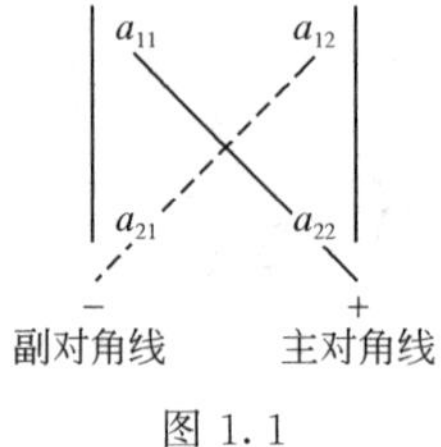

图 1.1

由此可得方程组（1.1）的解为

$$x_1=\frac{\begin{vmatrix} b_1 & a_{12} \\ b_2 & a_{22} \end{vmatrix}}{\begin{vmatrix} a_{11} & a_{12} \\ a_{21} & a_{22} \end{vmatrix}}=\frac{D_1}{D}, \quad x_2=\frac{\begin{vmatrix} a_{11} & b_1 \\ a_{21} & b_2 \end{vmatrix}}{\begin{vmatrix} a_{11} & a_{12} \\ a_{21} & a_{22} \end{vmatrix}}=\frac{D_2}{D} \tag{1.5}$$

其中，分母 D 是由方程组（1.1）的系数所确定的二阶行列式，D_1 是用常数项 b_1，b_2 替换 D 中第一列元素 a_{11}，a_{21} 所得的二阶行列式，D_2 是用常数项 b_1，b_2 替换 D 中第二列元素 a_{12}，a_{22} 所得的二阶行列式.

【例 1.1】 求解二元线性方程组

$$\begin{cases} 3x_1-2x_2=-8 \\ x_1+3x_2=1 \end{cases}$$

解 由于

$$D=\begin{vmatrix} 3 & -2 \\ 1 & 3 \end{vmatrix}=3\times3-(-2)\times1=11\neq0$$

$$D_1=\begin{vmatrix} -8 & -2 \\ 1 & 3 \end{vmatrix}=-22, \quad D_2=\begin{vmatrix} 3 & -8 \\ 1 & 1 \end{vmatrix}=11$$

所以方程组的解为

$$x_1=\frac{D_1}{D}=-2, \quad x_2=\frac{D_2}{D}=1$$

【例 1.2】 设 $D=\begin{vmatrix} \lambda^2 & \lambda \\ 3 & 1 \end{vmatrix}$，问

（1）当 λ 为何值时 $D=0$；（2）当 λ 为何值时 $D\neq0$.

解

$$D=\begin{vmatrix} \lambda^2 & \lambda \\ 3 & 1 \end{vmatrix}=\lambda^2-3\lambda$$

（1）当 $D=0$ 时，$\lambda^2-3\lambda=0$，解得 $\lambda=0$ 或 $\lambda=3$；

（2）当 $D\neq0$ 时，$\lambda^2-3\lambda\neq0$，解得 $\lambda\neq0$ 且 $\lambda\neq3$.

1.1.2 三阶行列式

二阶行列式的概念可以推广到更高阶的情形. 对于三阶行列式，规定

$$D=\begin{vmatrix} a_{11} & a_{12} & a_{13} \\ a_{21} & a_{22} & a_{23} \\ a_{31} & a_{32} & a_{33} \end{vmatrix}=a_{11}a_{22}a_{33}+a_{12}a_{23}a_{31}+a_{13}a_{21}a_{32}$$
$$-a_{11}a_{23}a_{32}-a_{12}a_{21}a_{33}-a_{13}a_{22}a_{31} \tag{1.6}$$

称式（1.6）为三阶行列式.

三阶行列式中含有 6 项，每项均为不同行不同列的三个元素的乘积并冠以正负号，其规律可遵循图 1.2 所示的对角线法则.

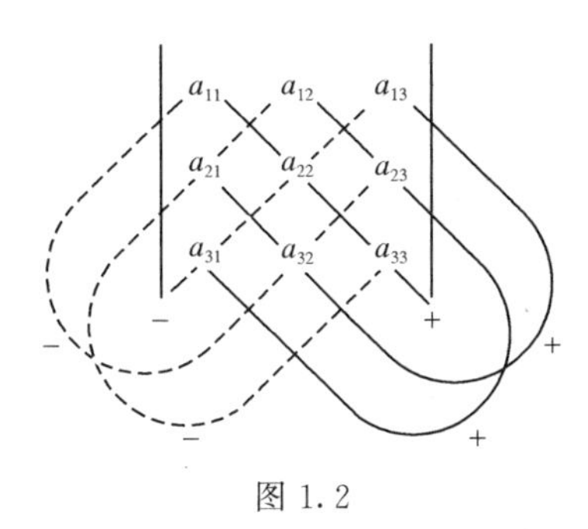

图 1.2

【例 1.3】 计算三阶行列式

$$D=\begin{vmatrix} 2 & 1 & -2 \\ -1 & 6 & 5 \\ 3 & 1 & -1 \end{vmatrix}$$

解　根据三阶行列式的对角线法则，有

$$D=\begin{vmatrix} 2 & 1 & -2 \\ -1 & 6 & 5 \\ 3 & 1 & -1 \end{vmatrix}=2\times6\times(-1)+1\times5\times3+(-2)\times(-1)\times1$$
$$-(-2)\times6\times3-2\times5\times1-1\times(-1)\times(-1)$$
$$=-12+15+2+36-10-1=30$$

【例 1.4】 求解方程

$$\begin{vmatrix} 1 & 1 & 1 \\ 2 & 3 & x \\ 4 & 9 & x^2 \end{vmatrix}=0$$

解　方程左端的三阶行列式

$$D=3x^2+4x+18-9x-2x^2-12=x^2-5x+6$$

由 $x^2-5x+6=0$，解得 $x=2$ 或 $x=3$.

1.2 全排列和对换

1.2.1 排列

作为定义 n 阶行列式的准备，先来讨论一下排列的性质.

定义 1.1 由 $1,2,\cdots,n$ 组成的一个有序数组称为一个 n 级排列.

我们知道，n 个元素的排列总数为 $P_n=n\cdot(n-1)\cdot\cdots\cdot2\cdot1=n!$ 种.

例如：用 1，2，3 三个数字作排列，排列的总数为 $P_3=3!=3\cdot2\cdot1=6$，它们分别是 123，231，312，132，213，321.

显然，在 $n!$ 种排列中，$12\cdots n$ 是一个按照递增顺序的排列，称为标准排列，其他的排列都或多或少地破坏了这种顺序.

定义 1.2 在一个排列中，如果一对数的前后位置与大小顺序相反，即前面的数大于后面的数，那么它们就称为一个逆序，一个排列中逆序的总数称为这个排列的逆序数.

下面来讨论计算排列的逆序数的方法.

设 $p_1p_2\cdots p_n$ 为元素 $1,2,\cdots,n$ 的一个排列，考虑元素 $p_i(i=1,2,\cdots,n)$，如果比 p_i 大的且排在 p_i 前面的元素有 t_i 个，就说元素 p_i 的逆序数是 t_i，全体元素的逆序数之和 $t=t_1+t_2+\cdots+t_n=\sum\limits_{i=1}^{n}t_i$ 即为这个排列的逆序数.

定义 1.3 逆序数为偶数的排列称为偶排列，逆序数为奇数的排列称为奇排列.

应该指出，我们同样可以考虑由任意 n 个不同的自然数所组成的排列，一般地也称为 n 级排列. 对这样一般的 n 级排列，同样可以定义上面这些概念.

【例 1.5】 求排列 32514 的逆序数，并说明其奇偶性.

解 在排列 32514 中

3 排在首位，逆序数 $t_1=0$；

2 的前面比 2 大的数有一个（3），逆序数 $t_2=1$；

5 是最大数，逆序数 $t_3=0$；

1 的前面比 1 大的数有三个（325），逆序数 $t_4=3$；

4 的前面比 4 大的数有一个（5），逆序数 $t_5=1$；

所以这个排列的逆序数为 $t=\sum\limits_{i=1}^{5}t_i=0+1+0+3+1=5$，易知排列 32514 为奇排列.

1.2.2 对换

在排列中，将任意两个数的位置互换，而其余的数不动，就得到另一个排列.这样一个变换称为一个对换.将相邻的两个数对换，叫做相邻对换.

定理 1.1 对换改变排列的奇偶性.

证明 先证相邻对换的情形.设排列

$$\cdots jk\cdots \tag{1.7}$$

经过 j,k 对换变成

$$\cdots kj\cdots \tag{1.8}$$

这里"…"表示那些不动的数.显然，在排列（1.7）中如 j,k 与其他的数构成逆序，则在排列（1.8）中仍然构成逆序；如不构成逆序则在排列（1.8）中也不构成逆序；不同的只是 j,k 的次序.如果原来 j,k 组成逆序，那么经过对换，排列的逆序数就减少一个；如果原来 j,k 不组成逆序，那么经过对换，排列的逆序数就增加一个.不论减少 1 还是增加 1，排列的逆序数的奇偶性总是变了.因此，在这个特殊的情形，定理是对的.

再看一般的情形，设排列为

$$\cdots ji_1i_2\cdots i_sk\cdots \tag{1.9}$$

经过 j,k 对换，排列（1.9）变成

$$\cdots ki_1i_2\cdots i_sj\cdots \tag{1.10}$$

不难看出，这样一个对换可以通过一系列相邻对换来实现.从排列（1.9）出发，把 k 与 i_s 对换，再与 i_{s-1} 对换……也就是说，把 k 一位一位地向左移动，经过 $s+1$ 次相邻对换，排列（1.9）就变成

$$\cdots kji_1i_2\cdots i_s\cdots \tag{1.11}$$

从排列（1.11）出发，再把 j 一位一位地向右移动，经过 s 次相邻对换，排列（1.11）就变成了排列（1.10）.因此，j,k 对换可以通过 $2s+1$ 次相邻对换来实现，而 $2s+1$ 为奇数，相邻对换改变排列的奇偶性.显然，奇数次这样的对换的最终结果还是改变排列的奇偶性.

推论 奇排列对换成标准排列的对换次数为奇数，偶排列对换成标准排列的对换次数为偶数.

1.3 n 阶行列式

在给出 n 阶行列式的定义之前，先来看一下二阶、三阶行列式的定义.

$$\begin{vmatrix} a_{11} & a_{12} \\ a_{21} & a_{22} \end{vmatrix} = a_{11}a_{22} - a_{12}a_{21}$$

$$\begin{vmatrix} a_{11} & a_{12} & a_{13} \\ a_{21} & a_{22} & a_{23} \\ a_{31} & a_{32} & a_{33} \end{vmatrix} = a_{11}a_{22}a_{33} + a_{12}a_{23}a_{31} + a_{13}a_{21}a_{32} - a_{11}a_{23}a_{32} - a_{12}a_{21}a_{33} - a_{13}a_{22}a_{31}$$

(1) 从二阶、三阶行列式的定义中可以看出，它们都是一些乘积的代数和，而每一项乘积都是由行列式中位于不同的行和不同的列的元素构成的，并且展开式恰恰就是由所有这种可能的乘积组成.

二阶行列式展开式中的项表示为 $a_{1p_1}a_{2p_2}$，其中 p_1p_2 为 2 级排列，当 p_1p_2 取遍了 2 级排列，即得到二阶行列式的所有项（不包括符号），共 $2!=2$ 项.

三阶行列式展开式中的项表示为 $a_{1p_1}a_{2p_2}a_{3p_3}$，其中 $p_1p_2p_3$ 为 3 级排列，当 $p_1p_2p_3$ 取遍了 3 级排列，即得到三阶行列式的所有项（不包括符号），共 $3!=6$ 项.

(2) 每一项的符号是，当这一项中元素的行标按标准顺序排列后，如果对应的列标构成的排列是偶排列则取正号，是奇排列则取负号.

根据这个规律，可以给出 n 阶行列式的定义.

定义 1.4 设有 n^2 个元素 $a_{ij}(i,j=1,2,\cdots,n)$，记

$$\begin{vmatrix} a_{11} & a_{12} & \cdots & a_{1n} \\ a_{21} & a_{22} & \cdots & a_{2n} \\ \cdots & \cdots & \cdots & \cdots \\ a_{n1} & a_{n2} & \cdots & a_{nn} \end{vmatrix} \tag{1.12}$$

称式 (1.12) 为 n 阶行列式. 它表示所有可能取自不同的行不同的列的 n 个元素乘积的代数和，各项的符号是：当这项中元素的行标按标准排列后，如果对应的列标的排列是偶排列则取正号，是奇排列则取负号. 因此，n 阶行列式所表示的代数和中的一般项可以写为

$$(-1)^{t(p_1p_2\cdots p_n)}a_{1p_1}a_{2p_2}\cdots a_{np_n} \tag{1.13}$$

式中，$p_1p_2\cdots p_n$ 构成一个 n 级排列，当 $p_1p_2\cdots p_n$ 取遍所有 n 级排列时，则得到 n 阶行列式表示的代数和中所有的项，共 $n!$ 项. 记作

$$D=\begin{vmatrix} a_{11} & a_{12} & \cdots & a_{1n} \\ a_{21} & a_{22} & \cdots & a_{2n} \\ \cdots & \cdots & \cdots & \cdots \\ a_{n1} & a_{n2} & \cdots & a_{nn} \end{vmatrix} = \sum(-1)^t a_{1p_1}a_{2p_2}\cdots a_{np_n} \tag{1.14}$$

简记作 $\det(a_{ij})$，其中元素 a_{ij} 为行列式 D 的 (i,j) 元.

按此定义的二阶、三阶行列式，与 1.1 节中用对角线法则定义的二阶、三阶行列式显然是一致的. 当 $n=1$ 时，一阶行列式 $|a|=a$，注意不要与绝对值记号相混

淆.

主对角线以下（上）的元素都为 0 的行列式称为上（下）三角形行列式；特别的，主对角线以下和以上的元素都为 0 的行列式称为对角行列式.

【例 1.6】 证明：

(1) $D=\begin{vmatrix} a_{11} & & & \\ a_{21} & a_{22} & & \\ \cdots & \cdots & \ddots & \\ a_{n1} & a_{n2} & \cdots & a_{nn} \end{vmatrix}=a_{11}a_{22}\cdots a_{nn}$；

(2) $D=\begin{vmatrix} \lambda_1 & & & \\ & \lambda_2 & & \\ & & \ddots & \\ & & & \lambda_n \end{vmatrix}=\lambda_1\lambda_2\cdots\lambda_n$.

证明 (1) 由于当 $j>i$ 时，$a_{ij}=0$，故 D 中可能不为 0 的元素 a_{ip_i}，其下标应有 $p_i\leqslant i$，即 $p_1\leqslant 1$，…，$p_n\leqslant n$，而 $p_1+\cdots+p_n=1+\cdots+n$，因此 $p_1=1,\cdots,p_n=n$，所有 D 中可能不为 0 的项只有一项 $(-1)^t a_{11}a_{22}\cdots a_{nn}$，而此项的符号 $(-1)^t=(-1)^0=1$，故

$$D=a_{11}a_{22}\cdots a_{nn}$$

(2) 由 (1) 的结论即可证得.

1.4 行列式的性质

行列式的奥妙在于对行列式的行或列进行了某些变换［如行与列互换、交换两行（列）位置、某行（列）乘以某个数、某行（列）乘以某数后加到另一行（列）等］后，行列式虽然会发生相应的变化，但变换前后两个行列式的值却仍保持着线性关系. 这意味着，我们可以利用这些关系大大简化高阶行列式的计算. 本节我们首先要讨论行列式在这方面的重要性质，然后，进一步讨论如何利用这些性质计算高阶行列式的值.

1.4.1 行列式的性质

将行列式 D 的行与列互换后得到的行列式，称为 D 的转置行列式，记为 D^{T}，即若

$$D=\begin{vmatrix} a_{11} & a_{12} & \cdots & a_{1n} \\ a_{21} & a_{22} & \cdots & a_{2n} \\ \cdots & \cdots & \cdots & \cdots \\ a_{n1} & a_{n2} & \cdots & a_{nn} \end{vmatrix}，\quad 则 \quad D^{\mathrm{T}}=\begin{vmatrix} a_{11} & a_{21} & \cdots & a_{n1} \\ a_{12} & a_{22} & \cdots & a_{n2} \\ \cdots & \cdots & \cdots & \cdots \\ a_{1n} & a_{2n} & \cdots & a_{nn} \end{vmatrix}$$

性质 1.1 行列式与它的转置行列式相等，即 $D=D^{\mathrm{T}}$.

证明 记行列式 $D=\det(a_{ij})$的转置行列式为

$$D^{\mathrm{T}}=\begin{vmatrix} b_{11} & b_{12} & \cdots & b_{1n} \\ b_{21} & b_{22} & \cdots & b_{2n} \\ \cdots & \cdots & \cdots & \cdots \\ b_{n1} & b_{n2} & \cdots & b_{nn} \end{vmatrix}，\text{即}\quad b_{ij}=a_{ji}\quad (i,j=1,2,\cdots,n)$$

按定义

$$D^{\mathrm{T}}=\sum(-1)^{t}b_{1p_1}b_{2p_2}\cdots b_{np_n}=\sum(-1)^{t}a_{p_1 1}a_{p_2 2}\cdots a_{p_n n}$$

又由行列式的另一种表示，得

$$D=\sum(-1)^{t}a_{p_1 1}a_{p_2 2}\cdots a_{p_n n}$$

所以，$D^{\mathrm{T}}=D$，结论成立.

说明：行列式中行与列具有同等的地位，因此行列式的凡是对行成立的结论，对列也同样成立.

例如：若 $D=\begin{vmatrix} 1 & 2 & 3 \\ -1 & 0 & 1 \\ 0 & 1 & \sqrt{2} \end{vmatrix}$，则 $D^{\mathrm{T}}=\begin{vmatrix} 1 & -1 & 0 \\ 2 & 0 & 1 \\ 3 & 1 & \sqrt{2} \end{vmatrix}=D$.

性质 1.2 交换行列式的两行（列），行列式变号.

证明 设行列式

$$D_1=\begin{vmatrix} a_{11} & \cdots & a_{1j} & \cdots & a_{1i} & \cdots & a_{1n} \\ \cdots & \cdots & \cdots & \cdots & \cdots & \cdots & \cdots \\ a_{p1} & \cdots & a_{pj} & \cdots & a_{pi} & \cdots & a_{pn} \\ \cdots & \cdots & \cdots & \cdots & \cdots & \cdots & \cdots \\ a_{n1} & \cdots & a_{nj} & \cdots & a_{ni} & \cdots & a_{nn} \end{vmatrix}=\begin{vmatrix} b_{11} & b_{12} & \cdots & b_{1n} \\ b_{21} & b_{22} & \cdots & b_{2n} \\ \cdots & \cdots & \cdots & \cdots \\ b_{n1} & b_{n2} & \cdots & b_{nn} \end{vmatrix}$$

是由行列式

$$D=\begin{vmatrix} a_{11} & \cdots & a_{1i} & \cdots & a_{1j} & \cdots & a_{1n} \\ \cdots & \cdots & \cdots & \cdots & \cdots & \cdots & \cdots \\ a_{p1} & \cdots & a_{pi} & \cdots & a_{pj} & \cdots & a_{pn} \\ \cdots & \cdots & \cdots & \cdots & \cdots & \cdots & \cdots \\ a_{n1} & \cdots & a_{ni} & \cdots & a_{nj} & \cdots & a_{nn} \end{vmatrix}\text{互换 } i,j\,(i<j)\text{ 两列得到}$$

即当 $k\neq i,j$ 时，$b_{pk}=a_{pk}$；当 $k=i,j$ 时，$b_{pi}=a_{pj}$，$b_{pj}=a_{pi}$，于是

$$\begin{aligned} D_1 &=\sum(-1)^{t}b_{p_1 1}\cdots b_{p_i i}\cdots b_{p_j j}\cdots b_{p_n n}=\sum(-1)^{t}a_{p_1 1}\cdots a_{p_i j}\cdots a_{p_j i}\cdots a_{p_n n} \\ &=\sum(-1)^{t}a_{p_1 1}\cdots a_{p_j i}\cdots a_{p_i j}\cdots a_{p_n n} \end{aligned}$$

其中 t 为排列 $p_1\cdots p_i\cdots p_j\cdots p_n$ 的逆序数，设 s 为排列 $p_1\cdots p_j\cdots p_i\cdots p_n$ 的逆序数.

显然 t 与 s 的奇偶性不同，即$(-1)^t=-(-1)^s$，所以

$$D_1=\sum(-1)^t a_{p_1 1}\cdots a_{p_j i}\cdots a_{p_i j}\cdots a_{p_n n}=-\sum(-1)^s a_{p_1 1}\cdots a_{p_j i}\cdots a_{p_i j}\cdots a_{p_n n}=-D$$

例如：

(1) $\begin{vmatrix}1 & 2 & 1\\0 & 1 & -1\\2 & -1 & 0\end{vmatrix}=-\begin{vmatrix}0 & 1 & -1\\1 & 2 & 1\\2 & -1 & 0\end{vmatrix}$（第一、二行互换）

(2) $\begin{vmatrix}1 & 2 & 1\\0 & 1 & -1\\2 & -1 & 0\end{vmatrix}=-\begin{vmatrix}1 & 1 & 2\\0 & -1 & 1\\2 & 0 & -1\end{vmatrix}$（第二、三列互换）

推论 若行列式中有两行（列）的对应元素相同，则此行列式为零.

证明 互换相同的两行，则有 $D=-D$，所以 $D=0$.

例如：

(1) $\begin{vmatrix}1 & 1 & 0\\1 & 1 & 0\\5 & \sqrt{2} & 7\end{vmatrix}=0$（第一、二两行相等）

(2) $\begin{vmatrix}-2 & 1 & 1\\4 & 2 & 2\\7 & -3 & -3\end{vmatrix}=0$（第二、三列相等）

性质 1.3 用数 k 乘行列式的某一行（列），等于用数 k 乘此行列式，即

$$D_1=\begin{vmatrix}a_{11} & a_{12} & \cdots & a_{1n}\\ \cdots & \cdots & \cdots & \cdots\\ ka_{i1} & ka_{i2} & \cdots & ka_{in}\\ \cdots & \cdots & \cdots & \cdots\\ a_{n1} & a_{n2} & \cdots & a_{nn}\end{vmatrix}=k\begin{vmatrix}a_{11} & a_{12} & \cdots & a_{1n}\\ \cdots & \cdots & \cdots & \cdots\\ a_{i1} & a_{i2} & \cdots & a_{in}\\ \cdots & \cdots & \cdots & \cdots\\ a_{n1} & a_{n2} & \cdots & a_{nn}\end{vmatrix}=kD$$

第 i 行（列）乘以 k，记为 $r_i\times k$（或 $c_i\times k$）.

推论 行列式的某一行（列）中所有元素的公因子可以提到行列式符号的外面.

例如：若 $D=\begin{vmatrix}1 & 0 & 2\\3 & -1 & 0\\1 & 2 & -1\end{vmatrix}$，则

(1) $\begin{vmatrix}-2 & 0 & -4\\3 & -1 & 0\\1 & 2 & -1\end{vmatrix}=(-2)\begin{vmatrix}1 & 0 & 2\\3 & -1 & 0\\1 & 2 & -1\end{vmatrix}=-2D$

(2) $\begin{vmatrix} 4 & 0 & 2 \\ 12 & -1 & 0 \\ 4 & 2 & -1 \end{vmatrix} = 4\begin{vmatrix} 1 & 0 & 2 \\ 3 & -1 & 0 \\ 1 & 2 & -1 \end{vmatrix} = 4D$

性质 1.4　行列式中若有两行（列）元素成比例，则此行列式为零.

证明

$$\begin{vmatrix} a_{11} & a_{12} & \cdots & a_{1n} \\ \cdots & \cdots & \cdots & \cdots \\ a_{i1} & a_{i2} & \cdots & a_{in} \\ \cdots & \cdots & \cdots & \cdots \\ ka_{i1} & ka_{i2} & \cdots & ka_{in} \\ \cdots & \cdots & \cdots & \cdots \\ a_{n1} & a_{n2} & \cdots & a_{nn} \end{vmatrix} = k\begin{vmatrix} a_{11} & a_{12} & \cdots & a_{1n} \\ \cdots & \cdots & \cdots & \cdots \\ a_{i1} & a_{i2} & \cdots & a_{in} \\ \cdots & \cdots & \cdots & \cdots \\ a_{i1} & a_{i2} & \cdots & a_{in} \\ \cdots & \cdots & \cdots & \cdots \\ a_{n1} & a_{n2} & \cdots & a_{nn} \end{vmatrix} = 0$$

例如：

(1) $\begin{vmatrix} 1 & -1 & 2 \\ 0 & 1 & 5 \\ \sqrt{2} & -\sqrt{2} & 2\sqrt{2} \end{vmatrix} = 0$

因为第三行是第一行的$\sqrt{2}$倍.

(2) $\begin{vmatrix} 1 & 4 & 1 & 0 \\ 2 & 8 & 3 & 5 \\ 0 & 0 & 1 & 4 \\ -1 & -4 & -5 & 7 \end{vmatrix} = 0$

因为第一列与第二列成比例，即第二列是第一列的 4 倍.

性质 1.5　若行列式的某一行（列）的元素都是两数之和，例如

$$D = \begin{vmatrix} a_{11} & a_{12} & \cdots & (a_{1i} + a'_{1i}) & \cdots & a_{1n} \\ a_{21} & a_{22} & \cdots & (a_{2i} + a'_{2i}) & \cdots & a_{2n} \\ \cdots & \cdots & \cdots & \cdots & \cdots & \cdots \\ a_{n1} & a_{n2} & \cdots & (a_{ni} + a'_{ni}) & \cdots & a_{nn} \end{vmatrix}$$

则 D 等于下列两个行列式之和

$$D = \begin{vmatrix} a_{11} & \cdots & a_{1i} & \cdots & a_{1n} \\ a_{21} & \cdots & a_{2i} & \cdots & a_{2n} \\ \cdots & \cdots & \cdots & \cdots & \cdots \\ a_{n1} & \cdots & a_{ni} & \cdots & a_{nn} \end{vmatrix} + \begin{vmatrix} a_{11} & \cdots & a'_{1i} & \cdots & a_{1n} \\ a_{21} & \cdots & a'_{2i} & \cdots & a_{2n} \\ \cdots & \cdots & \cdots & \cdots & \cdots \\ a_{n1} & \cdots & a'_{ni} & \cdots & a_{nn} \end{vmatrix}$$

证明　$D = \sum (-1)^s a_{q_1 1} a_{q_2 2} \cdots (a_{q_i i} + a'_{q_i i}) \cdots a_{q_n n}$

$$=\sum(-1)^s a_{q_1 1}a_{q_2 2}\cdots a_{q_i i}\cdots a_{q_n n}+\sum(-1)^s a_{q_1 1}a_{q_2 2}\cdots a'_{q_i i}\cdots a_{q_n n}$$

故结论成立.

【例 1.7】 设 $\begin{vmatrix} a_{11} & a_{12} & a_{13} \\ a_{21} & a_{22} & a_{23} \\ a_{31} & a_{32} & a_{33} \end{vmatrix}=1$，求 $\begin{vmatrix} 6a_{11} & -2a_{12} & -10a_{13} \\ -3a_{21} & a_{22} & 5a_{23} \\ -3a_{31} & a_{32} & 5a_{33} \end{vmatrix}$.

解 利用行列式性质，有

$$\begin{vmatrix} 6a_{11} & -2a_{12} & -10a_{13} \\ -3a_{21} & a_{22} & 5a_{23} \\ -3a_{31} & a_{32} & 5a_{33} \end{vmatrix}=(-2)\begin{vmatrix} -3a_{11} & a_{12} & 5a_{13} \\ -3a_{21} & a_{22} & 5a_{23} \\ -3a_{31} & a_{32} & 5a_{33} \end{vmatrix}$$

$$=(-2)\cdot(-3)\cdot 5\begin{vmatrix} a_{11} & a_{12} & a_{13} \\ a_{21} & a_{22} & a_{23} \\ a_{31} & a_{32} & a_{33} \end{vmatrix}$$

$$=-2\cdot(-3)\cdot 5\cdot 1=30$$

注意 一般来说下式是不成立的

$$\begin{vmatrix} a_{11}+b_{11} & a_{12}+b_{12} \\ a_{21}+b_{21} & a_{22}+b_{22} \end{vmatrix}\neq\begin{vmatrix} a_{11} & a_{12} \\ a_{21} & a_{22} \end{vmatrix}+\begin{vmatrix} b_{11} & b_{12} \\ b_{21} & b_{22} \end{vmatrix}$$

例如，

$$\begin{vmatrix} 3+1 & 2-2 \\ -1+2 & 3+0 \end{vmatrix}=\begin{vmatrix} 4 & 0 \\ 1 & 3 \end{vmatrix}=12，而 \quad \begin{vmatrix} 3 & 2 \\ -1 & 3 \end{vmatrix}+\begin{vmatrix} 1 & -2 \\ 2 & 0 \end{vmatrix}=11+4=15$$

因此 $\begin{vmatrix} 3+1 & 2-2 \\ -1+2 & 3+0 \end{vmatrix}\neq\begin{vmatrix} 3 & 2 \\ -1 & 3 \end{vmatrix}+\begin{vmatrix} 1 & -2 \\ 2 & 0 \end{vmatrix}$

性质 1.6 将行列式的某一行（列）的所有元素都乘以数 k 后加到另一行（列）对应位置的元素上，行列式不变.

例如

$$\begin{vmatrix} a_{11} & \cdots & a_{1i} & \cdots & a_{1j} & \cdots & a_{1n} \\ a_{21} & \cdots & a_{2i} & \cdots & a_{2j} & \cdots & a_{2n} \\ \cdots & \cdots & \cdots & \cdots & \cdots & \cdots & \cdots \\ a_{n1} & \cdots & a_{ni} & \cdots & a_{nj} & \cdots & a_{nn} \end{vmatrix}\overset{c_i+kc_j}{=\!=}\begin{vmatrix} a_{11} & \cdots & (a_{1i}+ka_{1j}) & \cdots & a_{1j} & \cdots & a_{1n} \\ a_{21} & \cdots & (a_{2i}+ka_{2j}) & \cdots & a_{2j} & \cdots & a_{2n} \\ \cdots & \cdots & \cdots & \cdots & \cdots & \cdots & \cdots \\ a_{n1} & \cdots & (a_{ni}+ka_{nj}) & \cdots & a_{nj} & \cdots & a_{nn} \end{vmatrix}$$

注意 以数 k 乘第 j 行加到第 i 行上，记作 r_i+kr_j；以数 k 乘第 j 列加到第 i 列上，记作 c_i+kc_j.

例如，

(1) $\begin{vmatrix} 1 & 3 & -1 \\ 1 & 4 & -1 \\ 2 & 3 & 1 \end{vmatrix}\overset{r_2-r_1}{=\!=}\begin{vmatrix} 1 & 3 & -1 \\ 0 & 1 & 0 \\ 2 & 3 & 1 \end{vmatrix}$

上式表示第一行乘以-1后加到第二行上去，其值不变.

(2) $$\begin{vmatrix} 1 & 3 & -1 \\ 1 & 4 & -1 \\ 2 & 3 & 1 \end{vmatrix} \xlongequal{c_3+c_1} \begin{vmatrix} 1 & 3 & 0 \\ 1 & 4 & 0 \\ 2 & 3 & 3 \end{vmatrix}$$

上式表示第一列乘以1后加到第三列上去，其值不变.

在计算行列式时，我们经常利用性质1.2、1.3、1.6对行列式进行变换.

利用性质1.2交换行列式的第i, j两行（列），记作$r_i \leftrightarrow r_j (c_i \leftrightarrow c_j)$；

利用性质1.3行列式的第i行（列）乘以数k，记作$r_i \times k (c_i \times k)$；

利用性质1.6把行列式的第j行（列）的各元素乘以同一数k然后加到第i行（列）对应的元素上去，记作$r_i + r_j \times k (c_i + c_j \times k)$；

1.4.2 行列式的计算

计算行列式常用方法：利用性质1.2、1.3、1.6，特别是性质1.6把行列式化为上（下）三角形行列式，从而较容易计算行列式的值.

例如化为上三角形行列式的步骤为：如果第一列第一个元素为0，先将第一行与其他行交换使得第一列第一个元素不为0，然后把第一行分别乘以适当的数加到其他各行，使得第一列除第一个元素外其余元素全为0；再用同样的方法处理除去第一行和第一列后余下的低一阶行列式，如此继续下去，直至使它成为上三角形行列式，这时主对角线上元素的乘积就是所求行列式的值.

【例1.8】 计算5阶行列式

$$D = \begin{vmatrix} 1 & -1 & 2 & -3 & 1 \\ -3 & 3 & -7 & 9 & -5 \\ 2 & 0 & 4 & -2 & 1 \\ 3 & -5 & 7 & -14 & 6 \\ 4 & -4 & 10 & -10 & 2 \end{vmatrix}$$

解

$$D \xlongequal{r_2+3r_1} \begin{vmatrix} 1 & -1 & 2 & -3 & 1 \\ 0 & 0 & -1 & 0 & -2 \\ 2 & 0 & 4 & -2 & 1 \\ 3 & -5 & 7 & -14 & 6 \\ 4 & -4 & 10 & -10 & 2 \end{vmatrix} \xlongequal{r_3-2r_1} \begin{vmatrix} 1 & -1 & 2 & -3 & 1 \\ 0 & 0 & -1 & 0 & -2 \\ 0 & 2 & 0 & 4 & -1 \\ 3 & -5 & 7 & -14 & 6 \\ 4 & -4 & 10 & -10 & 2 \end{vmatrix}$$

$$\xlongequal{r_4-3r_1} \begin{vmatrix} 1 & -1 & 2 & -3 & 1 \\ 0 & 0 & -1 & 0 & -2 \\ 0 & 2 & 0 & 4 & -1 \\ 0 & -2 & 1 & -5 & 3 \\ 4 & -4 & 10 & -10 & 2 \end{vmatrix} \xlongequal{r_5-4r_1} \begin{vmatrix} 1 & -1 & 2 & -3 & 1 \\ 0 & 0 & -1 & 0 & -2 \\ 0 & 2 & 0 & 4 & -1 \\ 0 & -2 & 1 & -5 & 3 \\ 0 & 0 & 2 & 2 & -2 \end{vmatrix}$$

$$\xlongequal{r_2\leftrightarrow r_3}-\begin{vmatrix}1&-1&2&-3&1\\0&2&0&4&-1\\0&0&-1&0&-2\\0&-2&1&-5&3\\0&0&2&2&-2\end{vmatrix}\xlongequal{r_4+r_2}-\begin{vmatrix}1&-1&2&-3&1\\0&2&0&4&-1\\0&0&-1&0&-2\\0&0&1&-1&2\\0&0&2&2&-2\end{vmatrix}$$

$$\xlongequal{r_4+r_3}-\begin{vmatrix}1&-1&2&-3&1\\0&2&0&4&-1\\0&0&-1&0&-2\\0&0&0&-1&0\\0&0&2&2&-2\end{vmatrix}\xlongequal{r_5-2r_3}-\begin{vmatrix}1&-1&2&-3&1\\0&2&0&4&-1\\0&0&-1&0&-2\\0&0&0&-1&0\\0&0&0&2&-6\end{vmatrix}$$

$$\xlongequal{r_5+2r_4}-\begin{vmatrix}1&-1&2&-3&1\\0&2&0&4&-1\\0&0&-1&0&-2\\0&0&0&-1&0\\0&0&0&0&-6\end{vmatrix}=12$$

【例 1.9】 计算 n 阶行列式

$$D=\begin{vmatrix}a&b&b&\cdots&b\\b&a&b&\cdots&b\\b&b&a&\cdots&b\\\cdots&\cdots&\cdots&\cdots&\cdots\\b&b&b&\cdots&a\end{vmatrix}$$

解 将第 $2,3,\cdots,n$ 列都加到第一列得

$$D=\begin{vmatrix}a+(n-1)b&b&b&\cdots&b\\a+(n-1)b&a&b&\cdots&b\\a+(n-1)b&b&a&\cdots&b\\\cdots&\cdots&\cdots&\cdots&\cdots\\a+(n-1)b&b&b&\cdots&a\end{vmatrix}=[a+(n-1)b]\begin{vmatrix}1&b&b&\cdots&b\\1&a&b&\cdots&b\\1&b&a&\cdots&b\\\cdots&\cdots&\cdots&\cdots&\cdots\\1&b&b&\cdots&a\end{vmatrix}$$

（第 $2,3,\cdots,n$ 行都减去第一行）

$$=[a+(n-1)b]\begin{vmatrix}1&b&b&\cdots&b\\&a-b&&&\\&&a-b&&\\&&&\ddots&\\&&&&a-b\end{vmatrix}$$

$$=[a+(n-1)b](a-b)^{n-1}$$

【例 1.10】 设

$$D=\begin{vmatrix} a_{11} & \cdots & a_{1k} & & & \\ \cdots & & \cdots & & 0 & \\ a_{k1} & \cdots & a_{kk} & & & \\ c_{11} & \cdots & c_{1k} & b_{11} & \cdots & b_{1n} \\ \cdots & \cdots & \cdots & \cdots & \cdots & \cdots \\ c_{n1} & \cdots & c_{nk} & b_{n1} & \cdots & b_{nn} \end{vmatrix}$$

$$D_1=\begin{vmatrix} a_{11} & \cdots & a_{1k} \\ \cdots & \cdots & \cdots \\ a_{k1} & \cdots & a_{kk} \end{vmatrix}, D_2=\begin{vmatrix} b_{11} & \cdots & b_{1n} \\ \cdots & \cdots & \cdots \\ b_{n1} & \cdots & b_{nn} \end{vmatrix}$$

证明 $D=D_1D_2$.

证明 对 D_1 作行运算 r_i+tr_j，把 D_1 化为下三角形行列式

$$D_1=\begin{vmatrix} p_{11} & & 0 \\ \vdots & \ddots & \\ p_{k1} & \cdots & p_{kk} \end{vmatrix}=p_{11}\cdots p_{kk}$$

对 D_2 作列运算 c_i+kc_j，把 D_2 化为下三角形行列式

$$D_2=\begin{vmatrix} q_{11} & & 0 \\ \vdots & \ddots & \\ q_{n1} & \cdots & p_{nk} \end{vmatrix}=q_{11}\cdots q_{nn}$$

先对 D 的前 k 行作行运算 r_i+tr_j，然后对 D 的后 n 列作列运算 c_i+kc_j，把 D 化为下三角形行列式

$$D=\begin{vmatrix} p_{11} & & & & \\ \vdots & \ddots & & & 0 \\ p_{k1} & \cdots & p_{kk} & & \\ c_{11} & \cdots & c_{1k} & q_{11} & \\ \vdots & \vdots & \vdots & \vdots & \vdots \\ c_{n1} & \cdots & c_{nk} & q_{n1} & \cdots & q_{nn} \end{vmatrix}$$

故 $$D=p_{11}\cdots p_{kk}q_{11}\cdots q_{nn}=D_1D_2$$

【例 1.11】 计算

$$D=\begin{vmatrix} a & b & c & d \\ a & a+b & a+b+c & a+b+c+d \\ a & 2a+b & 3a+2b+c & 4a+3b+2c+d \\ a & 3a+b & 6a+3b+c & 10a+6b+3c+d \end{vmatrix}$$

解 从第 4 行开始，后一行减前一行

$$D \xlongequal[\substack{r_3-r_2\\ r_2-r_1}]{r_4-r_3} \begin{vmatrix} a & b & c & d \\ 0 & a & a+b & a+b+c \\ 0 & a & 2a+b & 3a+2b+c \\ 0 & a & 3a+b & 6a+3b+c \end{vmatrix} \xlongequal[r_3-r_2]{r_4-r_3} \begin{vmatrix} a & b & c & d \\ 0 & a & a+b & a+b+c \\ 0 & a & a & 2a+b \\ 0 & a & a & 2a+b \end{vmatrix}$$

$$\xlongequal{r_4-r_3} \begin{vmatrix} a & b & c & d \\ 0 & a & a+b & a+b+c \\ 0 & 0 & a & 2a+b \\ 0 & 0 & 0 & a \end{vmatrix} = a^4$$

【例 1.12】 计算

$$D=\begin{vmatrix} 3 & 1 & 1 & 1 \\ 1 & 3 & 1 & 1 \\ 1 & 1 & 3 & 1 \\ 1 & 1 & 1 & 3 \end{vmatrix}$$

解 注意到行列式的各列 4 个数之和都是 6. 故把第 2、3、4 行同时加到第 1 行，可提出公因子 6，再由各行减去第一行化为上三角形行列式.

$$D \xlongequal{r_1+r_2+r_3+r_4} \begin{vmatrix} 6 & 6 & 6 & 6 \\ 1 & 3 & 1 & 1 \\ 1 & 1 & 3 & 1 \\ 1 & 1 & 1 & 3 \end{vmatrix} = 6\begin{vmatrix} 1 & 1 & 1 & 1 \\ 1 & 3 & 1 & 1 \\ 1 & 1 & 3 & 1 \\ 1 & 1 & 1 & 3 \end{vmatrix} \xlongequal[\substack{r_3-r_1\\ r_4-r_1}]{r_2-r_1} 6\begin{vmatrix} 1 & 1 & 1 & 1 \\ 0 & 2 & 0 & 0 \\ 0 & 0 & 2 & 0 \\ 0 & 0 & 0 & 2 \end{vmatrix} = 48$$

1.5 行列式按行(列)展开

1.5.1 行列式按一行(列)展开

定义 1.5 在 n 阶行列式 D 中，去掉元素 a_{ij} 所在的第 i 行和第 j 列后，余下的 $n-1$ 阶行列式，称为 D 中元素 a_{ij} 的余子式，记为 M_{ij}，再记

$$A_{ij}=(-1)^{i+j}M_{ij}$$

称 A_{ij} 为元素 a_{ij} 的代数余子式.

例如：设

$$D=\begin{vmatrix} a_{11} & a_{12} & a_{13} & a_{14} \\ a_{21} & a_{22} & a_{23} & a_{24} \\ a_{31} & a_{32} & a_{33} & a_{34} \\ a_{41} & a_{42} & a_{43} & a_{44} \end{vmatrix}$$

则
$$M_{23}=\begin{vmatrix} a_{11} & a_{12} & a_{14} \\ a_{31} & a_{32} & a_{34} \\ a_{41} & a_{42} & a_{44} \end{vmatrix}, \quad A_{23}=(-1)^{2+3}M_{23}=-M_{23}$$
$$M_{12}=\begin{vmatrix} a_{21} & a_{23} & a_{24} \\ a_{31} & a_{33} & a_{34} \\ a_{41} & a_{43} & a_{44} \end{vmatrix}, \quad A_{12}=(-1)^{1+2}M_{12}=-M_{12}$$
$$M_{44}=\begin{vmatrix} a_{11} & a_{12} & a_{13} \\ a_{21} & a_{22} & a_{23} \\ a_{31} & a_{32} & a_{33} \end{vmatrix}, \quad A_{44}=(-1)^{4+4}M_{44}=M_{44}$$

注意 行列式的每一个元素都分别对应着唯一的一个余子式和唯一的一个代数余子式.

引理 一个 n 阶行列式 D，若其中第 i 行所有元素除 a_{ij} 外都为零，则该行列式等于 a_{ij} 与它的代数余子式的乘积，即
$$D=a_{ij}A_{ij}$$

证明 当 a_{ij} 位于第一行第一列时，
$$D=\begin{vmatrix} a_{11} & 0 & \cdots & 0 \\ a_{21} & a_{22} & \cdots & a_{2n} \\ \cdots & \cdots & \cdots & \cdots \\ a_{n1} & a_{n2} & \cdots & a_{nn} \end{vmatrix}$$

由 1.4 节例 1.10，得 $D=a_{11}M_{11}$.

又由于 $A_{11}=(-1)^{1+1}M_{11}=M_{11}$，从而 $D=a_{11}A_{11}$，即结论成立.

再证一般情形，此时
$$D=\begin{vmatrix} a_{11} & \cdots & a_{1j} & \cdots & a_{1n} \\ \cdots & \cdots & \cdots & \cdots & \cdots \\ 0 & \cdots & a_{ij} & \cdots & 0 \\ \cdots & \cdots & \cdots & \cdots & \cdots \\ a_{n1} & \cdots & a_{nj} & \cdots & a_{nn} \end{vmatrix}$$

把 D 的第 i 行依次与第 $i-1$ 行，第 $i-2$ 行，…，第 1 行交换，得
$$D=(-1)^{i-1}\begin{vmatrix} 0 & \cdots & a_{ij} & \cdots & 0 \\ \cdots & \cdots & \cdots & \cdots & \cdots \\ a_{i-1,1} & \cdots & a_{i-1,j} & \cdots & a_{i-1,n} \\ \cdots & \cdots & \cdots & \cdots & \cdots \\ a_{n1} & \cdots & a_{nj} & \cdots & a_{nn} \end{vmatrix}$$

把 D 的第 j 列依次与第 $j-1$ 列，第 $j-2$ 列 ，…，第 1 列交换，得

$$D=(-1)^{i-1}\cdot(-1)^{j-1}\begin{vmatrix} a_{ij} & \cdots & 0 & \cdots & 0 \\ \cdots & \cdots & \cdots & \cdots & \cdots \\ a_{i-1,j} & \cdots & a_{i-1,j-1} & \cdots & a_{i-1,n} \\ \cdots & \cdots & \cdots & \cdots & \cdots \\ a_{nj} & \cdots & a_{n,j-1} & \cdots & a_{nn} \end{vmatrix}$$

$$=(-1)^{i+j-2}\begin{vmatrix} a_{ij} & \cdots & 0 & \cdots & 0 \\ \cdots & \cdots & \cdots & \cdots & \cdots \\ a_{i-1,j} & \cdots & a_{i-1,j-1} & \cdots & a_{i-1,n} \\ \cdots & \cdots & \cdots & \cdots & \cdots \\ a_{nj} & \cdots & a_{n,j-1} & \cdots & a_{nn} \end{vmatrix}$$

$$=(-1)^{i+j}\begin{vmatrix} a_{ij} & \cdots & 0 & \cdots & 0 \\ \cdots & \cdots & \cdots & \cdots & \cdots \\ a_{i-1,j} & \cdots & a_{i-1,j-1} & \cdots & a_{i-1,n} \\ \cdots & \cdots & \cdots & \cdots & \cdots \\ a_{nj} & \cdots & a_{n,j-1} & \cdots & a_{nn} \end{vmatrix}=(-1)^{i+j}a_{ij}M'_{11}$$

显然，M'_{11}恰好是a_{ij}在D中的余子式M_{ij}，即

$$M'_{11}=M_{ij}$$

因此，$D=(-1)^{i+j}a_{ij}M_{ij}=a_{ij}A_{ij}$，故引理结论成立.

1.5.2　行列式按行(列)展开法则

定理 1.2　行列式等于它的任一行（列）的各元素与其对应的代数余子式乘积之和，即

$$D=a_{i1}A_{i1}+a_{i2}A_{i2}+\cdots+a_{in}A_{in}\quad(i=1,2,\cdots,n)$$

或

$$D=a_{1j}A_{1j}+a_{2j}A_{2j}+\cdots+a_{nj}A_{nj}\quad(j=1,2,\cdots,n)$$

证明

$$D=\begin{vmatrix} a_{11} & a_{12} & \cdots & a_{1n} \\ \vdots & \vdots & \vdots & \vdots \\ a_{i1}+0+\cdots+0 & 0+a_{i2}+\cdots+0 & \cdots & 0+\cdots+0+a_{in} \\ \vdots & \vdots & \vdots & \vdots \\ a_{n1} & a_{n2} & \cdots & a_{nn} \end{vmatrix}$$

$$=\begin{vmatrix} a_{11} & a_{12} & \cdots & a_{1n} \\ \vdots & \vdots & \vdots & \vdots \\ a_{i1} & 0 & \cdots & 0 \\ \vdots & \vdots & \vdots & \vdots \\ a_{n1} & a_{n2} & \cdots & a_{nn} \end{vmatrix}+\begin{vmatrix} a_{11} & a_{12} & \cdots & a_{1n} \\ \vdots & \vdots & \vdots & \vdots \\ 0 & a_{i2} & \cdots & 0 \\ \vdots & \vdots & \vdots & \vdots \\ a_{n1} & a_{n2} & \cdots & a_{nn} \end{vmatrix}+\cdots+\begin{vmatrix} a_{11} & a_{12} & \cdots & a_{1n} \\ \vdots & \vdots & \vdots & \vdots \\ 0 & 0 & \cdots & a_{in} \\ \vdots & \vdots & \vdots & \vdots \\ a_{n1} & a_{n2} & \cdots & a_{nn} \end{vmatrix}$$

由引理得

$$D=a_{i1}A_{i1}+a_{i2}A_{i2}+\cdots+a_{in}A_{in} \quad (i=1,2,\cdots,n)$$

引理的结论常用如下表达式

$$D=\sum_{k=1}^{n}a_{ik}A_{ik}=\sum_{k=1}^{n}a_{ki}A_{ki} \quad (i=1,2,\cdots,n)$$

【例 1.13】 计算行列式

$$D=\begin{vmatrix} -3 & -5 & 3 \\ 0 & -1 & 0 \\ 7 & 7 & 2 \end{vmatrix}$$

解 按第一行展开，得

$$D=-3\begin{vmatrix} -1 & 0 \\ 7 & 2 \end{vmatrix}+5\begin{vmatrix} 0 & 0 \\ 7 & 2 \end{vmatrix}+3\begin{vmatrix} 0 & -1 \\ 7 & 7 \end{vmatrix}=27$$

如果按第二行展开，得

$$D=(-1)(-1)^{2+2}\begin{vmatrix} -3 & 3 \\ 7 & 2 \end{vmatrix}=27$$

【例 1.14】 计算行列式

$$D=\begin{vmatrix} 3 & 1 & -1 & 2 \\ -5 & 1 & 3 & -4 \\ 2 & 0 & 1 & -1 \\ 1 & -5 & 3 & -3 \end{vmatrix}$$

解

$$D\xlongequal[c_4+c_3]{c_1-2c_2}\begin{vmatrix} 5 & 1 & -1 & 1 \\ -11 & 1 & 3 & -1 \\ 0 & 0 & 1 & 0 \\ -5 & -5 & 3 & 0 \end{vmatrix}=(-1)^{3+3}\begin{vmatrix} 5 & 1 & 1 \\ -11 & 1 & -1 \\ -5 & -5 & 0 \end{vmatrix}$$

$$\xlongequal{r_2+r_1}\begin{vmatrix} 5 & 1 & 1 \\ -6 & 2 & 0 \\ -5 & -5 & 0 \end{vmatrix}=(-1)^{1+3}\begin{vmatrix} -6 & 2 \\ -5 & -5 \end{vmatrix}=\begin{vmatrix} -8 & 2 \\ 0 & -5 \end{vmatrix}=40$$

【例 1.15】 证明范德蒙德（Vandermonde）行列式

$$D_n=\begin{vmatrix} 1 & 1 & \cdots & 1 \\ x_1 & x_2 & \cdots & x_n \\ x_1^2 & x_2^2 & \cdots & x_n^2 \\ \cdots & \cdots & \cdots & \cdots \\ x_1^{n-1} & x_2^{n-1} & \cdots & x_n^{n-1} \end{vmatrix}=\prod_{n\geqslant i>j\geqslant 1}(x_i-x_j) \tag{1.15}$$

证明　用数学归纳法

$$D_2=\begin{vmatrix}1 & 1\\ x_1 & x_2\end{vmatrix}=x_2-x_1=\prod_{2\geqslant i>j\geqslant 1}(x_i-x_j)$$

所以，当 $n=2$ 时，式（1.15）成立.

假设对 $n-1$ 阶范德蒙德行列式，式（1.12）成立.

对 n 阶范德蒙德行列式，作如下变换，$r_i-x_1r_{i-1}$　$(i=n,n-1,\cdots,2,1)$. 得

$$D_n=\begin{vmatrix}1 & 1 & 1 & \cdots & 1\\ 0 & x_2-x_1 & x_3-x_1 & \cdots & x_n-x_1\\ 0 & x_2(x_2-x_1) & x_3(x_3-x_1) & \cdots & x_n(x_n-x_1)\\ \cdots & \cdots & \cdots & \cdots & \cdots\\ 0 & x_2^{n-2}(x_2-x_1) & x_3^{n-2}(x_3-x_1) & \cdots & x_n^{n-2}(x_n-x_1)\end{vmatrix}$$

按第一列展开，并把每列的公因子（x_i-x_1）提出，就有

$$D_n=(x_2-x_1)(x_3-x_1)\cdots(x_n-x_1)\begin{vmatrix}1 & 1 & \cdots & 1\\ x_2 & x_3 & \cdots & x_n\\ \cdots & \cdots & \cdots & \cdots\\ x_2^{n-2} & x_3^{n-2} & \cdots & x_n^{n-2}\end{vmatrix}$$

则根据归纳假设得证

$$D_n=(x_2-x_1)(x_3-x_1)\cdots(x_n-x_1)\prod_{n\geqslant i>j\geqslant 2}(x_i-x_j)=\prod_{n\geqslant i>j\geqslant 1}(x_i-x_j)$$

推论　行列式某一行（列）的元素与另一行（列）的对应元素的代数余子式乘积之和等于零，即

$$a_{i1}A_{j1}+a_{i2}A_{j2}+\cdots+a_{in}A_{jn}=0,\quad i\neq j$$

或

$$a_{1i}A_{1j}+a_{2i}A_{2j}+\cdots+a_{ni}A_{nj}=0,\quad i\neq j$$

证明　把行列式 $D=\det(a_{ij})$ 按第 j 行展开，得

$$D=a_{j1}A_{j1}+\cdots+a_{jn}A_{jn}=\begin{vmatrix}a_{11} & \cdots & a_{1n}\\ \cdots & \cdots & \cdots\\ a_{i1} & \cdots & a_{in}\\ \cdots & \cdots & \cdots\\ a_{j1} & \cdots & a_{jn}\\ \cdots & \cdots & \cdots\\ a_{n1} & \cdots & a_{nn}\end{vmatrix}$$

把 a_{jk} 换成 $a_{ik}(k=1,2,\cdots,n)$，当 $i\neq j$ 时，可得

$$a_{i1}A_{j1}+\cdots+a_{in}A_{jn}=\begin{vmatrix} a_{11} & \cdots & a_{1n} \\ \cdots & \cdots & \cdots \\ a_{i1} & \cdots & a_{in} \\ \cdots & \cdots & \cdots \\ a_{i1} & \cdots & a_{in} \\ \cdots & \cdots & \cdots \\ a_{n1} & \cdots & a_{nn} \end{vmatrix}$$

所以 $\quad a_{i1}A_{j1}+a_{i2}A_{j2}+\cdots+a_{in}A_{jn}=0,\quad i\neq j$

同理 $\quad a_{1i}A_{1j}+a_{2i}A_{2j}+\cdots+a_{ni}A_{nj}=0,\quad i\neq j$

综上所述，可得到有关代数余子式的一个重要性质

$$\sum_{k=1}^{n}a_{ki}A_{kj}=\begin{cases}D, & i=j \\ 0, & i\neq j\end{cases} \quad 或 \quad \sum_{k=1}^{n}a_{ik}A_{jk}=\begin{cases}D, & i=j \\ 0, & i\neq j\end{cases}$$

【例 1.16】 求下列行列式的值：

(1) $\begin{vmatrix} 2 & -1 & 3 \\ -1 & 2 & 1 \\ 4 & 1 & 2 \end{vmatrix}$ $\qquad$ (2) $\begin{vmatrix} 3 & 2 & 7 \\ 0 & 5 & 2 \\ 0 & 2 & 1 \end{vmatrix}$

解

(1) $\begin{vmatrix} 2 & -1 & 3 \\ -1 & 2 & 1 \\ 4 & 1 & 2 \end{vmatrix}=2\times\begin{vmatrix} 2 & 1 \\ 1 & 2 \end{vmatrix}-(-1)\times\begin{vmatrix} -1 & 3 \\ 1 & 2 \end{vmatrix}+4\times\begin{vmatrix} -1 & 3 \\ 1 & 2 \end{vmatrix}$

$=2(4-1)+(-2-3)+4(-1-6)=6-5-28=-27$

(2) $\begin{vmatrix} 3 & 2 & 7 \\ 0 & 5 & 2 \\ 0 & 2 & 1 \end{vmatrix}=3\times\begin{vmatrix} 5 & 2 \\ 2 & 1 \end{vmatrix}=3(5-4)=3$

【例 1.17】 试按第三列展开计算行列式

$$D=\begin{vmatrix} 1 & 2 & 3 & 4 \\ 1 & 0 & 1 & 2 \\ 3 & -1 & -1 & 0 \\ 1 & 2 & 0 & -5 \end{vmatrix}$$

解 将 D 按第三列展开，则有

$$D=a_{13}A_{13}+a_{23}A_{23}+a_{33}A_{33}+a_{43}A_{43}$$

其中 $a_{13}=3$，$a_{23}=1$，$a_{33}=-1$，$a_{43}=0$.

$$A_{13}=(-1)^{1+3}\begin{vmatrix} 1 & 0 & 2 \\ 3 & -1 & 0 \\ 1 & 2 & -5 \end{vmatrix}=19, \qquad A_{33}=(-1)^{3+3}\begin{vmatrix} 1 & 2 & 4 \\ 1 & 0 & 2 \\ 1 & 2 & -5 \end{vmatrix}=18$$

$$A_{23}=(-1)^{2+3}\begin{vmatrix}1 & 2 & 4\\3 & -1 & 0\\1 & 2 & -5\end{vmatrix}=-63,\quad A_{43}=(-1)^{4+3}\begin{vmatrix}1 & 2 & 4\\1 & 0 & 2\\3 & -1 & 0\end{vmatrix}=-10$$

所以 $\qquad D=3\times19+1\times(-63)+(-1)\times18+0\times(-10)=-24$

【例 1.18】 设

$$D=\begin{vmatrix}3 & -5 & 2 & 1\\1 & 1 & 0 & -5\\-1 & 3 & 1 & 3\\2 & -4 & -1 & -3\end{vmatrix}$$

D 中元素 a_{ij} 的余子式和代数余子式依次记作 M_{ij} 和 A_{ij}，求 $A_{11}+A_{12}+A_{13}+A_{14}$ 及 $M_{11}+M_{21}+M_{31}+M_{41}$.

解 注意到 $A_{11}+A_{12}+A_{13}+A_{14}$ 等于用1，1，1，1代替 D 的第1行所得的行列式，即

$$A_{11}+A_{12}+A_{13}+A_{14}=\begin{vmatrix}1 & 1 & 1 & 1\\1 & 1 & 0 & -5\\-1 & 3 & 1 & 3\\2 & -4 & -1 & -3\end{vmatrix}\xlongequal[r_4+r_1]{r_3+r_4}\begin{vmatrix}1 & 1 & 1 & 1\\1 & 1 & 0 & -5\\-2 & 2 & 0 & 2\\1 & -1 & 0 & 0\end{vmatrix}$$

$$=\begin{vmatrix}1 & 1 & -5\\-2 & 2 & 2\\1 & -1 & 0\end{vmatrix}\xlongequal{c_2+c_1}\begin{vmatrix}1 & 2 & -5\\-2 & 0 & 2\\1 & 0 & 0\end{vmatrix}=\begin{vmatrix}2 & -5\\0 & 2\end{vmatrix}=4$$

又按定义知

$$M_{11}+M_{21}+M_{31}+M_{41}=A_{11}-A_{21}+A_{31}-A_{41}=\begin{vmatrix}1 & -5 & 2 & 1\\-1 & 1 & 0 & -5\\1 & 3 & 1 & 3\\-1 & -4 & -1 & -3\end{vmatrix}$$

$$\xlongequal{r_4+r_3}\begin{vmatrix}1 & -5 & 2 & 1\\-1 & 1 & 0 & -5\\1 & 3 & 1 & 3\\0 & -1 & 0 & 0\end{vmatrix}=(-1)\begin{vmatrix}1 & 2 & 1\\-1 & 0 & -5\\1 & 1 & 3\end{vmatrix}\xlongequal{r_1-2r_3}-\begin{vmatrix}-1 & 0 & -5\\-1 & 0 & -5\\1 & 1 & 3\end{vmatrix}=0$$

习　题　1

1. 计算下列行列式：

(1) $\begin{vmatrix}2 & 1\\-1 & 2\end{vmatrix}$　　　　(2) $\begin{vmatrix}x-1 & 1\\x^2 & x^2+x+1\end{vmatrix}$

(3) $\begin{vmatrix} 1 & 2 & 3 \\ 3 & 1 & 2 \\ 2 & 3 & 1 \end{vmatrix}$　　(4) $\begin{vmatrix} 0 & a & 0 \\ b & 0 & c \\ 0 & d & 0 \end{vmatrix}$

(5) $\begin{vmatrix} 1 & 1 & 1 \\ 3 & 1 & 4 \\ 8 & 9 & 5 \end{vmatrix}$　　(6) $\begin{vmatrix} x & y & x+y \\ y & x+y & x \\ x+y & x & y \end{vmatrix}$

2.求下列排列的逆序数：

(1) 41253　　(2) 3712456

(3) $n(n-1)\cdots 21$　　(4) $13\cdots(2n-1)(2n)(2n-2)\cdots 2$

3.(1) 当 k 为何值时，$\begin{vmatrix} k & 3 & 4 \\ -1 & k & 0 \\ 0 & k & 1 \end{vmatrix}=0$；(2) 当 k 为何值时，$\begin{vmatrix} 3 & 1 & k \\ 4 & k & 0 \\ 1 & 0 & k \end{vmatrix}\neq 0$.

4.写出四阶行列式中含有因子 $a_{11}a_{23}$ 的项.

5.计算下列各行列式：

(1) $\begin{vmatrix} 1 & 1 & 1 & 1 \\ -1 & 1 & 1 & 1 \\ -1 & -1 & 1 & 1 \\ -1 & -1 & -1 & 1 \end{vmatrix}$　　(2) $\begin{vmatrix} 1 & 1 & 1 & 1 \\ 1 & 2 & 3 & 4 \\ 1 & 3 & 6 & 10 \\ 1 & 4 & 10 & 20 \end{vmatrix}$

(3) $\begin{vmatrix} 2 & 1 & 4 & 1 \\ 3 & -1 & 2 & 1 \\ 1 & 2 & 3 & 2 \\ 5 & 0 & 6 & 2 \end{vmatrix}$　　(4) $\begin{vmatrix} -2 & 2 & -4 & 0 \\ 4 & -1 & 3 & 5 \\ 3 & 1 & -2 & -3 \\ 2 & 0 & 5 & 1 \end{vmatrix}$

(5) $\begin{vmatrix} a & 1 & 0 & 0 \\ -1 & b & 1 & 0 \\ 0 & -1 & c & 1 \\ 0 & 0 & -1 & d \end{vmatrix}$　　(6) $\begin{vmatrix} 1+x & 1 & 1 & 1 \\ 1 & 1-x & 1 & 1 \\ 1 & 1 & 1+y & 1 \\ 1 & 1 & 1 & 1-y \end{vmatrix}$

6.证明

$$\begin{vmatrix} 1 & 2 & 3 & 4 & \cdots & n \\ 1 & 1 & 2 & 3 & \cdots & n-1 \\ 1 & x & 1 & 2 & \cdots & n-2 \\ 1 & x & x & 1 & \cdots & n-3 \\ \cdots & \cdots & \cdots & \cdots & \cdots & \cdots \\ 1 & x & x & x & \cdots & 2 \\ 1 & x & x & x & \cdots & 1 \end{vmatrix}=(-1)^{n+1}x^{n-2}$$

7. 计算下列行列式的值：

(1) $D=\begin{vmatrix} 1+a_1 & 1 & \cdots & 1 \\ 1 & 1+a_2 & \cdots & 1 \\ \vdots & \vdots & & \vdots \\ 1 & 1 & \cdots & 1+a_n \end{vmatrix}$　　(2) $D_n=\begin{vmatrix} x & a & \cdots & a \\ a & x & \cdots & a \\ \vdots & \vdots & & \vdots \\ a & a & \cdots & x \end{vmatrix}$

(3) $D=\begin{vmatrix} a_1 & -a_1 & 0 & 0 \\ 0 & a_2 & -a_2 & 0 \\ 0 & 0 & a_3 & -a_3 \\ 1 & 1 & 1 & 1 \end{vmatrix}$　　(4) $D=\begin{vmatrix} 5 & 3 & -1 & 2 & 0 \\ 1 & 7 & 2 & 5 & 2 \\ 0 & -2 & 3 & 1 & 0 \\ 0 & -4 & -1 & 4 & 0 \\ 0 & 2 & 3 & 5 & 0 \end{vmatrix}$

(5) $D_{2n}=\underbrace{\begin{vmatrix} a & & & & & b \\ & \ddots & & & \unicode{x22F0} & \\ & & a & b & & \\ & & c & d & & \\ & \unicode{x22F0} & & & \ddots & \\ c & & & & & d \end{vmatrix}}_{2n}$（其中未写出的元素为0）

(6) $\begin{vmatrix} 1 & 1 & 0 & 0 \\ 1 & k & 1 & 0 \\ 0 & 0 & k & 2 \\ 0 & 0 & 2 & k \end{vmatrix}$

8. 已知四阶行列式 D 中第3列元素依次为-1，2，0，1，它们的余子式分别为5，3，-7，4，求 D.

9. 若四阶行列式中第1行元素分别是1，2，0，-4，第3行元素的余子式分别是6，x，19，-2，求 x 的值.

10. 设

$$D=\begin{vmatrix} 3 & 1 & -1 & 2 \\ -5 & 1 & 3 & -4 \\ 2 & 0 & 1 & -1 \\ 1 & -5 & 3 & -3 \end{vmatrix}$$

D 的（i，j）元的代数余子式记为 A_{ij}，求 $A_{31}+3A_{32}-2A_{33}+2A_{34}$.

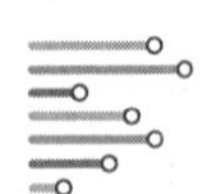

第2章　矩阵

2.1　矩阵的概念

定义 2.1　由 $m \times n$ 个数 a_{ij}（$i=1,2,\cdots,m$；$j=1,2,\cdots,n$）排成的 m 行 n 列的数表

$$\begin{matrix} a_{11} & a_{12} & \cdots & a_{1n} \\ a_{21} & a_{22} & \cdots & a_{2n} \\ \cdots & \cdots & \cdots & \cdots \\ a_{m1} & a_{m2} & \cdots & a_{mn} \end{matrix}$$

称为 m 行 n 列的矩阵，简称 $m \times n$ 矩阵. 记作

$$\boldsymbol{A}=(a_{ij})_{m \times n}=\begin{pmatrix} a_{11} & a_{12} & \cdots & a_{1n} \\ a_{21} & a_{22} & \cdots & a_{2n} \\ \cdots & \cdots & \cdots & \cdots \\ a_{m1} & a_{m2} & \cdots & a_{mn} \end{pmatrix} \tag{2.1}$$

这 $m \times n$ 个数称为矩阵 $\boldsymbol{A}$ 的元素，简称为元，数 a_{ij} 位于矩阵 $\boldsymbol{A}$ 的第 i 行第 j 列，称为矩阵 $\boldsymbol{A}$ 的（i，j）元. 以数 a_{ij} 为（i，j）元的矩阵可简记作（a_{ij}）或者 $(a_{ij})_{m \times n}$. $m \times n$ 矩阵 $\boldsymbol{A}$ 也记作 $\boldsymbol{A}_{m \times n}$.

元素是实数的矩阵称为实矩阵，元素是复数的矩阵称为复矩阵.

行数和列数都等于 n 的矩阵称为 n 阶矩阵或 n 阶方阵. n 阶矩阵 $\boldsymbol{A}$ 也记作 $\boldsymbol{A}_n$.

只有一行的矩阵

$$\boldsymbol{A}=(a_1 \ a_2 \cdots \ a_n)$$

称为行矩阵，又称行向量. 为了避免元素间的混淆，行矩阵也记作

$$\boldsymbol{A}=(a_1, a_2, \cdots, a_n)$$

只有一列的矩阵

$$\boldsymbol{B}=\begin{pmatrix} b_1 \\ b_2 \\ \vdots \\ b_m \end{pmatrix}$$

称为列矩阵，又称列向量.

两个矩阵的行数相等，列数也相等时，就称它们是同型矩阵. 如果 $\boldsymbol{A}=(a_{ij})$ 与 $\boldsymbol{B}=(b_{ij})$ 是同型矩阵，并且它们的对应元素相等，即

$$a_{ij}=b_{ij}\quad(i=1,2,\cdots,m;j=1,2,\cdots,n)$$

那么就称矩阵 $\boldsymbol{A}$ 与矩阵 $\boldsymbol{B}$ 相等，记作 $\boldsymbol{A}=\boldsymbol{B}$.

元素都是零的矩阵称为零矩阵，记作 $\boldsymbol{O}$. 注意，不同型的零矩阵是不相等的.

下面举例来说明矩阵的应用.

【例 2.1】 n 个变量 x_1，x_2，…，x_n 与 m 个变量 y_1，y_2，…，y_m 之间的关系式

$$\begin{cases}y_1=a_{11}x_1+a_{12}x_2+\cdots+a_{1n}x_n\\ y_2=a_{21}x_1+a_{22}x_2+\cdots+a_{2n}x_n\\ \cdots\cdots\cdots\cdots\cdots\cdots\cdots\cdots\cdots\cdots\\ y_m=a_{m1}x_1+a_{m2}x_2+\cdots+a_{mn}x_n\end{cases}\tag{2.2}$$

表示一个变量 x_1，x_2，…，x_n 到变量 y_1，y_2，…，y_m 的线性变换，其中 a_{ij} 为常数. 线性变换（2.2）的系数 a_{ij} 构成矩阵 $\boldsymbol{A}=(a_{ij})_{m\times n}$.

给定了线性变换（2.2），它的系数 a_{ij} 构成矩阵（称为系数矩阵）也就确定. 反之，如果给出一个矩阵作为线性变换的系数矩阵，则线性变换也就确定. 在这个意义上，线性变换和矩阵之间存在着一一对应的关系.

例如线性变换

$$\begin{cases}y_1=x_1\\ y_2=x_2\\ \quad\vdots\\ y_n=x_n\end{cases}$$

称为恒等变换，它对应的一个 n 阶方阵

$$\boldsymbol{E}=\begin{pmatrix}1&0&\cdots&0\\0&1&\cdots&0\\ \vdots&\vdots&\ddots&\vdots\\0&0&\cdots&1\end{pmatrix}$$

称为 n 阶单位阵，简称单位阵. 这个方阵的特点是：从左上角到右下角的直线上的元素都是 1，其他元素都是 0，即单位阵 $\boldsymbol{E}$ 的 (i,j) 元为

$$\delta_{ij}=\begin{cases}1, & i=j\\0, & i\neq j\end{cases}\quad(i,j=1,2,\cdots,n)$$

又如线性变换

$$\begin{cases} y_1=\lambda_1 x_1 \\ y_2=\lambda_2 x_2 \\ \quad\vdots \\ y_n=\lambda_n x_n \end{cases}$$

对应 n 阶方阵

$$\boldsymbol{\Lambda}=\begin{pmatrix} \lambda_1 & 0 & \cdots & 0 \\ 0 & \lambda_2 & \cdots & 0 \\ \vdots & \vdots & \ddots & \vdots \\ 0 & 0 & \cdots & \lambda_n \end{pmatrix}$$

这个方阵的特点是：不在对角线上的元素都是 0. 这种方阵称为对角矩阵，简称对角阵. 对角阵也记作

$$\boldsymbol{\Lambda}=\mathrm{diag}(\lambda_1,\lambda_2,\cdots,\lambda_n)$$

由于线性变换和矩阵之间存在着一一对应的关系，因此可以用矩阵来研究线性变换，也可以利用线性变换来解释矩阵的含义.

例如，矩阵$\begin{pmatrix} \cos\varphi & -\sin\varphi \\ \sin\varphi & \cos\varphi \end{pmatrix}$所对应的线性变换是

$$\begin{cases} x_1=x\cos\varphi-y\sin\varphi \\ y_1=x\sin\varphi+y\cos\varphi \end{cases}$$

可以看作是平面上把向量$\overrightarrow{OP}=\begin{pmatrix} x \\ y \end{pmatrix}$变为向量$\overrightarrow{OP_1}=\begin{pmatrix} x_1 \\ y_1 \end{pmatrix}$. 设 $\overrightarrow{OP}$ 的长度是 r，辐角为 θ，即设 $x=r\cos\theta$，$y=r\sin\theta$，那么

$$\begin{cases} x_1=r(\cos\varphi\cos\theta-\sin\varphi\sin\theta)=r\cos(\theta+\varphi) \\ y_1=r(\sin\varphi\cos\theta+\cos\varphi\sin\theta)=r\sin(\theta+\varphi) \end{cases}$$

可表明 $\overrightarrow{OP_1}$ 的长度也是 r 而辐角为 $\theta+\varphi$. 因此，这是把向量 $\overrightarrow{OP}$ 沿逆时针方向旋转 φ 角的旋转变换.

2.2 矩阵的运算

2.2.1 矩阵的加法

定义 2.2 设有两个 $m\times n$ 矩阵 $\boldsymbol{A}=(a_{ij})$ 与 $\boldsymbol{B}=(b_{ij})$，那么矩阵 $\boldsymbol{A}$ 与 $\boldsymbol{B}$ 的和记作 $\boldsymbol{A}+\boldsymbol{B}$，规定为

$$
\boldsymbol{A}+\boldsymbol{B}=\begin{pmatrix} a_{11}+b_{11} & a_{12}+b_{12} & \cdots & a_{1n}+b_{1n} \\ a_{21}+b_{21} & a_{22}+b_{22} & \cdots & a_{2n}+b_{2n} \\ \cdots & \cdots & \cdots & \cdots \\ a_{m1}+b_{m1} & a_{m2}+b_{m2} & \cdots & a_{mn}+b_{mn} \end{pmatrix}
$$

注意 只有当两个矩阵同型时，这两个矩阵才能进行加法运算.

矩阵加法满足下列运算规律：

(1) $\boldsymbol{A}_{m\times n}+\boldsymbol{B}_{m\times n}=\boldsymbol{B}_{m\times n}+\boldsymbol{A}_{m\times n}$

(2) $(\boldsymbol{A}_{m\times n}+\boldsymbol{B}_{m\times n})+\boldsymbol{C}_{m\times n}=\boldsymbol{A}_{m\times n}+(\boldsymbol{B}_{m\times n}+\boldsymbol{C}_{m\times n})$

设矩阵 $\boldsymbol{A}=(a_{ij})$，记

$$-\boldsymbol{A}=(-a_{ij})$$

$-\boldsymbol{A}$ 称为矩阵 $\boldsymbol{A}$ 的负矩阵，显然有

$$\boldsymbol{A}+(-\boldsymbol{A})=\boldsymbol{O}$$

由此规定矩阵的减法为

$$\boldsymbol{A}-\boldsymbol{B}=\boldsymbol{A}+(-\boldsymbol{B})$$

2.2.2 数与矩阵相乘

定义 2.3 数 λ 与矩阵 $\boldsymbol{A}$ 的乘积记作 $\lambda\boldsymbol{A}$ 或者 $\boldsymbol{A}\lambda$，显然规定为

$$
\lambda\boldsymbol{A}=\boldsymbol{A}\lambda=\begin{pmatrix} \lambda a_{11} & \lambda a_{12} & \cdots & \lambda a_{1n} \\ \lambda a_{21} & \lambda a_{22} & \cdots & \lambda a_{2n} \\ \cdots & \cdots & \cdots & \cdots \\ \lambda a_{m1} & \lambda a_{m2} & \cdots & \lambda a_{mn} \end{pmatrix}
$$

数乘矩阵满足下列运算规律（设 λ，μ 为数）.

(1) $(\lambda\mu)\boldsymbol{A}=\lambda(\mu\boldsymbol{A})$

(2) $(\lambda+\mu)\boldsymbol{A}=\lambda\boldsymbol{A}+\mu\boldsymbol{A}$

(3) $\lambda(\boldsymbol{A}+\boldsymbol{B})=\lambda\boldsymbol{A}+\lambda\boldsymbol{B}$

矩阵相加与数乘矩阵结合起来，统称为矩阵的线性运算.

2.2.3 矩阵与矩阵相乘

设有两个线性变换

$$
\begin{cases} y_1=a_{11}x_1+a_{12}x_2+a_{13}x_3 \\ y_2=a_{21}x_1+a_{22}x_2+a_{23}x_3 \end{cases} \tag{2.3}
$$

$$
\begin{cases} x_1=b_{11}t_1+b_{12}t_2 \\ x_2=b_{21}t_1+b_{22}t_2 \\ x_3=b_{31}t_1+b_{32}t_2 \end{cases} \tag{2.4}
$$

若想求出从 t_1，t_2 到 y_1，y_2 的线性变换，可以将式（2.4）代入式（2.3），便得

$$\begin{cases} y_1=(a_{11}b_{11}+a_{12}b_{12}+a_{13}b_{31})t_1+(a_{11}b_{12}+a_{12}b_{22}+a_{13}b_{32})t_2 \\ y_2=(a_{21}b_{11}+a_{22}b_{12}+a_{23}b_{31})t_1+(a_{21}b_{12}+a_{22}b_{22}+a_{23}b_{32})t_2 \end{cases} \tag{2.5}$$

线性变换（2.5）可以看作是先做线性变换（2.4）再做线性变换（2.3）的结果. 我们把线性变换（2.5）叫做线性变换（2.3）与线性变换（2.4）的乘积，相应地把式（2.5）所对应的矩阵定义为式（2.3）与式（2.4）所对应的矩阵的乘积，即

$$\begin{pmatrix} a_{11} & a_{12} & a_{13} \\ a_{21} & a_{22} & a_{23} \end{pmatrix}\begin{pmatrix} b_{11} & b_{12} \\ b_{21} & b_{22} \\ b_{31} & b_{32} \end{pmatrix}$$

$$=\begin{pmatrix} a_{11}b_{11}+a_{12}b_{12}+a_{13}b_{31} & a_{11}b_{12}+a_{12}b_{22}+a_{13}b_{32} \\ a_{21}b_{11}+a_{22}b_{12}+a_{23}b_{31} & a_{21}b_{12}+a_{22}b_{22}+a_{23}b_{32} \end{pmatrix}$$

定义 2.4 设 $\boldsymbol{A}=(a_{ij})$ 是一个 $m\times s$ 的矩阵，$\boldsymbol{B}=(b_{ij})$ 是一个 $s\times n$ 的矩阵，那么规定矩阵 $\boldsymbol{A}$ 与矩阵 $\boldsymbol{B}$ 的乘积是一个 $m\times n$ 矩阵 $\boldsymbol{C}=(c_{ij})$，其中

$$c_{ij}=a_{i1}b_{1j}+a_{i2}b_{2j}+\cdots+a_{is}b_{sj}=\sum_{k=1}^{s}a_{ik}b_{kj}\quad(i=1,2,\cdots,m;j=1,2,\cdots,n) \tag{2.6}$$

并把此乘积记作

$$\boldsymbol{C}=\boldsymbol{AB}$$

按此定义，一个 $1\times s$ 行矩阵与一个 $s\times 1$ 列矩阵乘积是一个一阶方阵，也就是一个数

$$(a_{i1},a_{i2},\cdots,a_{is})\begin{pmatrix} b_{1j} \\ b_{2j} \\ \vdots \\ b_{sj} \end{pmatrix}=a_{i1}b_{1j}+a_{i2}b_{2j}+\cdots+a_{is}b_{sj}=\sum_{k=1}^{s}a_{ik}b_{kj}=c_{ij}$$

由此表明，乘积矩阵 $\boldsymbol{C}=\boldsymbol{AB}$ 的元 c_{ij} 就是 $\boldsymbol{A}$ 的第 i 行与 $\boldsymbol{B}$ 的第 j 列的乘积.

注意 只有当第一个矩阵的列数等于第二个矩阵的行数时，两个矩阵才能相乘.

【例 2.2】 求矩阵

$$\boldsymbol{A}=\begin{pmatrix} 1 & -2 & 3 \\ -3 & 2 & 1 \\ 2 & -1 & 3 \end{pmatrix} \quad 与 \quad \boldsymbol{B}=\begin{pmatrix} 1 & 2 \\ -3 & 1 \\ -2 & 3 \end{pmatrix}$$

的乘积.

解 按照公式有

$$C=AB=\begin{pmatrix}1&-2&3\\-3&2&1\\2&-1&3\end{pmatrix}\begin{pmatrix}1&2\\-3&1\\-2&3\end{pmatrix}$$

$$=\begin{pmatrix}1\cdot1+(-2)\cdot(-3)+3\cdot(-2) & 1\cdot2+(-2)\cdot1+3\cdot3\\(-3)\cdot1+2\cdot(-3)+1\cdot(-2) & (-3)\cdot2+2\cdot1+1\cdot3\\2\cdot1+(-1)\cdot(-3)+3\cdot(-2) & 2\cdot2+(-1)\cdot1+3\cdot3\end{pmatrix}=\begin{pmatrix}1&9\\-11&-1\\-1&12\end{pmatrix}$$

【例 2.3】 求矩阵

$$A=\begin{pmatrix}-2&4\\1&-2\end{pmatrix}\quad 与\quad B=\begin{pmatrix}2&4\\-3&-6\end{pmatrix}$$

的乘积 AB 及 BA.

解 按照公式有

$$AB=\begin{pmatrix}-2&4\\1&-2\end{pmatrix}\begin{pmatrix}2&4\\-3&-6\end{pmatrix}=\begin{pmatrix}-16&-32\\8&16\end{pmatrix}$$

$$BA=\begin{pmatrix}2&4\\-3&-6\end{pmatrix}\begin{pmatrix}-2&4\\1&-2\end{pmatrix}=\begin{pmatrix}0&0\\0&0\end{pmatrix}$$

在例 2.2 中，A 是一个 3×3 的矩阵，B 是一个 3×2 的矩阵，乘积 AB 有意义而乘积 BA 无意义. 由此可知，在矩阵的乘法中必须注意矩阵相乘的顺序. AB 是 A 左乘 B 的乘积，BA 是 A 右乘 B 的乘积，AB 有意义时，BA 可以没有意义. 在例 2.3 中，A 和 B 都是二阶方阵，从而 AB 和 BA 也都是二阶方阵，但 AB 和 BA 仍然不相等. 总之，矩阵的乘法不满足交换律，也就是一般情况下 $AB\neq BA$.

对于两个方阵 A 和 B，若 $AB=BA$，则称 A 和 B 是可交换的.

矩阵的乘法不满足交换律，但仍然满足结合律和分配律：

(1) $(AB)C=A(BC)$，

(2) $\lambda(AB)=(\lambda A)B=A(\lambda B)$，

(3) $(A+B)C=AC+BC$，$A(B+C)=AB+AC$

对于单位矩阵 E 容易验证

$$E_mA_{m\times n}=A_{m\times n},\quad A_{m\times n}E_n=A_{m\times n}$$

或者简单写成

$$EA=A$$

可见单位矩阵在矩阵乘法中的作用类似于数 1.

矩阵

$$\lambda E=\begin{pmatrix}\lambda&0&\cdots&0\\0&\lambda&\cdots&0\\\vdots&\vdots&\ddots&\vdots\\0&0&\cdots&\lambda\end{pmatrix}$$

称为纯量阵. 由 $(\lambda E)A=\lambda A$，$A(\lambda E)=\lambda A$，可知纯量阵 λE 与矩阵 A 的乘积等于数

λ 与 $\boldsymbol{A}$ 的乘积. 并且，当 $\boldsymbol{A}$ 为阶 n 方阵时，有

$$(\lambda\boldsymbol{E}_n)\boldsymbol{A}_n=\lambda\boldsymbol{A}_n=\boldsymbol{A}_n(\lambda\boldsymbol{E}_n)$$

表明纯量阵 $\lambda\boldsymbol{E}$ 与任何同阶方阵都是可交换的.

有了矩阵的乘法，就可以定义矩阵的幂. 设 $\boldsymbol{A}$ 为阶 n 方阵，定义

$$\boldsymbol{A}^1=\boldsymbol{A},\boldsymbol{A}^2=\boldsymbol{A}^1\boldsymbol{A}^1,\cdots,\boldsymbol{A}^{k+1}=\boldsymbol{A}^k\boldsymbol{A}^1$$

式中，k 为正整数，也就是说，$\boldsymbol{A}^k$ 就是 k 个 $\boldsymbol{A}$ 连乘. 显然，只有方阵，它的幂才有意义.

由于矩阵的乘法适合结合律，所以矩阵的幂满足以下运算规律

$$\boldsymbol{A}^k\boldsymbol{A}^l=\boldsymbol{A}^{k+l},\quad (\boldsymbol{A}^k)^l=\boldsymbol{A}^{kl}$$

式中，k，l 为正整数. 又因矩阵乘法一般不满足交换律，所以对于两个 n 阶矩阵 $\boldsymbol{A}$ 与 $\boldsymbol{B}$，一般来说 $(\boldsymbol{AB})^k\neq\boldsymbol{A}^k\boldsymbol{B}^k$，只有当矩阵 $\boldsymbol{A}$ 与 $\boldsymbol{B}$ 可交换时，才有 $(\boldsymbol{AB})^k=\boldsymbol{A}^k\boldsymbol{B}^k$. 类似可以知道，$(\boldsymbol{A}+\boldsymbol{B})^2=\boldsymbol{A}^2+2\boldsymbol{AB}+\boldsymbol{B}^2$，$(\boldsymbol{A}+\boldsymbol{B})(\boldsymbol{A}-\boldsymbol{B})=\boldsymbol{A}^2-\boldsymbol{B}^2$ 等公式，也只有当矩阵 $\boldsymbol{A}$ 与 $\boldsymbol{B}$ 可交换时成立.

2.2.4 矩阵的转置

定义 2.5 把矩阵 $\boldsymbol{A}$ 的行换成同序数的列得到一个新矩阵，叫做 $\boldsymbol{A}$ 的转置矩阵，记作 $\boldsymbol{A}^{\mathrm{T}}$.

例如矩阵 $\boldsymbol{A}=\begin{pmatrix}1&2\\0&1\\2&-1\end{pmatrix}$ 的转置矩阵为 $\boldsymbol{A}^{\mathrm{T}}=\begin{pmatrix}1&0&2\\2&1&-1\end{pmatrix}$.

矩阵的转置也是一种运算，满足下述运算规律：

(1) $(\boldsymbol{A}^{\mathrm{T}})^{\mathrm{T}}=\boldsymbol{A}$

(2) $(\boldsymbol{A}+\boldsymbol{B})^{\mathrm{T}}=\boldsymbol{A}^{\mathrm{T}}+\boldsymbol{B}^{\mathrm{T}}$

(3) $(\lambda\boldsymbol{A})^{\mathrm{T}}=\lambda\boldsymbol{A}^{\mathrm{T}}$

(4) $(\boldsymbol{AB})^{\mathrm{T}}=\boldsymbol{B}^{\mathrm{T}}\boldsymbol{A}^{\mathrm{T}}$

【例 2.4】 已知

$$\boldsymbol{A}=\begin{pmatrix}2&0&-1\\1&3&2\end{pmatrix},\quad \boldsymbol{B}=\begin{pmatrix}1&7&-1\\4&2&3\\2&0&1\end{pmatrix}$$

求 $(\boldsymbol{AB})^{\mathrm{T}}$.

解法 1 因为

$$\boldsymbol{AB}=\begin{pmatrix}2&0&-1\\1&3&2\end{pmatrix}\begin{pmatrix}1&7&-1\\4&2&3\\2&0&1\end{pmatrix}=\begin{pmatrix}0&14&-3\\17&13&10\end{pmatrix}$$

所以

$$(\boldsymbol{AB})^{\mathrm{T}}=\begin{pmatrix}0&17\\14&13\\-3&10\end{pmatrix}$$

解法 2 $(\boldsymbol{AB})^{\mathrm{T}}=\boldsymbol{B}^{\mathrm{T}}\boldsymbol{A}^{\mathrm{T}}=\begin{pmatrix}1&4&2\\7&2&0\\-1&3&1\end{pmatrix}\begin{pmatrix}2&1\\0&3\\-1&2\end{pmatrix}=\begin{pmatrix}0&17\\14&13\\-3&10\end{pmatrix}$

设矩阵 $\boldsymbol{A}$ 为 n 阶方阵，如果满足 $\boldsymbol{A}^{\mathrm{T}}=\boldsymbol{A}$，即 $a_{ij}=a_{ji}$ $(i,j=1,2,\cdots,n)$，那么 $\boldsymbol{A}$ 称为对称矩阵，简称对称阵. 对称阵的特点是：它的元素以对角线为对称轴对应相等.

【例 2.5】 设列矩阵 $\boldsymbol{X}=(x_1,x_2,\cdots,x_n)^{\mathrm{T}}$ 满足 $\boldsymbol{X}^{\mathrm{T}}\boldsymbol{X}=1$，$\boldsymbol{E}$ 为 n 阶单位阵，$\boldsymbol{H}=\boldsymbol{E}-2\boldsymbol{XX}^{\mathrm{T}}$. 证明：$\boldsymbol{H}$ 是对称阵，且 $\boldsymbol{H}^{\mathrm{T}}\boldsymbol{H}=\boldsymbol{E}$.

证明 $\boldsymbol{H}^{\mathrm{T}}=(\boldsymbol{E}-2\boldsymbol{XX}^{\mathrm{T}})^{\mathrm{T}}=\boldsymbol{E}^{\mathrm{T}}-2(\boldsymbol{XX}^{\mathrm{T}})^{\mathrm{T}}=\boldsymbol{E}-2\boldsymbol{XX}^{\mathrm{T}}=\boldsymbol{H}$

所以 $\boldsymbol{H}$ 是对称阵.

$$\begin{aligned}\boldsymbol{H}^{\mathrm{T}}\boldsymbol{H}&=\boldsymbol{H}^2=(\boldsymbol{E}-2\boldsymbol{XX}^{\mathrm{T}})^2=\boldsymbol{E}-4\boldsymbol{XX}^{\mathrm{T}}+4(\boldsymbol{XX}^{\mathrm{T}})(\boldsymbol{XX}^{\mathrm{T}})\\&=\boldsymbol{E}-4\boldsymbol{XX}^{\mathrm{T}}+4\boldsymbol{X}(\boldsymbol{X}^{\mathrm{T}}\boldsymbol{X})\boldsymbol{X}^{\mathrm{T}}=\boldsymbol{E}-4\boldsymbol{XX}^{\mathrm{T}}+4\boldsymbol{XX}^{\mathrm{T}}=\boldsymbol{E}\end{aligned}$$

2.2.5 方阵的行列式

定义 2.6 由 n 阶方阵 $\boldsymbol{A}$ 的元素所构成的行列式，称为方阵 $\boldsymbol{A}$ 的行列式，记作 $|\boldsymbol{A}|$ 或者 $\det\boldsymbol{A}$.

应该注意，方阵与行列式是两个不同的概念，n 阶方阵是 n^2 个数按照一定方式排成的数表，而 n 阶行列式则是这些数按照一定的运算法则所确定的一个数.

由 $\boldsymbol{A}$ 确定的 $|\boldsymbol{A}|$ 这个运算满足下述运算规律（设 $\boldsymbol{A}$，$\boldsymbol{B}$ 为 n 阶方阵，λ 为数）：

(1) $|\boldsymbol{A}^{\mathrm{T}}|=|\boldsymbol{A}|$

(2) $|\lambda\boldsymbol{A}|=\lambda^n|\boldsymbol{A}|$

(3) $|\boldsymbol{AB}|=|\boldsymbol{A}||\boldsymbol{B}|$

【例 2.6】 行列式 $|\boldsymbol{A}|$ 的各个元素的代数余子式所构成的如下的矩阵

$$\boldsymbol{A}^*=\begin{pmatrix}A_{11}&A_{21}&\cdots&A_{n1}\\A_{12}&A_{22}&\cdots&A_{n2}\\\cdots&\cdots&\cdots&\cdots\\A_{1n}&A_{2n}&\cdots&A_{nn}\end{pmatrix}$$

称为矩阵 $\boldsymbol{A}$ 的伴随矩阵，简称伴随阵. 试证

$$\boldsymbol{AA}^*=\boldsymbol{A}^*\boldsymbol{A}=|\boldsymbol{A}|\boldsymbol{E}$$

证明 设 $\boldsymbol{A}=(a_{ij})$，记 $\boldsymbol{AA}^*=(b_{ij})$，则

$$b_{ij}=a_{i1}A_{j1}+a_{i2}A_{j2}+\cdots+a_{in}A_{jn}=|\boldsymbol{A}|\delta_{ij}\quad(i,j=1,2,\cdots,n)$$

故 $$\boldsymbol{AA}^*=(|\boldsymbol{A}|\delta_{ij})=|\boldsymbol{A}|(\delta_{ij})=|\boldsymbol{A}|\boldsymbol{E}$$

类似有 $$\boldsymbol{A}^*\boldsymbol{A}=\left(\sum_{k=1}^{n}A_{ki}a_{kj}\right)=(|\boldsymbol{A}|\delta_{ij})=|\boldsymbol{A}|(\delta_{ij})=|\boldsymbol{A}|\boldsymbol{E}.$$

2.3 逆矩阵

设定一个线性变换

$$\begin{cases} y_1=a_{11}x_1+a_{12}x_2+\cdots+a_{1n}x_n \\ y_2=a_{21}x_1+a_{22}x_2+\cdots+a_{2n}x_n \\ \cdots\cdots\cdots\cdots\cdots\cdots\cdots\cdots\cdots\cdots \\ y_n=a_{n1}x_1+a_{n2}x_2+\cdots+a_{nn}x_n \end{cases} \tag{2.7}$$

它的系数矩阵是一个 n 阶方阵 $\boldsymbol{A}$，若记

$$\boldsymbol{x}=\begin{pmatrix} x_1 \\ x_2 \\ \vdots \\ x_n \end{pmatrix},\quad \boldsymbol{y}=\begin{pmatrix} y_1 \\ y_2 \\ \vdots \\ y_n \end{pmatrix} \tag{2.8}$$

则线性变换可以记作

$$\boldsymbol{y}=\boldsymbol{A}\boldsymbol{x}$$

以矩阵 $\boldsymbol{A}$ 的伴随矩阵方阵 $\boldsymbol{A}^*$ 左乘上式两端，并利用例 2.6 的结果，可得

$$\boldsymbol{A}^*\boldsymbol{y}=\boldsymbol{A}^*\boldsymbol{A}\boldsymbol{x} \quad 即 \quad \boldsymbol{A}^*\boldsymbol{y}=|\boldsymbol{A}|\boldsymbol{x}$$

当 $|\boldsymbol{A}|\neq 0$ 时，可以解出 $\boldsymbol{x}=\dfrac{1}{|\boldsymbol{A}|}\boldsymbol{A}^*\boldsymbol{y}$. 记 $\boldsymbol{B}=\dfrac{1}{|\boldsymbol{A}|}\boldsymbol{A}^*$ 上式可写作

$$\boldsymbol{x}=\boldsymbol{B}\boldsymbol{y} \tag{2.9}$$

式（2.9）表示一个从 $\boldsymbol{x}$ 到 $\boldsymbol{y}$ 的线性变换，称为线性变换（2.8）的逆变换.

我们从式（2.8）和式（2.9）分析线性变换所对应的方阵与逆变换所对应的方阵之间的关系. 用式（2.9）代入式（2.8）可得

$$\boldsymbol{y}=\boldsymbol{A}(\boldsymbol{B}\boldsymbol{y})=\boldsymbol{A}\boldsymbol{B}\boldsymbol{y}$$

可见，$\boldsymbol{AB}$ 为恒等变换所对应的矩阵，故 $\boldsymbol{AB}=\boldsymbol{E}$. 用式（2.8）代入式（2.9）得

$$\boldsymbol{x}=\boldsymbol{B}(\boldsymbol{A}\boldsymbol{x})=\boldsymbol{B}\boldsymbol{A}\boldsymbol{x}$$

知有 $\boldsymbol{AB}=\boldsymbol{E}$. 于是有 $\boldsymbol{AB}=\boldsymbol{BA}=\boldsymbol{E}$.

由此，我们引入逆矩阵的定义.

定义 2.7 对于 n 阶矩阵 $\boldsymbol{A}$，如果有一个 n 阶矩阵 $\boldsymbol{B}$，使得

$$\boldsymbol{AB}=\boldsymbol{BA}=\boldsymbol{E}$$

则说矩阵 $\boldsymbol{A}$ 是可逆的，并把矩阵 $\boldsymbol{B}$ 称为 $\boldsymbol{A}$ 的逆矩阵，简称逆阵.

如果矩阵 $\boldsymbol{A}$ 是可逆的，那么 $\boldsymbol{A}$ 的逆是唯一的. 这是因为：设 $\boldsymbol{B}$，$\boldsymbol{C}$ 都是 $\boldsymbol{A}$ 的逆矩阵，则有

$$\boldsymbol{B}=\boldsymbol{BE}=\boldsymbol{B}(\boldsymbol{AC})=(\boldsymbol{BA})\boldsymbol{C}=\boldsymbol{EC}=\boldsymbol{C}$$

所以 $\boldsymbol{A}$ 的逆是唯一的.

$\boldsymbol{A}$ 的逆矩阵记作 $\boldsymbol{A}^{-1}$，即若 $\boldsymbol{AB}=\boldsymbol{BA}=\boldsymbol{E}$，则 $\boldsymbol{B}=\boldsymbol{A}^{-1}$.

定理 2.1　若矩阵 $\boldsymbol{A}$ 可逆，则 $|\boldsymbol{A}|\neq 0$.

证明　$\boldsymbol{A}$ 可逆，即有 $\boldsymbol{A}^{-1}$，使得 $\boldsymbol{AA}^{-1}=\boldsymbol{E}$. 故 $|\boldsymbol{A}||\boldsymbol{A}^{-1}|=|\boldsymbol{E}|=1$，所以

$$|\boldsymbol{A}|\neq 0$$

定理 2.2　若 $|\boldsymbol{A}|\neq 0$，则矩阵 $\boldsymbol{A}$ 可逆，且

$$\boldsymbol{A}^{-1}=\frac{1}{|\boldsymbol{A}|}\boldsymbol{A}^{*} \tag{2.10}$$

式中，$\boldsymbol{A}^{*}$ 为矩阵 $\boldsymbol{A}$ 的伴随矩阵.

证明　由例 2.6 知　　$\boldsymbol{AA}^{*}=\boldsymbol{A}^{*}\boldsymbol{A}=|\boldsymbol{A}|\boldsymbol{E}$

因 $|\boldsymbol{A}|\neq 0$，故有　　$\boldsymbol{A}\ \dfrac{1}{|\boldsymbol{A}|}\boldsymbol{A}^{*}=\dfrac{1}{|\boldsymbol{A}|}\boldsymbol{AA}^{*}=\boldsymbol{E}$

所以，按照逆矩阵的定义，即知 $\boldsymbol{A}$ 可逆，且有

$$\boldsymbol{A}^{-1}=\frac{1}{|\boldsymbol{A}|}\boldsymbol{A}^{*}$$

当 $|\boldsymbol{A}|=0$ 时，$\boldsymbol{A}$ 称为奇异矩阵，否则称为非奇异矩阵. 由上面两个定理可知：$\boldsymbol{A}$ 是可逆矩阵的充分必要条件是 $|\boldsymbol{A}|\neq 0$，即可逆矩阵就是非奇异矩阵.

由定理 2.2，可得下述推论.

推论　若 $\boldsymbol{AB}=\boldsymbol{E}$（或者 $\boldsymbol{BA}=\boldsymbol{E}$），则 $\boldsymbol{B}=\boldsymbol{A}^{-1}$.

证明　$|\boldsymbol{A}|\cdot|\boldsymbol{B}|=|\boldsymbol{E}|=1$，故 $|\boldsymbol{A}|\neq 0$，因而 $\boldsymbol{A}^{-1}$ 存在，于是

$$\boldsymbol{B}=\boldsymbol{EB}=(\boldsymbol{A}^{-1}\boldsymbol{A})\boldsymbol{B}=\boldsymbol{A}^{-1}(\boldsymbol{AB})=\boldsymbol{A}^{-1}\boldsymbol{E}=\boldsymbol{A}^{-1}$$

方阵的逆矩阵满足下述运算规律：

(1) 若 $\boldsymbol{A}$ 可逆，则 $\boldsymbol{A}^{-1}$ 亦可逆，且 $(\boldsymbol{A}^{-1})^{-1}=\boldsymbol{A}$.

(2) 若 $\boldsymbol{A}$ 可逆，数 $\lambda\neq 0$，则 $\lambda\boldsymbol{A}$ 可逆，且 $(\lambda\boldsymbol{A})^{-1}=\dfrac{1}{\lambda}\boldsymbol{A}^{-1}$.

(3) 若 $\boldsymbol{A}$，$\boldsymbol{B}$ 为同阶方阵且均可逆，则 $\boldsymbol{AB}$ 亦可逆，且 $(\boldsymbol{AB})^{-1}=\boldsymbol{B}^{-1}\boldsymbol{A}^{-1}$.

(4) 若 $\boldsymbol{A}$ 可逆，则 $\boldsymbol{A}^{\mathrm{T}}$ 亦可逆，且 $(\boldsymbol{A}^{\mathrm{T}})^{-1}=(\boldsymbol{A}^{-1})^{\mathrm{T}}$

当 $\boldsymbol{A}$ 可逆时，还可以定义

$$\boldsymbol{A}^{0}=\boldsymbol{E},\quad \boldsymbol{A}^{-k}=(\boldsymbol{A}^{-1})^{k}$$

式中，k 为正整数. 这样，当 $\boldsymbol{A}$ 可逆，λ，μ 为整数时，有

$$\boldsymbol{A}^{\lambda}\boldsymbol{A}^{\mu}=\boldsymbol{A}^{\lambda+\mu},\quad (\boldsymbol{A}^{\lambda})^{\mu}=\boldsymbol{A}^{\lambda\mu}$$

【例 2.7】　求二阶方阵 $\boldsymbol{A}=\begin{pmatrix}2 & 1\\ -4 & -1\end{pmatrix}$ 的逆矩阵.

解　$|\boldsymbol{A}|=2$，$\boldsymbol{A}^{*}=\begin{pmatrix}-1 & 4\\ -1 & 2\end{pmatrix}$

利用逆矩阵的公式有

$$A^{-1}=\frac{1}{|A|}A^*=\begin{pmatrix}-\frac{1}{2} & 2\\ -\frac{1}{2} & 1\end{pmatrix}$$

【例 2.8】 求三阶方阵

$$A=\begin{pmatrix}1 & 2 & 3\\ 2 & 2 & 1\\ 3 & 4 & 3\end{pmatrix}$$

的逆矩阵.

解 由已知求得$|A|=2\neq0$，知A^{-1}存在.计算行列式$|A|$的余子式

$$M_{11}=2,\quad M_{12}=3,\quad M_{13}=2$$

$$M_{21}=-6,\quad M_{22}=-6,\quad M_{23}=-2$$

$$M_{31}=-4,\quad M_{32}=-5,\quad M_{33}=-2$$

得
$$A^*=\begin{pmatrix}2 & 6 & -4\\ -3 & -6 & 5\\ 2 & 2 & -2\end{pmatrix}$$

所以
$$A^{-1}=\frac{1}{|A|}A^*=\begin{pmatrix}1 & 3 & -2\\ -\frac{3}{2} & -3 & \frac{5}{2}\\ 1 & 1 & -1\end{pmatrix}$$

【例 2.9】 设

$$A=\begin{pmatrix}1 & 2 & 3\\ 2 & 2 & 1\\ 3 & 4 & 3\end{pmatrix},\quad B=\begin{pmatrix}2 & 1\\ 5 & 3\end{pmatrix},\quad C=\begin{pmatrix}1 & 3\\ 2 & 0\\ 3 & 1\end{pmatrix}$$

求矩阵X使其满足$AXB=C$.

解 若A^{-1}，B^{-1}存在，则用A^{-1}左乘，B^{-1}右乘上式，就有

$$A^{-1}AXBB^{-1}=A^{-1}CB^{-1}$$

$$X=A^{-1}CB^{-1}$$

由例 2.8 知$|A|=2\neq0$，而$|B|=1$，故知A,B都可逆，且

$$A^{-1}=\begin{pmatrix}1 & 3 & -2\\ -\frac{3}{2} & -3 & \frac{5}{2}\\ 1 & 1 & -1\end{pmatrix},\quad B^{-1}=\begin{pmatrix}3 & -1\\ -5 & 2\end{pmatrix}$$

于是
$$X=A^{-1}CB^{-1}=\begin{pmatrix}1 & 3 & -2\\ -\frac{3}{2} & -3 & \frac{5}{2}\\ 1 & 1 & -1\end{pmatrix}\begin{pmatrix}1 & 3\\ 2 & 0\\ 3 & 1\end{pmatrix}\begin{pmatrix}3 & -1\\ -5 & 2\end{pmatrix}$$

$$=\begin{pmatrix}1 & 1\\0 & -2\\0 & 2\end{pmatrix}\begin{pmatrix}3 & -1\\-5 & 2\end{pmatrix}=\begin{pmatrix}-2 & 1\\10 & -4\\-10 & 4\end{pmatrix}$$

【例 2.10】 设 $\boldsymbol{P}=\begin{pmatrix}1 & 2\\1 & 4\end{pmatrix}$，$\boldsymbol{\Lambda}=\begin{pmatrix}1 & 0\\0 & 2\end{pmatrix}$，$\boldsymbol{AP}=\boldsymbol{P\Lambda}$，求 $\boldsymbol{A}^n$.

解 若
$$|\boldsymbol{P}|=2,\quad \boldsymbol{P}^{-1}=\frac{1}{2}\begin{pmatrix}4 & -2\\-1 & 1\end{pmatrix}$$

$$\boldsymbol{A}=\boldsymbol{P\Lambda P}^{-1},\quad \boldsymbol{A}^2=\boldsymbol{P\Lambda P}^{-1}\boldsymbol{P\Lambda P}^{-1}=\boldsymbol{P\Lambda}^2\boldsymbol{P}^{-1},\cdots,\boldsymbol{A}^n=\boldsymbol{P\Lambda}^n\boldsymbol{P}^{-1}$$

而
$$\boldsymbol{\Lambda}=\begin{pmatrix}1 & 0\\0 & 2\end{pmatrix},\ \boldsymbol{\Lambda}^2=\begin{pmatrix}1 & 0\\0 & 2^2\end{pmatrix},\ \cdots,\ \boldsymbol{\Lambda}^n=\begin{pmatrix}1 & 0\\0 & 2^n\end{pmatrix}$$

$$\boldsymbol{A}^n=\begin{pmatrix}1 & 2\\1 & 4\end{pmatrix}\begin{pmatrix}1 & 0\\0 & 2^n\end{pmatrix}\frac{1}{2}\begin{pmatrix}4 & -2\\-1 & 1\end{pmatrix}=\frac{1}{2}\begin{pmatrix}1 & 2^{n+1}\\1 & 2^{n+2}\end{pmatrix}\begin{pmatrix}4 & -2\\-1 & 1\end{pmatrix}$$

$$=\frac{1}{2}\begin{pmatrix}4-2^{n+1} & 2^{n+1}-2\\4-2^{n+2} & 2^{n+2}-2\end{pmatrix}=\begin{pmatrix}2-2^n & 2^n-1\\2-2^{n+1} & 2^{n+1}-1\end{pmatrix}$$

设 $\varphi(x)=a_0+a_1x+\cdots+a_mx^m$ 为 x 的 m 次多项式，$\boldsymbol{A}$ 为 n 阶矩阵，记

$$\varphi(\boldsymbol{A})=a_0\boldsymbol{E}+a_1\boldsymbol{A}+\cdots+a_m\boldsymbol{A}^m$$

$\varphi(\boldsymbol{A})$ 称为矩阵 $\boldsymbol{A}$ 的 m 次多项式.

因为矩阵 $\boldsymbol{A}^k$，$\boldsymbol{A}^l$ 和 $\boldsymbol{E}$ 都是可交换的，所以矩阵 $\boldsymbol{A}$ 的两个多项式 $\varphi(\boldsymbol{A})$ 和 $f(\boldsymbol{A})$ 总是可交换的，即总有

$$\varphi(\boldsymbol{A})f(\boldsymbol{A})=f(\boldsymbol{A})\varphi(\boldsymbol{A})$$

从而 $\boldsymbol{A}$ 的几个多项式可以像数 x 的多项式一样相乘或者分解因式. 例如

$$(\boldsymbol{E}+\boldsymbol{A})(2\boldsymbol{E}-\boldsymbol{A})=2\boldsymbol{E}+\boldsymbol{A}-\boldsymbol{A}^2$$
$$(\boldsymbol{E}-\boldsymbol{A})^3=\boldsymbol{E}-3\boldsymbol{A}+3\boldsymbol{A}^2-\boldsymbol{A}^3$$

我们通常利用例 2.10 中计算 $\boldsymbol{A}^k$ 的方式来计算 $\boldsymbol{A}$ 的多项式 $\varphi(\boldsymbol{A})$，这就是

(1) 如果 $\boldsymbol{A}=\boldsymbol{P\Lambda P}^{-1}$，则 $\boldsymbol{A}^k=\boldsymbol{P\Lambda}^k\boldsymbol{P}^{-1}$，从而

$$\begin{aligned}\varphi(\boldsymbol{A})&=a_0\boldsymbol{E}+a_1\boldsymbol{A}+\cdots+a_m\boldsymbol{A}^m\\&=\boldsymbol{P}a_0\boldsymbol{EP}^{-1}+\boldsymbol{P}a_1\boldsymbol{\Lambda P}^{-1}+\cdots+\boldsymbol{P}a_m\boldsymbol{\Lambda}^k\boldsymbol{P}^{-1}\\&=\boldsymbol{P}\varphi(\boldsymbol{\Lambda})\boldsymbol{P}^{-1}\end{aligned}$$

(2) 如果 $\boldsymbol{\Lambda}=\mathrm{diag}(\lambda_1,\lambda_2,\cdots,\lambda_n)$ 为对角阵，则 $\boldsymbol{\Lambda}^k=\mathrm{diag}(\lambda_1{}^k,\lambda_2{}^k,\cdots,\lambda_n{}^k)$，从而

$$\varphi(\boldsymbol{\Lambda})=a_0\boldsymbol{E}+a_1\boldsymbol{\Lambda}+\cdots+a_m\boldsymbol{\Lambda}^m$$

$$=a_0\begin{pmatrix}1 & & & \\ & 1 & & \\ & & \ddots & \\ & & & 1\end{pmatrix}+a_1\begin{pmatrix}\lambda_1 & & & \\ & \lambda_2 & & \\ & & \ddots & \\ & & & \lambda_n\end{pmatrix}+\cdots+a_m\begin{pmatrix}\lambda_1{}^m & & & \\ & \lambda_2{}^m & & \\ & & \ddots & \\ & & & \lambda_n{}^m\end{pmatrix}$$

$$=\begin{pmatrix}\varphi(\lambda_1) & & & \\ & \varphi(\lambda_2) & & \\ & & \ddots & \\ & & & \varphi(\lambda_n)\end{pmatrix}$$

【例 2.11】 设

$$\boldsymbol{P}=\begin{pmatrix}-1 & 1 & 1\\ 1 & 0 & 2\\ 1 & 1 & -1\end{pmatrix},\quad \boldsymbol{\Lambda}=\begin{pmatrix}1 & & \\ & 2 & \\ & & -3\end{pmatrix},\quad \boldsymbol{AP}=\boldsymbol{P\Lambda}$$

求 $\varphi(\boldsymbol{A})=\boldsymbol{A}^3+2\boldsymbol{A}^2-3\boldsymbol{A}$.

解
$$|\boldsymbol{P}|=\begin{vmatrix}-1 & 1 & 1\\ 1 & 0 & 2\\ 1 & 1 & -1\end{vmatrix}=\begin{vmatrix}0 & 2 & 0\\ 1 & 0 & 2\\ 1 & 1 & -1\end{vmatrix}=6$$

知 $\boldsymbol{P}$ 可逆，从而

$$\boldsymbol{A}=\boldsymbol{P\Lambda P}^{-1},\quad \varphi(\boldsymbol{A})=\boldsymbol{P}\varphi(\boldsymbol{\Lambda})\boldsymbol{P}^{-1}$$

从而 $\varphi(1)=0$，$\varphi(2)=10$，$\varphi(-3)=0$，故

$$\varphi(\boldsymbol{\Lambda})=\mathrm{diag}(0,10,0)$$

$$\varphi(\boldsymbol{A})=\boldsymbol{P}\varphi(\boldsymbol{\Lambda})\boldsymbol{P}^{-1}=\begin{pmatrix}-1 & 1 & 1\\ 1 & 0 & 2\\ 1 & 1 & -1\end{pmatrix}\begin{pmatrix}0 & & \\ & 10 & \\ & & 0\end{pmatrix}\frac{1}{|\boldsymbol{P}|}\boldsymbol{P}^*$$

$$=\frac{10}{6}\begin{pmatrix}0 & 1 & 0\\ 0 & 0 & 0\\ 0 & 1 & 0\end{pmatrix}\begin{pmatrix}A_{11} & A_{21} & A_{31}\\ A_{12} & A_{22} & A_{32}\\ A_{13} & A_{23} & A_{33}\end{pmatrix}=\frac{5}{3}\begin{pmatrix}A_{12} & A_{22} & A_{32}\\ 0 & 0 & 0\\ A_{12} & A_{22} & A_{32}\end{pmatrix}$$

而 $A_{12}=-\begin{vmatrix}1 & 2\\ 1 & -1\end{vmatrix}=3$，$A_{22}=\begin{vmatrix}-1 & 1\\ 1 & -1\end{vmatrix}=0$，$A_{32}=\begin{vmatrix}-1 & 1\\ 1 & 2\end{vmatrix}=3$

于是
$$\varphi(\boldsymbol{A})=5\begin{pmatrix}1 & 0 & 1\\ 0 & 0 & 0\\ 1 & 0 & 1\end{pmatrix}$$

2.4 初等变换与初等矩阵

矩阵的初等变换是矩阵的一种十分重要的运算，它在解线性方程组、求逆矩阵及矩阵理论的探讨中都可起重要的作用.

定义 2.8 下面三种变换称为矩阵的初等行变换：

(1) 对换两行（对换 i，j 两行，记作 $r_i \leftrightarrow r_j$）；

(2) 以数 $k\neq 0$ 乘某一行中的所有元（第 i 行乘 k，记作 $r_i\times k$）；

(3) 把某一行所有元的 k 倍加到另一行对应的元上去（第 j 行的 k 倍加到第 i 行上，记作 r_i+kr_j）.

把定义 2.8 中的“行”换成“列”，即得矩阵的初等列变换的定义（所用记号是把“r”换成“c”）.

矩阵的初等行变换与初等列变换，统称初等变换.显然，三种初等变换都是可逆的，且其逆变换是同一类型的初等变换；变换 $r_i\leftrightarrow r_j$ 的逆变换就是其本身；变换 $r_i\times k$ 的逆变换为变换 $r_i\times\frac{1}{k}$（或记作 $r_i\div k$）；变换 r_i+kr_j 的逆变换为 $r_i+(-k)r_j$（或记作 r_i-kr_j）.

如果矩阵 $\boldsymbol{A}$ 经有限次初等行变换变成矩阵 $\boldsymbol{B}$，就称矩阵 $\boldsymbol{A}$ 与 $\boldsymbol{B}$ 行等价，记作 $\boldsymbol{A}\overset{r}{\sim}\boldsymbol{B}$；如果矩阵 $\boldsymbol{A}$ 经有限次初等列变换变成矩阵 $\boldsymbol{B}$，就称矩阵 $\boldsymbol{A}$ 与 $\boldsymbol{B}$ 列等价，记作 $\boldsymbol{A}\overset{c}{\sim}\boldsymbol{B}$；如果矩阵 $\boldsymbol{A}$ 经有限次初等变换变成矩阵 $\boldsymbol{B}$，就称矩阵 $\boldsymbol{A}$ 与 $\boldsymbol{B}$ 等价，记作 $\boldsymbol{A}\sim\boldsymbol{B}$.

矩阵之间的等价关系具有下列性质：

(1) 反身性 $\boldsymbol{A}\sim\boldsymbol{A}$；

(2) 对称性若 $\boldsymbol{A}\sim\boldsymbol{B}$，则 $\boldsymbol{B}\sim\boldsymbol{A}$；

(3) 传递性若 $\boldsymbol{A}\sim\boldsymbol{B}$，$\boldsymbol{B}\sim\boldsymbol{C}$，则 $\boldsymbol{A}\sim\boldsymbol{C}$.

下面用矩阵的初等行变换来化简矩阵 $\boldsymbol{B}$.

$$\boldsymbol{B}=\begin{pmatrix}0&1&2&-3\\-3&0&1&2\\2&-3&0&1\\1&2&-3&0\end{pmatrix}\overset{r_1\leftrightarrow r_4}{\sim}\begin{pmatrix}1&2&-3&0\\-3&0&1&2\\2&-3&0&1\\0&1&2&-3\end{pmatrix}\underset{r_3-2r_1}{\overset{r_2+3r_1}{\sim}}\begin{pmatrix}1&2&-3&0\\0&6&-8&2\\0&-7&6&1\\0&1&2&-3\end{pmatrix}$$

$$\underset{\substack{r_3+7r_2\\r_4-6r_2}}{\overset{r_2\leftrightarrow r_4}{\sim}}\begin{pmatrix}1&2&-3&0\\0&1&2&-3\\0&0&20&-20\\0&0&-20&20\end{pmatrix}\underset{r_3\div 20}{\overset{r_4+r_3}{\sim}}\begin{pmatrix}1&2&-3&0\\0&1&2&-3\\0&0&1&-1\\0&0&0&0\end{pmatrix}=\boldsymbol{B}_1$$

$$\boldsymbol{B}_1\underset{r_2-2r_3}{\overset{r_1+3r_3}{\sim}}\begin{pmatrix}1&2&0&-3\\0&1&0&-1\\0&0&1&-1\\0&0&0&0\end{pmatrix}\overset{r_1-2r_2}{\sim}\begin{pmatrix}1&0&0&-1\\0&1&0&-1\\0&0&1&-1\\0&0&0&0\end{pmatrix}=\boldsymbol{B}_2$$

$$\boldsymbol{B}_2\underset{\substack{c_4+c_2\\c_4+c_3}}{\overset{c_4+c_1}{\sim}}\begin{pmatrix}1&0&0&0\\0&1&0&0\\0&0&1&0\\0&0&0&0\end{pmatrix}=\boldsymbol{B}_3$$

矩阵 $\boldsymbol{B}_1$ 和 $\boldsymbol{B}_2$ 的共同特点是：都可画出一条从第一行某元左方的竖线开始到最后一列某元下方的横线结束的阶梯线，它的左下方的元全为 0；每段竖线的高度为一行，竖线右方的第一个元为非零元，称为该非零行的首非零元. 具有这样特点的矩阵称为行阶梯形矩阵. 为明确起见给出如下定义.

定义 2.9 （1）非零矩阵若满足：①非零行在零行的上面；②非零行的首非零元所在列在上一行（如果存在的话）的首非零元所在列的右面，则称此矩阵为行阶梯形矩阵.

（2）进一步，若 $\boldsymbol{A}$ 是行阶梯形矩阵，并且还满足：①非零行的首非零元为 1；②首非零元所在的列的其他元均为 0，则称 $\boldsymbol{A}$ 为行最简形矩阵.

于是 $\boldsymbol{B}_1$ 和 $\boldsymbol{B}_2$ 都是行阶梯形矩阵，且 $\boldsymbol{B}_2$ 是行最简形矩阵.

用归纳法不难证明：对于任何非零矩阵 $\boldsymbol{A}_{m\times n}$，总可经有限次初等行变换把它变为行阶梯形矩阵和行最简形矩阵.

利用初等行变换，把一个矩阵化为行阶梯形矩阵和行最简形矩阵，是一种重要的运算. 行阶梯形矩阵中非零行的行数是唯一确定的，而一个矩阵的行最简形矩阵也是唯一确定的，说明这两个数据是行等价矩阵所具有的本质属性. 对行最简形矩阵再施以初等列变换，可变成一种形状更简单的矩阵，称为标准形矩阵. 标准形矩阵对于相互等价的矩阵来说也是唯一确定的. 例如矩阵 $\boldsymbol{B}_3$ 称为矩阵 $\boldsymbol{B}$ 的标准形，其特点是：$\boldsymbol{B}_3$ 的左上角是一个单位矩阵，其余元素全为 0.

对于 $m\times n$ 矩阵 $\boldsymbol{A}$，总可经过初等变换（行变换和列变换）把它化为标准形

$$\boldsymbol{F}=\begin{pmatrix}\boldsymbol{E}_r & \boldsymbol{O}_{r\times(n-r)}\\ \boldsymbol{O}_{(m-r)\times r} & \boldsymbol{O}_{(m-r)\times(n-r)}\end{pmatrix}$$

此标准形由 m,n,r 三个数完全确定，其中 r 就是行阶梯形矩阵中非零行的行数. 标准形矩阵 $\boldsymbol{F}$ 是所有与 $\boldsymbol{A}$ 等价的矩阵中形状最简单的，其形状由 r 唯一确定. 下面介绍初等矩阵的概念.

定义 2.10 由单位矩阵 $\boldsymbol{E}$ 经过一次初等变换得到的矩阵称为初等矩阵. 三种初等变换对应三种初等矩阵.

（1）把单位矩阵中第 i,j 两行对换（或第 i,j 两列对换），得初等矩阵

$$\boldsymbol{E}(i,j)=\begin{pmatrix}1 &&&&&&&\\ &\ddots&&&&&&\\ &&0&\cdots&\cdots&\cdots&1&&\\ &&\vdots&1&&&\vdots&&\\ &&\vdots&&\ddots&&\vdots&&\\ &&\vdots&&&1&\vdots&&\\ &&1&\cdots&\cdots&\cdots&0&&\\ &&&&&&&\ddots&\\ &&&&&&&&1\end{pmatrix}\begin{matrix}\\ \\ i\text{ 行}\\ \\ \\ \\ j\text{ 行}\\ \\ \\ \end{matrix}$$

$$\qquad\qquad i\text{ 列}\qquad\qquad\qquad j\text{ 列}$$

用 m 阶初等矩阵 $\boldsymbol{E}_m(i,j)$ 左乘矩阵 $\boldsymbol{A}=(a_{ij})_{m\times n}$，其结果相当于对矩阵 $\boldsymbol{A}$ 施行第一种初等行变换：把 $\boldsymbol{A}$ 的第 i 行与第 j 行对换（$r_i\leftrightarrow r_j$）. 类似地，以 n 阶初等矩阵 $\boldsymbol{E}_n(i,j)$ 右乘矩阵 $\boldsymbol{A}$，其结果相当于对矩阵 $\boldsymbol{A}$ 施行第一种初等列变换：把 $\boldsymbol{A}$ 的第 i 列与第 j 列对换（$c_i\leftrightarrow c_j$）.

（2）以数 $k\neq 0$ 乘单位矩阵的第 i 行（或第 i 列），得初等矩阵

$$\boldsymbol{E}(i(k))=\begin{pmatrix}1 & & & & & & \\ & \ddots & & & & & \\ & & 1 & & & & \\ & & & k & & & \\ & & & & 1 & & \\ & & & & & \ddots & \\ & & & & & & 1\end{pmatrix}\begin{matrix}\\ \\ \\ i\text{ 行}\\ \\ \\ \\ \end{matrix}$$

$$i\text{ 列}$$

可以验知：以 $E_m(i(k))$ 左乘矩阵 $\boldsymbol{A}$，其结果相当于以数 k 乘 $\boldsymbol{A}$ 的第 i 行（$r_i\times k$）；以 $E_n(i(k))$ 右乘矩阵 $\boldsymbol{A}$，其结果相当于以数 k 乘 $\boldsymbol{A}$ 的第 i 列（$c_i\times k$）.

（3）以 k 乘单位矩阵的第 j 行加到第 i 行上或以 k 乘单位矩阵的第 i 列加到第 j 列上，得初等矩阵

$$\boldsymbol{E}(ij(k))=\begin{pmatrix}1 & & & & & \\ & \ddots & & & & \\ & & 1 & \cdots & k & & \\ & & & \ddots & \vdots & & \\ & & & & 1 & & \\ & & & & & \ddots & \\ & & & & & & 1\end{pmatrix}\begin{matrix}\\ \\ i\text{ 行}\\ \\ j\text{ 行}\\ \\ \\ \end{matrix}$$

$$i\text{ 列}\qquad j\text{ 列}$$

可以验知：以 $\boldsymbol{E}_m(ij(k))$ 左乘矩阵 $\boldsymbol{A}$，其结果相当于把 $\boldsymbol{A}$ 的第 j 行乘 k 加到第 i 行上（r_i+kr_j）；以 $\boldsymbol{E}_n(ij(k))$ 右乘矩阵 $\boldsymbol{A}$，其结果相当于把 $\boldsymbol{A}$ 的第 i 列乘 k 加到第 j 列上（c_j+kc_i）.

归纳以上的讨论，可得

性质 2.1　设 $\boldsymbol{A}$ 是一个 $m\times n$ 矩阵，对 $\boldsymbol{A}$ 施行一次初等行变换，相当于在 $\boldsymbol{A}$ 的左边乘相应的 m 阶初等矩阵；对 $\boldsymbol{A}$ 施行一次初等列变换，相当于在 $\boldsymbol{A}$ 的右边乘相应的 n 阶初等矩阵.

显然初等矩阵都是可逆的，且其逆矩阵是同一类型的初等矩阵

$$\boldsymbol{E}(i,j)^{-1}=\boldsymbol{E}(i,j),\quad \boldsymbol{E}(i(k))^{-1}=\boldsymbol{E}\left(i\left(\frac{1}{k}\right)\right),\quad \boldsymbol{E}(ij(k))^{-1}=\boldsymbol{E}(ij(-k))$$

性质 2.2　方阵 $\boldsymbol{A}$ 可逆的充分必要条件是存在有限个初等矩阵 $\boldsymbol{P}_1,\boldsymbol{P}_2,\cdots,\boldsymbol{P}_l$，

使 $\boldsymbol{A}=\boldsymbol{P}_1\boldsymbol{P}_2\cdots\boldsymbol{P}_l$.

性质 2.1、2.2 把矩阵的初等变换与矩阵的乘法联系了起来，表明矩阵乘法的运算与初等变换的运算具有对应关系，也表明我们可以利用矩阵的初等变换去研究矩阵的乘法. 下面先给出更具一般性意义的定理 2.3 和一个推论，然后介绍一种利用初等变换求逆阵的方法.

定理 2.3 设 $\boldsymbol{A}$ 与 $\boldsymbol{B}$ 是 $m\times n$ 矩阵，那么：

(1) $\boldsymbol{A}\overset{r}{\sim}\boldsymbol{B}$ 的充分必要条件是存在 m 阶可逆矩阵 $\boldsymbol{P}$，使 $\boldsymbol{PA}=\boldsymbol{B}$；

(2) $\boldsymbol{A}\overset{c}{\sim}\boldsymbol{B}$ 的充分必要条件是存在 n 阶可逆矩阵 $\boldsymbol{Q}$，使 $\boldsymbol{AQ}=\boldsymbol{B}$；

(3) $\boldsymbol{A}\sim\boldsymbol{B}$ 的充分必要条件是存在 m 阶可逆矩阵 $\boldsymbol{P}$ 及 n 阶可逆矩阵 $\boldsymbol{Q}$，使 $\boldsymbol{PAQ}=\boldsymbol{B}$.

推论 方阵 $\boldsymbol{A}$ 可逆的充分必要条件是 $\boldsymbol{A}\overset{r}{\sim}\boldsymbol{E}$.

证明 $\boldsymbol{A}$ 可逆$\Leftrightarrow$存在可逆矩阵 $\boldsymbol{P}$，使 $\boldsymbol{PA}=\boldsymbol{E}\Leftrightarrow\boldsymbol{A}\overset{r}{\sim}\boldsymbol{E}$.

定理 2.3 表明，如果 $\boldsymbol{A}\overset{r}{\sim}\boldsymbol{B}$，即 $\boldsymbol{A}$ 经一系列初等行变换变为 $\boldsymbol{B}$，则有可逆矩阵 $\boldsymbol{P}$，使 $\boldsymbol{PA}=\boldsymbol{B}$. 那么，即 $\boldsymbol{A}$ 经一系列初等行变换变为 $\boldsymbol{B}$，则有可逆矩阵 $\boldsymbol{P}$，使 $\boldsymbol{PA}=\boldsymbol{B}$. 那么，如何去求出这个可逆矩阵 $\boldsymbol{P}$？

由于
$$\boldsymbol{PA}=\boldsymbol{B}\Leftrightarrow\begin{cases}\boldsymbol{PA}=\boldsymbol{B}\\\boldsymbol{PE}=\boldsymbol{P}\end{cases}\Leftrightarrow\boldsymbol{P}(\boldsymbol{A},\boldsymbol{E})=(\boldsymbol{B},\boldsymbol{P})\Leftrightarrow(\boldsymbol{A},\boldsymbol{E})\overset{r}{\sim}(\boldsymbol{B},\boldsymbol{P})$$

对矩阵 $(\boldsymbol{A},\boldsymbol{E})$ 作初等行变换，当把 $\boldsymbol{A}$ 变为 $\boldsymbol{B}$ 时，$\boldsymbol{E}$ 就变为 $\boldsymbol{P}$. 于是就得到所求的可逆矩阵 $\boldsymbol{P}$.

【例 2.12】 设
$$\boldsymbol{A}=\begin{pmatrix}1&-1&0\\-1&0&1\\2&-2&1\end{pmatrix}$$
证明 $\boldsymbol{A}$ 可逆，并求 $\boldsymbol{A}^{-1}$.

解 使用初等行变换把 $(\boldsymbol{A},\boldsymbol{E})$ 化成 $(\boldsymbol{F},\boldsymbol{P})$，其中 $\boldsymbol{F}$ 为 $\boldsymbol{A}$ 的行最简形矩阵. 如果 $\boldsymbol{F}=\boldsymbol{E}$，由定理 2.3 之推论知 $\boldsymbol{A}$ 可逆，并由 $\boldsymbol{PA}=\boldsymbol{E}$，知 $\boldsymbol{P}=\boldsymbol{A}^{-1}$. 运算如下
$$(\boldsymbol{A},\boldsymbol{E})=\begin{pmatrix}1&-1&0&1&0&0\\-1&0&1&0&1&0\\2&-2&1&0&0&1\end{pmatrix}\underset{r_3-2r_1}{\overset{r_2+r_1}{\sim}}\begin{pmatrix}1&-1&0&1&0&0\\0&-1&1&1&1&0\\0&0&1&-2&0&1\end{pmatrix}$$
$$\underset{r_1+r_2}{\overset{r_2\times(-1)}{\sim}}\begin{pmatrix}1&0&-1&0&-1&0\\0&1&-1&-1&-1&0\\0&0&1&-2&0&1\end{pmatrix}\underset{r_1+r_3}{\overset{r_2+r_3}{\sim}}\begin{pmatrix}1&0&0&-2&-1&1\\0&1&0&-3&-1&1\\0&0&1&-2&0&1\end{pmatrix}$$

因为 $\boldsymbol{A}\overset{r}{\sim}\boldsymbol{E}$，故 $\boldsymbol{A}$ 可逆，且
$$\boldsymbol{A}^{-1}=\begin{pmatrix}-2&-1&1\\-3&-1&1\\-2&0&1\end{pmatrix}$$

【例 2.13】 设

$$A=\begin{pmatrix}3 & -3 & 1\\5 & -5 & 2\\2 & -2 & 1\end{pmatrix}$$

A 的行最简形矩阵为 F，求 F，并求一个可逆矩阵 P，使 $PA=F$.

解 把 A 用初等行变换化成行最简形矩阵，即为 F. 但需求出 P，故按上段所述，对 (A,E) 作初等行变换把 A 化成行最简形矩阵，便同时得到 F 和 P. 运算如下

$$(A,E)=\begin{pmatrix}3 & -3 & 1 & 1 & 0 & 0\\5 & -5 & 2 & 0 & 1 & 0\\2 & -2 & 1 & 0 & 0 & 1\end{pmatrix}\overset{\substack{r_1-r_3\\r_3-2r_1}}{\underset{r_2-5r_1}{\sim}}\begin{pmatrix}1 & -1 & 0 & 1 & 0 & -1\\0 & 0 & 2 & -5 & 1 & 5\\0 & 0 & 1 & -2 & 0 & 3\end{pmatrix}$$

$$\overset{r_2\times\left(\frac{1}{2}\right)}{\underset{r_3-r_2}{\sim}}\begin{pmatrix}1 & -1 & 0 & 1 & 0 & -1\\0 & 0 & 1 & -\frac{5}{2} & \frac{1}{2} & \frac{5}{2}\\0 & 0 & 0 & \frac{1}{2} & -\frac{1}{2} & \frac{1}{2}\end{pmatrix}$$

故

$$F=\begin{pmatrix}1 & -1 & 0\\0 & 0 & 1\\0 & 0 & 0\end{pmatrix}$$

为 A 的行最简形矩阵，而使 $PA=F$ 的可逆矩阵

$$P=\begin{pmatrix}1 & 0 & -1\\-\frac{5}{2} & \frac{1}{2} & \frac{5}{2}\\\frac{1}{2} & -\frac{1}{2} & \frac{1}{2}\end{pmatrix}$$

注意 上述解中所得 (F,P)，可继续作初等行变换 $r_3\times k$，r_1+kr_3，r_2+kr_3，则 F 不变而 P 变. 由此可知本例中使 $PA=F$ 的可逆矩阵 P 不是唯一的.

【例 2.14】 求解矩阵方程 $AX=B$，其中

$$A=\begin{pmatrix}2 & 2 & 1\\1 & 2 & 3\\3 & 4 & 3\end{pmatrix},\quad B=\begin{pmatrix}3 & 1\\2 & 5\\4 & 3\end{pmatrix}$$

解 设可逆矩阵 P 使 $PA=F$ 为行最简形矩阵，则 $P(A,B)=(F,\ PB)$，因此对矩阵 (A,B) 作初等行变换把 A 变为 F，同时把 B 变为 PB. 若 $F=E$，则 A 可逆，且 $P=A^{-1}$，这时所给方程有唯一解 $X=PB=A^{-1}B$. 由

$$(A,B)\overset{r_1\leftrightarrow r_2}{\sim}\begin{pmatrix}1 & 2 & 3 & 2 & 5\\2 & 2 & 1 & 3 & 1\\3 & 4 & 3 & 4 & 3\end{pmatrix}\overset{r_2-2r_1}{\underset{r_3-3r_1}{\sim}}\begin{pmatrix}1 & 2 & 3 & 2 & 5\\0 & -2 & -5 & -1 & -9\\0 & -2 & -6 & -2 & -12\end{pmatrix}$$

$$\underset{r_3-r_2}{\overset{r_1+r_2}{\sim}}\begin{pmatrix}1 & 0 & -2 & 1 & -4\\0 & -2 & -5 & -1 & -9\\0 & 0 & -1 & -1 & -3\end{pmatrix}\underset{r_2-5r_3}{\overset{r_1-2r_3}{\sim}}\begin{pmatrix}1 & 0 & 0 & 3 & 2\\0 & -2 & 0 & 4 & 6\\0 & 0 & -1 & -1 & -3\end{pmatrix}$$

$$\underset{r_3\div(-1)}{\overset{r_2\div(-2)}{\sim}}\begin{pmatrix}1 & 0 & 0 & 3 & 2\\0 & 1 & 0 & -2 & -3\\0 & 0 & 1 & 1 & 3\end{pmatrix}$$

所以
$$\boldsymbol{X}=\begin{pmatrix}3 & 2\\-2 & -3\\1 & 3\end{pmatrix}$$

注意 如果要求 $\boldsymbol{Y}=\boldsymbol{CA}^{-1}$，则可对矩阵 $\begin{pmatrix}\boldsymbol{A}\\\boldsymbol{C}\end{pmatrix}$ 作初等列变换，$\begin{pmatrix}\boldsymbol{A}\\\boldsymbol{C}\end{pmatrix}\overset{\text{列变换}}{\sim}\begin{pmatrix}\boldsymbol{E}\\\boldsymbol{CA}^{-1}\end{pmatrix}$，即可得 $\boldsymbol{Y}=\boldsymbol{CA}^{-1}$.

2.5 克莱姆法则

在第 1 章中，我们利用二阶行列式求解了由两个二元线性方程组成的方程组. 现在进行推广，介绍求解由 n 个 n 元线性方程组成的方程组的克莱姆法则. 它是线性代数中一个关于求解线性方程组的定理. 它的应用较有局限性，只适用于求解变量和方程数目相等、且这些方程相互独立的线性方程组问题.

含有 n 个未知数 $x_1,x_2,\cdots,x_n$ 的 n 个线性方程的方程组

$$\begin{cases}a_{11}x_1+a_{12}x_2+\cdots+a_{1n}x_n=b_1\\a_{21}x_1+a_{22}x_2+\cdots+a_{2n}x_n=b_2\\\cdots\cdots\cdots\cdots\cdots\cdots\cdots\cdots\cdots\cdots\cdots\cdots\\a_{n1}x_1+a_{n2}x_2+\cdots+a_{nn}x_n=b_n\end{cases}\tag{2.11}$$

它的解可以用 n 阶行列式表示，即有如下克莱姆法则.

如果线性方程组（2.11）的系数矩阵的行列式 D 不等于零，即

$$D=\begin{vmatrix}a_{11} & a_{12} & \cdots & a_{1n}\\a_{21} & a_{22} & \cdots & a_{2n}\\\cdots & \cdots & \cdots & \cdots\\a_{n1} & a_{n2} & \cdots & a_{nn}\end{vmatrix}\neq 0$$

那么线性方程组（2.11）有解并且解是唯一的，解可以表示成

$$x_1=\frac{D_1}{D},\quad x_2=\frac{D_2}{D},\quad x_3=\frac{D_2}{D},\quad \cdots,\quad x_n=\frac{D_n}{D}\tag{2.12}$$

式中，D_j 是把系数行列式 D 中第 j 列的元素用方程组右端的常数项代替后所得到的 n 阶行列式，即

$$D_j=\begin{vmatrix} a_{11} & \cdots & a_{1,j-1} & b_1 & a_{1,j+1} & \cdots & a_{1n} \\ \cdots & \cdots & \cdots & \cdots & \cdots & \cdots & \cdots \\ a_{n1} & \cdots & a_{n,j-1} & b_n & a_{n,j+1} & \cdots & a_{nn} \end{vmatrix}$$

证明　把方程组（2.11）写成矩阵方程 $\boldsymbol{Ax}=\boldsymbol{b}$，这里 $\boldsymbol{A}=(a_{ij})_{n\times n}$ 为 n 阶矩阵，因 $|\boldsymbol{A}|\neq 0$，故 $\boldsymbol{A}^{-1}$ 存在.

又由 $\boldsymbol{Ax}=\boldsymbol{b}$，有 $\boldsymbol{A}^{-1}\boldsymbol{Ax}=\boldsymbol{A}^{-1}\boldsymbol{b}$，即 $\boldsymbol{x}=\boldsymbol{A}^{-1}\boldsymbol{b}$，根据逆矩阵的唯一性，表明 $\boldsymbol{x}=\boldsymbol{A}^{-1}\boldsymbol{b}$ 是方程组（2.11）的解向量，而且是唯一的解向量.

由逆矩阵公式即 $\boldsymbol{A}^{-1}=\dfrac{1}{|\boldsymbol{A}|}\boldsymbol{A}^*$，有 $\boldsymbol{x}=\boldsymbol{A}^{-1}\boldsymbol{b}=\dfrac{1}{|\boldsymbol{A}|}\boldsymbol{A}^*\boldsymbol{b}$，即

$$\begin{pmatrix} x_1 \\ x_2 \\ \vdots \\ x_n \end{pmatrix}=\frac{1}{|\boldsymbol{A}|}\begin{pmatrix} A_{11} & A_{21} & \cdots & A_{n1} \\ A_{12} & A_{22} & \cdots & A_{n2} \\ \cdots & \cdots & \cdots & \cdots \\ A_{1n} & A_{2n} & \cdots & A_{nn} \end{pmatrix}\begin{pmatrix} b_1 \\ b_2 \\ \vdots \\ b_n \end{pmatrix}=\frac{1}{|\boldsymbol{A}|}\begin{pmatrix} b_1A_{11}+b_2A_{21}+\cdots+b_nA_{n1} \\ b_1A_{12}+b_2A_{22}+\cdots+b_nA_{n2} \\ \vdots \\ b_1A_{1n}+b_2A_{2n}+\cdots+b_nA_{nn} \end{pmatrix}$$

亦即 $$x_j=\frac{1}{|\boldsymbol{A}|}(b_1A_{1j}+b_2A_{2j}+\cdots+b_nA_{nj})=\frac{|\boldsymbol{A}_j|}{|\boldsymbol{A}|}\quad(j=1,2,\cdots,n).$$

克莱姆法则研究了方程组的系数与方程组解的存在性与唯一性关系：只要方程组的系数行列式 D 不等于零，我们就可以知道：①方程组有解；②解是唯一的；③解可以由式（2.12）给出. 而对于系数行列式等于零或者系数矩阵不是方阵的方程组，将在第 3 章进行讨论.

【例 2.15】　分别用克莱姆法则和逆矩阵方法求解线性方程组

$$\begin{cases} 3x_1+2x_2-5x_3=0 \\ 2x_1-x_2-3x_3=1 \\ x_1-x_2-x_3=2 \end{cases}$$

解　(1) 用克莱姆法则　因方程组的系数矩阵的行列式

$$|\boldsymbol{A}|=\begin{vmatrix} 3 & 2 & -5 \\ 2 & -1 & -3 \\ 1 & -1 & -1 \end{vmatrix}=-3\neq 0$$

由克莱姆法则，方程组有唯一解，且

$$x_1=\frac{1}{|\boldsymbol{A}|}\begin{vmatrix} 0 & 2 & -5 \\ 1 & -1 & -3 \\ 2 & -1 & -1 \end{vmatrix}\overset{r_3-2r_2}{=}\left(-\frac{1}{3}\right)\begin{vmatrix} 0 & 2 & -5 \\ 1 & -1 & -3 \\ 0 & 1 & -5 \end{vmatrix}=5$$

$$x_2=\frac{1}{|\boldsymbol{A}|}\begin{vmatrix} 3 & 0 & -5 \\ 2 & 1 & -3 \\ 1 & 2 & -1 \end{vmatrix}\overset{r_3-2r_2}{=}\left(-\frac{1}{3}\right)\begin{vmatrix} 3 & 0 & -5 \\ 2 & 1 & -3 \\ -3 & 0 & 5 \end{vmatrix}=0$$

$$x_3=\frac{1}{|\boldsymbol{A}|}\begin{vmatrix}3 & 2 & 0\\2 & -1 & 1\\1 & -1 & 2\end{vmatrix}\overset{r_3-2r_2}{=}\left(-\frac{1}{3}\right)\begin{vmatrix}3 & 2 & 0\\2 & -1 & 1\\-3 & 1 & 0\end{vmatrix}=3$$

(2) 用逆矩阵方法　因为 $|\boldsymbol{A}|=3\neq 0$，故 $\boldsymbol{A}$ 可逆，于是

$$\boldsymbol{x}=\boldsymbol{A}^{-1}\boldsymbol{b}=\begin{pmatrix}3 & 2 & -5\\2 & -1 & -3\\1 & -1 & -1\end{pmatrix}^{-1}\begin{pmatrix}0\\1\\2\end{pmatrix}=\left(-\frac{1}{3}\right)\begin{pmatrix}2 & -7 & 11\\1 & -2 & 1\\1 & -5 & 7\end{pmatrix}\begin{pmatrix}0\\1\\2\end{pmatrix}=\begin{pmatrix}5\\0\\3\end{pmatrix}$$

即有

$$\begin{cases}x_1=5\\x_2=0\\x_3=3\end{cases}$$

2.6 矩阵的秩

本节我们先从矩阵子式出发，给出矩阵的秩的定义，然后分析矩阵秩与矩阵的初等变换的联系.

定义 2.11　在 $m\times n$ 矩阵 $\boldsymbol{A}$ 中，任取 k 行与 k 列（$k\leqslant m$，$k\leqslant n$），位于这些行列交叉处的 k^2 个元素，不改变它们在 $\boldsymbol{A}$ 中所处的位置次序而得的 k 阶行列式，称为矩阵 $\boldsymbol{A}$ 的 k 阶子式.

$m\times n$ 矩阵 $\boldsymbol{A}$ 的 k 阶子式共有 $C_m^k C_n^k$ 个.

定义 2.12　设在矩阵 $\boldsymbol{A}$ 中有一个不等于 0 的 r 阶子式 D，且所有 $r+1$ 阶子式（如果存在的话）全等于 0，那么 D 称为矩阵 $\boldsymbol{A}$ 的最高阶非零子式，数 r 称为矩阵 $\boldsymbol{A}$ 的秩，记作 $R(\boldsymbol{A})$. 并规定零矩阵的秩等于 0.

由行列式的性质可知，在 $\boldsymbol{A}$ 中当所有 $r+1$ 阶子式全等于 0 时，所有高于 $r+1$ 阶的子式也全等于 0，因此把 r 阶非零子式称为最高阶非零子式，而 $\boldsymbol{A}$ 的秩 $R(\boldsymbol{A})$ 就是 $\boldsymbol{A}$ 的非零子式的最高阶数.

由于 $R(\boldsymbol{A})$ 是 $\boldsymbol{A}$ 的非零子式的最高阶数，因此，若矩阵 $\boldsymbol{A}$ 中有某个 s 阶子式不为 0，则 $R(\boldsymbol{A})\geqslant s$；若 $\boldsymbol{A}$ 中所有 t 阶子式全为 0，则 $R(\boldsymbol{A})<t$. 显然，若 $\boldsymbol{A}$ 为 $m\times n$ 矩阵，则 $0\leqslant R(\boldsymbol{A})\leqslant \min\{m, n\}$.

下面，我们重新讨论 2.4 节引例中矩阵 $\boldsymbol{B}$ 及其行阶梯形矩阵 $\boldsymbol{B}_1$ 和行最简形矩阵 $\boldsymbol{B}_2$，说明如何通过矩阵的初等行变换来确定矩阵的秩.

$$\boldsymbol{B}=\begin{pmatrix}0 & 1 & 2 & -3\\-3 & 0 & 1 & 2\\2 & -3 & 0 & 1\\1 & 2 & -3 & 0\end{pmatrix}\overset{r}{\sim}\begin{pmatrix}1 & 2 & -3 & 0\\0 & 1 & 2 & -3\\0 & 0 & 1 & -1\\0 & 0 & 0 & 0\end{pmatrix}=\boldsymbol{B}_1\overset{r}{\sim}\begin{pmatrix}1 & 0 & 0 & -1\\0 & 1 & 0 & -1\\0 & 0 & 1 & -1\\0 & 0 & 0 & 0\end{pmatrix}=\boldsymbol{B}_2$$

我们发现矩阵 $\boldsymbol{B}$ 经过初等行变换化成行阶梯形矩阵 $\boldsymbol{B}_1$ 后，从 $\boldsymbol{B}_1$ 到 $\boldsymbol{B}_2$ 这一段的与 $\boldsymbol{B}$ 行等价的矩阵始终维持 3 个非零行不变. 那么是不是 $\boldsymbol{B}$ 的每一个行阶梯形矩阵都恰好有 3 个非零行呢？矩阵的初等变换作为一种运算，其深刻意义在于它不改变矩阵的秩. 现在来观察行阶梯形矩阵 $\boldsymbol{B}_1$ 的子式. 取 $\boldsymbol{B}_1$ 的第 1、第 2、第 3 行和第 1、第 2、第 3 列，得到 3 阶非零子式，而它的任一 4 阶子式都将因含有零行而成为 0. 换言之，$\boldsymbol{B}_1$ 中非零子式的最高阶数是 3. 同样 $\boldsymbol{B}_2$ 中非零子式的最高阶数也是 3. 由此，我们看到对 $\boldsymbol{B}$ 进行初等行变换，得到的阶梯形矩阵 $\boldsymbol{B}_1$ 和行最简形矩阵 $\boldsymbol{B}_2$ 的秩是不变的. 那么，初等行变换与矩阵的秩到底有什么关系呢？为了弄清楚这个问题，我们先介绍下面的引理.

引理　设 $\boldsymbol{A}\overset{r}{\sim}\boldsymbol{B}$，则 $\boldsymbol{A}$ 与 $\boldsymbol{B}$ 中非零子式的最高阶数相等.

由引理，设 $\boldsymbol{C}$ 是任一与矩阵 $\boldsymbol{B}$ 行等价的行阶梯形矩阵，则 $\boldsymbol{C}$ 与 $\boldsymbol{B}$ 的非零子式的最高阶数相等，即 $\boldsymbol{C}$ 与 $\boldsymbol{B}$ 的秩相等. 又由上面例子知道，$\boldsymbol{B}$ 的行阶梯形矩阵 $\boldsymbol{B}_1$ 的秩是很容易观察到的，因此想知道矩阵的秩，不妨通过初等行变换，把它化成相应的行阶梯形矩阵来观察.

我们知道初等行变换和初等列变换具有相似的性质，因此初等行变换和初等列变换不改变矩阵秩的性质，可得定理 2.4.

定理 2.4　若 $\boldsymbol{A}\sim\boldsymbol{B}$，则 $R(\boldsymbol{A})=R(\boldsymbol{B})$.

证明　由引理，只须证明 $\boldsymbol{A}$ 经初等列变换变成 $\boldsymbol{B}$ 的情形，这时 $\boldsymbol{A}^{\mathrm{T}}$ 经初等行变换变为 $\boldsymbol{B}^{\mathrm{T}}$，由引理知 $R(\boldsymbol{A}^{\mathrm{T}})=R(\boldsymbol{B}^{\mathrm{T}})$，又 $R(\boldsymbol{A})=R(\boldsymbol{A}^{\mathrm{T}})$，$R(\boldsymbol{B})=R(\boldsymbol{B}^{\mathrm{T}})$，因此 $R(\boldsymbol{A})=R(\boldsymbol{B})$. 总之，若 $\boldsymbol{A}$ 经有限次初等变换变为 $\boldsymbol{B}$（即 $\boldsymbol{A}\sim\boldsymbol{B}$），则 $R(\boldsymbol{A})=R(\boldsymbol{B})$.

由于 $\boldsymbol{A}\sim\boldsymbol{B}$ 的充分必要条件是有可逆矩阵 $\boldsymbol{P}$，$\boldsymbol{Q}$，使 $\boldsymbol{PAQ}=\boldsymbol{B}$，因此可得以下推论.

推论　若可逆矩阵 $\boldsymbol{P}$，$\boldsymbol{Q}$ 使 $\boldsymbol{PAQ}=\boldsymbol{B}$，则 $R(\boldsymbol{A})=R(\boldsymbol{B})$.

由于行列式与其转置行列式相等，因此 $\boldsymbol{A}^{\mathrm{T}}$ 的子式与 $\boldsymbol{A}$ 的子式对应相等，从而 $R(\boldsymbol{A}^{\mathrm{T}})=R(\boldsymbol{A})$. 对于 n 阶矩阵 $\boldsymbol{A}$，由于 $\boldsymbol{A}$ 的 n 阶子式只有 $|\boldsymbol{A}|$，故当 $|\boldsymbol{A}|\neq 0$ 时，$R(\boldsymbol{A})=n$，即可逆矩阵的秩等于矩阵的阶数；而当 $|\boldsymbol{A}|=0$ 时，$R(\boldsymbol{A})<n$，即不可逆矩阵的秩小于它的阶数. 可逆矩阵又可称为满秩矩阵、非奇异矩阵，不可逆矩阵又可称为奇异矩阵、降秩矩阵.

对于一般的矩阵，当行数与列数较高时，按定义求秩是很麻烦的. 然而对于行阶梯形矩阵，它的秩就等于非零行的行数，一看便知无需计算. 因此根据定理 2.4，把矩阵化为行阶梯形矩阵来求秩是简便而高效的方法.

下面讨论矩阵秩的性质. 除了前面已经发现的一些性质，矩阵秩的性质归纳起来有：

(1) 若 $\boldsymbol{A}$ 为 $m\times n$ 矩阵，则 $0\leqslant R(\boldsymbol{A})\leqslant \min(m, n)$

(2) $R(\boldsymbol{A}^{\mathrm{T}})=R(\boldsymbol{A})$

(3) 若 $\boldsymbol{A}\sim\boldsymbol{B}$，则 $R(\boldsymbol{A})=R(\boldsymbol{B})$

(4) 若 $\boldsymbol{P},\boldsymbol{Q}$ 可逆，则 $R(\boldsymbol{PAQ})=R(\boldsymbol{A})$

(5) $\max\{R(\boldsymbol{A}),\ R(\boldsymbol{B})\}\leqslant R(\boldsymbol{A},\ \boldsymbol{B})\leqslant R(\boldsymbol{A})+R(\boldsymbol{B})$

特别地，当 $\boldsymbol{B}=\boldsymbol{b}$ 为非零列向量时，有

$$R(\boldsymbol{A})\leqslant R(\boldsymbol{A},\boldsymbol{b})\leqslant R(\boldsymbol{A})+1$$

(6) $R(\boldsymbol{A}+\boldsymbol{B})\leqslant R(\boldsymbol{A})+R(\boldsymbol{B})$

(7) $R(\boldsymbol{AB})\leqslant\min\ \{R(\boldsymbol{A}),\ R(\boldsymbol{B})\}$

(8) 若 $\boldsymbol{A}_{m\times n}\boldsymbol{B}_{n\times l}=\boldsymbol{O}$，则 $R(\boldsymbol{A})+R(\boldsymbol{B})\leqslant n$

【例 2.16】 利用矩阵秩的定义求矩阵 $\boldsymbol{A}$ 的秩，其中

$$\boldsymbol{A}=\begin{pmatrix}-5 & -2 & 2\\ 6 & -8 & -5\\ 4 & 12 & 1\end{pmatrix}$$

解 $\boldsymbol{A}$ 的 3 阶子式只有一个，即 $|\boldsymbol{A}|$，而且

$$|\boldsymbol{A}|=\begin{vmatrix}-5 & -2 & 2\\ 6 & -8 & -5\\ 4 & 12 & 1\end{vmatrix}\overset{c_1\leftrightarrow c_3}{\underset{r_1\leftrightarrow r_3}{=}}\begin{vmatrix}1 & 12 & 4\\ -5 & -8 & 6\\ 2 & -2 & -5\end{vmatrix}$$

$$\overset{r_3-2r_1}{\underset{r_2+5r_1}{=}}\begin{vmatrix}1 & 12 & 4\\ 0 & 52 & 26\\ 0 & -26 & -13\end{vmatrix}\overset{r_3+\frac{1}{2}r_2}{=}\begin{vmatrix}1 & 12 & 4\\ 0 & 52 & 26\\ 0 & 0 & 0\end{vmatrix}=0$$

在 $\boldsymbol{A}$ 中，2 阶子式 $\begin{vmatrix}-5 & -2\\ 6 & -8\end{vmatrix}\neq 0$. 因此 $R(\boldsymbol{A})=2$.

【例 2.17】 求矩阵

$$\boldsymbol{A}=\begin{pmatrix}3 & 2 & 0 & 5 & 0\\ 3 & -2 & 3 & 6 & 1\\ 2 & 0 & 1 & 5 & -3\\ 1 & 6 & -4 & -1 & 4\end{pmatrix}$$

的秩，并求 $\boldsymbol{A}$ 的一个最高阶非零子式.

解 第一步先用初等行变换把矩阵化成行阶梯形矩阵

$$\boldsymbol{A}=\begin{pmatrix}3 & 2 & 0 & 5 & 0\\ 3 & -2 & 3 & 6 & -1\\ 2 & 0 & 1 & 5 & -3\\ 1 & 6 & -4 & -1 & 4\end{pmatrix}\underset{\substack{r_3-2r_1\\ r_4-3r_1}}{\overset{\substack{r_1\leftrightarrow r_4\\ r_2-3r_1}}{\sim}}\begin{pmatrix}1 & 6 & -4 & -1 & 4\\ 0 & -20 & 15 & 9 & -13\\ 0 & -12 & 9 & 7 & -11\\ 0 & -16 & 12 & 8 & -12\end{pmatrix}$$

$$\underset{r_2\times\left(-\frac{1}{4}\right)}{\overset{r_2\leftrightarrow r_4}{\sim}}\begin{pmatrix}1 & 6 & -4 & -1 & 4\\ 0 & 4 & -3 & -2 & 3\\ 0 & -12 & 9 & 7 & -11\\ 0 & -16 & 12 & 8 & -12\end{pmatrix}\underset{r_4+5r_2}{\overset{r_3+3r_2}{\sim}}\begin{pmatrix}1 & 6 & -4 & -1 & 4\\ 0 & 4 & -3 & -2 & 3\\ 0 & 0 & 0 & 1 & -2\\ 0 & 0 & 0 & -1 & 2\end{pmatrix}$$

$$\overset{r_4+3r_2}{\sim}\begin{pmatrix}1 & 6 & -4 & -1 & 4\\0 & 4 & -3 & -2 & 3\\0 & 0 & 0 & 1 & -2\\0 & 0 & 0 & 0 & 0\end{pmatrix}$$

行阶梯形矩阵有 3 个非零行，故 $R(\boldsymbol{A})=3$.

第二步求 $\boldsymbol{A}$ 的最高阶非零子式. 选取行阶梯形矩阵中非零行，与之对应的是选取矩阵 $\boldsymbol{A}$ 的第 1，2，4 列.

$$\boldsymbol{A}_0=\begin{pmatrix}3 & 2 & 5\\3 & -2 & 6\\2 & 0 & 5\\1 & 6 & -1\end{pmatrix}\overset{r}{\sim}\begin{pmatrix}1 & 6 & -1\\0 & -4 & 1\\0 & 0 & 4\\0 & 0 & 0\end{pmatrix}=\boldsymbol{B}_0$$

$R(\boldsymbol{A}_0)=3$，计算 $\boldsymbol{A}_0$ 的前 3 行构成的子式

$$\begin{vmatrix}3 & 2 & 5\\3 & -2 & 6\\2 & 0 & 5\end{vmatrix}\overset{r_2+r_1}{=}\begin{vmatrix}3 & 2 & 5\\6 & 0 & 11\\2 & 0 & 5\end{vmatrix}=-2\begin{vmatrix}6 & 11\\2 & 5\end{vmatrix}=-16\neq 0$$

因此，这就是 $\boldsymbol{A}$ 的一个最高阶非零子式.

【例 2.18】 设 A 为 n 阶矩阵，证明 $R(\boldsymbol{A}+\boldsymbol{E})+R(\boldsymbol{A}-\boldsymbol{E})\geqslant n$.

证明 因为 $(\boldsymbol{A}+\boldsymbol{E})+(\boldsymbol{E}-\boldsymbol{A})=2\boldsymbol{E}$，由性质“$R(\boldsymbol{A}+\boldsymbol{B})\leqslant R(\boldsymbol{A})+R(\boldsymbol{B})$”有

$$R(\boldsymbol{A}+\boldsymbol{E})+R(\boldsymbol{E}-\boldsymbol{A})\geqslant R(2\boldsymbol{E})=n$$

又因为 $R(\boldsymbol{E}-\boldsymbol{A})=R(\boldsymbol{A}-\boldsymbol{E})$，所以 $R(\boldsymbol{A}+\boldsymbol{E})+R(\boldsymbol{A}-\boldsymbol{E})\geqslant n$

【例 2.19】 证明若 $\boldsymbol{A}_{m\times n}\boldsymbol{B}_{n\times l}=\boldsymbol{C}$，且 $R(\boldsymbol{A})=n$，则 $R(\boldsymbol{B})=R(\boldsymbol{C})$.

分析 若 $R(\boldsymbol{A})=n$，则 $\boldsymbol{A}$ 的行最简形矩阵应该有 n 个非零行；每个非零行的第一个非零元为 1；每个非零元所在的列的其他元素都为零. 于是 $\boldsymbol{A}$ 的行最简形中应该包含以下 n 个列向量：

$$\begin{matrix}\text{前 } n \text{ 行}\left\{\begin{matrix}\\ \\ \\ \\ \end{matrix}\right.\\ \text{后 } m-n \text{ 行}\left\{\begin{matrix}\\ \\ \\ \end{matrix}\right.\end{matrix}\begin{pmatrix}1\\0\\\vdots\\0\\0\\\vdots\\0\end{pmatrix},\begin{pmatrix}0\\1\\\vdots\\0\\0\\\vdots\\0\end{pmatrix},\cdots,\begin{pmatrix}0\\0\\\vdots\\1\\0\\\vdots\\0\end{pmatrix}$$

证明 因为 $\boldsymbol{A}$ 是 $m\times n$ 矩阵，所以 $\boldsymbol{A}$ 的行最简形矩阵为 $\begin{pmatrix}E_n\\O\end{pmatrix}_{m\times n}$. 因为 $R(\boldsymbol{A})=n$，所以 $\boldsymbol{A}$ 的行最简形矩阵为 $\begin{pmatrix}E_n\\O\end{pmatrix}_{m\times n}$.

设 m 阶可逆矩阵 $\boldsymbol{P}$，满足 $\boldsymbol{PA}=\begin{pmatrix}\boldsymbol{E}_n\\\boldsymbol{O}\end{pmatrix}_{m\times n}$. 于是

$$\boldsymbol{PC}=\boldsymbol{PAB}=\begin{pmatrix}\boldsymbol{E}_n\\\boldsymbol{O}\end{pmatrix}_{m\times n}\boldsymbol{B}_{n\times l}=\begin{pmatrix}\boldsymbol{B}_n\\\boldsymbol{O}\end{pmatrix}_{m\times l}.$$

因为 $R(\boldsymbol{C})=R(\boldsymbol{PC})$，而 $R(\boldsymbol{B})=R\begin{pmatrix}\boldsymbol{B}\\\boldsymbol{O}\end{pmatrix}$，故 $R(\boldsymbol{B})=R(\boldsymbol{C})$.

当一个矩阵的秩等于它的列数时，这样的矩阵称为列满秩矩阵. 当一个矩阵的秩等于它的行数时，这样的矩阵称为行满秩矩阵. 特别地，当一个矩阵为方阵时，列满秩矩阵就成为满秩矩阵，也就是可逆矩阵. 例 2.19 中，当 $\boldsymbol{C}=\boldsymbol{O}$，这时结论为：设 $\boldsymbol{AB}=\boldsymbol{O}$，若 $\boldsymbol{A}$ 为列满秩矩阵，则 $\boldsymbol{B}=\boldsymbol{O}$. 设 $\boldsymbol{AB}=\boldsymbol{O}$，若 $\boldsymbol{B}$ 为行满秩矩阵，则 $\boldsymbol{A}=\boldsymbol{O}$.

习 题 2

1. 计算下列矩阵乘积：

(1) $\begin{pmatrix}1\\2\\3\end{pmatrix}(1\quad 2\quad 3)$　　(2) $(1\quad 2\quad 3)\begin{pmatrix}1\\2\\3\end{pmatrix}$

(3) $\begin{pmatrix}3&-2&1\\1&-1&2\end{pmatrix}\begin{pmatrix}-1&5\\-2&4\\3&1\end{pmatrix}$

(4) $(1\quad -1\quad 2)\begin{pmatrix}-1&2&0\\0&1&1\\3&0&-1\end{pmatrix}\begin{pmatrix}2\\-1\\-2\end{pmatrix}$

2. 已知两个线性变换

$$\begin{cases}x_1=2y_1+y_3\\x_2=-2y_1+3y_2+2y_3\\x_3=4y_1+y_2+5y_3\end{cases}\qquad\begin{cases}y_1=-3z_1+z_3\\y_2=2z_1+z_3\\y_3=-z_1+3z_3\end{cases}$$

求从 z_1,z_2,z_3 到 x_1,x_2,x_3 的线性变换.

3. 计算下列矩阵的幂：

(1) $\begin{pmatrix}a&0&0\\0&b&0\\0&0&c\end{pmatrix}^n$　　(2) $\begin{pmatrix}0&1&0\\0&0&1\\0&0&0\end{pmatrix}^n$

4. 利用伴随矩阵和初等行变换求下列矩阵的逆：

(1) $\begin{pmatrix}1&2\\3&7\end{pmatrix}$　　(2) $\begin{pmatrix}1&2&-1\\3&4&-2\\5&-4&1\end{pmatrix}$

(3) $\begin{pmatrix} 1 & 0 & 1 \\ -1 & 1 & 1 \\ 2 & -1 & 1 \end{pmatrix}$ (4) $\begin{pmatrix} 1 & 2 & 3 \\ 2 & 2 & 1 \\ 3 & 4 & 3 \end{pmatrix}$

(5) $\begin{bmatrix} a_1 & & & \\ & a_2 & & \\ & & \ddots & \\ & & & a_n \end{bmatrix}$，$a_i \neq 0$（$i=1, 2, \cdots, n$）

(6) $\begin{bmatrix} & & & a_1 \\ & & a_2 & \\ & ⋰ & & \\ a_n & & & \end{bmatrix}$，$a_i \neq 0$（$i=1, 2, \cdots, n$）

5. 已知矩阵 $\boldsymbol{A}$，对其作初等行变换，求其行阶梯形矩阵

$$\boldsymbol{A}=\begin{bmatrix} 3 & 2 & 9 & 6 \\ -1 & -3 & 4 & -17 \\ 1 & 4 & -7 & 3 \\ -1 & -4 & 7 & -3 \end{bmatrix}$$

6. 用初等变换化如下矩阵为标准形

$$\begin{bmatrix} 0 & 2 & -4 \\ -1 & -4 & 5 \\ 3 & 1 & 7 \\ 0 & 5 & -10 \\ 2 & 3 & 0 \end{bmatrix}$$

7. 已知矩阵 $\boldsymbol{A}=\begin{pmatrix} 1 & 0 & 1 \\ 2 & 1 & 0 \\ -3 & 2 & -5 \end{pmatrix}$，求$(\boldsymbol{E}-\boldsymbol{A})^{-1}$.

8. 解矩阵方程：

(1) $\boldsymbol{X}\begin{pmatrix} 2 & 1 & -1 \\ 2 & 1 & 0 \\ 1 & -1 & 1 \end{pmatrix}=\begin{pmatrix} 1 & -1 & 3 \\ 4 & 3 & 2 \end{pmatrix}$

(2) $\begin{pmatrix} 0 & 1 & 0 \\ 1 & 0 & 0 \\ 0 & 0 & 1 \end{pmatrix}\boldsymbol{X}\begin{pmatrix} 1 & 0 & 0 \\ 0 & 0 & 1 \\ 0 & 1 & 0 \end{pmatrix}=\begin{pmatrix} 1 & -4 & 3 \\ 2 & 0 & -1 \\ 1 & -2 & 0 \end{pmatrix}$

(3) 设 $\boldsymbol{A}=\begin{pmatrix} 0 & 3 & 3 \\ 1 & 1 & 0 \\ -1 & 2 & 3 \end{pmatrix}$，$\boldsymbol{AX}=\boldsymbol{A}+2\boldsymbol{X}$，求 $\boldsymbol{X}$.

（4）设 $\boldsymbol{A}=\begin{pmatrix}1&0&1\\0&2&0\\1&0&1\end{pmatrix}$，$\boldsymbol{AX}+\boldsymbol{E}=\boldsymbol{A}^2+\boldsymbol{X}$，求 $\boldsymbol{X}$.

（5）求解矩阵方程 $\boldsymbol{AX}=\boldsymbol{A}+\boldsymbol{X}$，其中

$$\boldsymbol{A}=\begin{pmatrix}2&2&0\\2&1&3\\0&1&0\end{pmatrix}$$

（6）求矩阵 $\boldsymbol{X}$，使 $\boldsymbol{AX}=\boldsymbol{B}$，其中

$$\boldsymbol{A}=\begin{pmatrix}1&2&3\\2&2&1\\3&4&3\end{pmatrix},\quad \boldsymbol{B}=\begin{pmatrix}2&5\\3&1\\4&3\end{pmatrix}$$

（7）求解矩阵方程 $\boldsymbol{XA}=\boldsymbol{A}+2\boldsymbol{X}$，其中

$$\boldsymbol{A}=\begin{pmatrix}4&2&3\\1&1&0\\-1&2&3\end{pmatrix}$$

9.设 $\boldsymbol{A}$ 为 3 阶矩阵，$|\boldsymbol{A}|=\frac{1}{2}$，求 $|(2\boldsymbol{A})^{-1}-5\boldsymbol{A}^*|$

10.设 $\boldsymbol{P}=\begin{pmatrix}1&1&1\\1&0&-2\\1&-1&1\end{pmatrix}$，$\boldsymbol{\Lambda}=\begin{pmatrix}-1&&\\&1&\\&&5\end{pmatrix}$，$\boldsymbol{AP}=\boldsymbol{P\Lambda}$，求

$$\varphi(\boldsymbol{A})=\boldsymbol{A}^8(\boldsymbol{A}^2-6\boldsymbol{A}+5\boldsymbol{E})$$

11.用克莱姆法则求解线性方程组

$$\begin{cases}2x_1+3x_2+5x_3=2\\x_1+2x_2=5\\3x_2+5x_3=4\end{cases}$$

12.用克莱姆法则解方程组

$$\begin{cases}2x_1+x_2-5x_3+x_4=8\\x_1-3x_2-6x_4=9\\2x_2-x_3+2x_4=-5\\x_1+4x_2-7x_3+6x_4=0\end{cases}$$

13.设曲线 $y=a_0+a_1x+a_2x^2+a_3x^3$ 通过四点（1，3）、（2，4）、（3，3）、（4，−3），求系数 a_0，a_1，a_2，a_3.

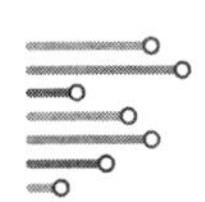

第3章　线性方程组

在自然科学、工程技术和生产实践中，大量的理论和实际问题往往需要归结为求解线性方程组. 因此，研究线性方程组的解法和解的理论就显得十分重要. 本章在讨论线性方程组的高斯消元法的基础上，用向量组线性相关性理论来讨论线性方程组的解，并给出利用矩阵的初等变换求解线性方程组的方法.

3.1　线性方程组的消元法

3.1.1　线性方程组的各种表示形式

n 元线性方程组的一般形式为

$$\begin{cases} a_{11}x_1+a_{12}x_2+\cdots+a_{1n}x_n=b_1 \\ a_{21}x_1+a_{22}x_2+\cdots+a_{2n}x_n=b_2 \\ \cdots\cdots\cdots\cdots\cdots\cdots\cdots\cdots \\ a_{m1}x_1+a_{m2}x_2+\cdots+a_{mn}x_n=b_m \end{cases} \tag{3.1}$$

若令

$$\boldsymbol{A}=\begin{pmatrix} a_{11} & a_{12} & \cdots & a_{1n} \\ a_{21} & a_{22} & \cdots & a_{2n} \\ \cdots & \cdots & \cdots & \cdots \\ a_{m1} & a_{m2} & \cdots & a_{mn} \end{pmatrix},\quad \boldsymbol{X}=\begin{pmatrix} x_1 \\ x_2 \\ \vdots \\ x_n \end{pmatrix},\quad \boldsymbol{b}=\begin{pmatrix} b_1 \\ b_2 \\ \vdots \\ b_m \end{pmatrix}$$

式中，$\boldsymbol{A},\boldsymbol{X},\boldsymbol{b}$ 分别称为方程组（3.1）的系数矩阵、未知向量和常数项向量，而矩阵 $\boldsymbol{B}=(\boldsymbol{A},\boldsymbol{b})$ 称为方程组（3.1）的增广矩阵.

利用矩阵的乘法，方程组（3.1）可用矩阵表示为

$$\boldsymbol{AX}=\boldsymbol{b} \tag{3.2}$$

显然，一个线性方程组由它的未知量的系数和常数项唯一确定，因此，一个线性方程组与它的增广矩阵是一一对应的.

3.1.2　线性方程组的消元法

引例　解线性方程组

$$\begin{cases}5x_1+3x_2+6x_3-x_4=-1\\x_1-5x_2+2x_3-3x_4=11\\2x_1+4x_2+2x_3+x_4=-6\\6x_1-2x_2+8x_3-4x_4=10\end{cases}\tag{3.3}$$

解　用通常的消元法解这个方程组.将第 1 和第 2 个方程互换，第 4 个方程等号两边同时乘以$\frac{1}{2}$，得

$$\begin{cases}x_1-5x_2+2x_3-3x_4=11\\5x_1+3x_2+6x_3-x_4=-1\\2x_1+4x_2+2x_3+x_4=-6\\3x_1-x_2+4x_3-2x_4=5\end{cases}$$

将第 1 个方程的-5倍加到第 2 个方程上，将第 1 个方程的-2倍加到第 3 个方程上，将第 1 个方程的-3倍加到第 4 个方程上，得

$$\begin{cases}x_1-5x_2+2x_3-3x_4=11\\28x_2-4x_3+14x_4=-56\\14x_2-2x_3+7x_4=-28\\14x_2-2x_3+7x_4=-28\end{cases}$$

将第 2 个方程的$-\frac{1}{2}$倍分别加到第 3 个、第 4 个方程上，得

$$\begin{cases}x_1-5x_2+2x_3-3x_4=11\\28x_2-4x_3+14x_4=-56\\0=0\\0=0\end{cases}$$

将第 2 个方程的两边同时乘以$\frac{1}{28}$，得

$$\begin{cases}x_1-5x_2+2x_3-3x_4=11\\x_2-\frac{1}{7}x_3+\frac{1}{2}x_4=-2\\0=0\\0=0\end{cases}$$

将第 2 个方程的 5 倍加到第 1 个方程上，得

$$\begin{cases}x_1+\frac{9}{7}x_3-\frac{1}{2}x_4=1\\x_2-\frac{1}{7}x_3+\frac{1}{2}x_4=-2\\0=0\\0=0\end{cases}$$

具有上述形式的方程组称为**阶梯形方程组**，由此得到原方程组的同解方程组为

$$\begin{cases} x_1=-\dfrac{9}{7}x_3+\dfrac{1}{2}x_4+1 \\ x_2=\dfrac{1}{7}x_3-\dfrac{1}{2}x_4-2 \end{cases}$$

在这个方程组中，任意给定 x_3, x_4 一组值 k_1, k_2，代入上面的方程组就得到原方程组的一个解

$$\begin{cases} x_1=-\dfrac{9}{7}k_1+\dfrac{1}{2}k_2+1 \\ x_2=\dfrac{1}{7}k_1-\dfrac{1}{2}k_2-2 \\ x_3=k_1 \\ x_4=k_2 \end{cases}$$

由于 x_3, x_4 可以任意取定，所以方程组有无穷多解. 这里 x_3, x_4 称为方程组的**自由未知量**.

在解这个方程组的过程中，对方程组的化简反复使用了下面的三种运算：

(1) 互换方程组中两个方程的位置；

(2) 以不等于零的常数 k 乘以方程组中的某一个方程；

(3) 将一个方程的 k 倍加到另一个方程上.

这三种运算被称为方程组的**初等变换**. 由于这三种变换都是可逆的，因此变换前与变换后的方程组是同解的，所以最后求出的解也是原方程组的解.

如果把方程组和它的增广矩阵联系起来，不难看出，对方程组的变换完全可以转换为对其增广矩阵的行变换. 下面用矩阵的初等行变换来解方程组 (3.3)，其过程可与方程组的消元过程一一对照.

$$\boldsymbol{B}=\begin{pmatrix} 5 & 3 & 6 & -1 & -1 \\ 1 & -5 & 2 & -3 & 11 \\ 2 & 4 & 2 & 1 & -6 \\ 6 & -2 & 8 & -4 & 10 \end{pmatrix} \overset{r_1 \leftrightarrow r_2}{\sim} \begin{pmatrix} 1 & -5 & 2 & -3 & 11 \\ 5 & 3 & 6 & -1 & -1 \\ 2 & 4 & 2 & 1 & -6 \\ 6 & -2 & 8 & -4 & 10 \end{pmatrix}$$

$$\underset{r_2+(-5)r_1}{\overset{r_4 \times \frac{1}{2}}{\sim}} \begin{pmatrix} 1 & -5 & 2 & -3 & 11 \\ 0 & 28 & -4 & 14 & -56 \\ 2 & 4 & 2 & 1 & -6 \\ 3 & -1 & 4 & -2 & 5 \end{pmatrix} \underset{r_4+(-3)r_1}{\overset{r_3+(-2)r_1}{\sim}} \begin{pmatrix} 1 & -5 & 2 & -3 & 11 \\ 0 & 28 & -4 & 14 & -56 \\ 0 & 14 & -2 & 7 & -28 \\ 0 & 14 & -2 & 7 & -28 \end{pmatrix}$$

$$\underset{r_4+\left(-\frac{1}{2}\right)r_2}{\overset{r_3+\left(-\frac{1}{2}\right)r_2}{\sim}} \begin{pmatrix} 1 & -5 & 2 & -3 & 11 \\ 0 & 28 & -4 & 14 & -56 \\ 0 & 0 & 0 & 0 & 0 \\ 0 & 0 & 0 & 0 & 0 \end{pmatrix} \overset{r_2 \times \frac{1}{28}}{\sim} \begin{pmatrix} 1 & -5 & 2 & -3 & 11 \\ 0 & 1 & -\dfrac{1}{7} & \dfrac{1}{2} & -2 \\ 0 & 0 & 0 & 0 & 0 \\ 0 & 0 & 0 & 0 & 0 \end{pmatrix}$$

$$\overset{r_1+5r_2}{\sim}\begin{pmatrix}1 & 0 & \frac{9}{7} & -\frac{1}{2} & 1\\ 0 & 1 & -\frac{1}{7} & \frac{1}{2} & -2\\ 0 & 0 & 0 & 0 & 0\\ 0 & 0 & 0 & 0 & 0\end{pmatrix}$$

由最后的阶梯形矩阵，即可写出原方程组的同解方程组

$$\begin{cases}x_1=-\frac{9}{7}x_3+\frac{1}{2}x_4+1\\ x_2=\frac{1}{7}x_3-\frac{1}{2}x_4-2\end{cases}$$

令自由未知量 $x_3=k_1$，$x_4=k_2$，即得

$$\boldsymbol{X}=\begin{pmatrix}x_1\\ x_2\\ x_3\\ x_4\end{pmatrix}=\begin{pmatrix}-\frac{9}{7}k_1+\frac{1}{2}k_2+1\\ \frac{1}{7}k_1-\frac{1}{2}k_2-2\\ k_1\\ k_2\end{pmatrix}=k_1\begin{pmatrix}-\frac{9}{7}\\ \frac{1}{7}\\ 1\\ 0\end{pmatrix}+k_2\begin{pmatrix}\frac{1}{2}\\ -\frac{1}{2}\\ 0\\ 1\end{pmatrix}+\begin{pmatrix}1\\ -2\\ 0\\ 0\end{pmatrix},$$

其中 k_1,k_2 为任意常数.

可见，消元法的过程就是对增广矩阵施行初等行变换的过程，在这个过程中得到一系列的等价矩阵，虽然这些矩阵形式不同，但它们所对应的方程组为同解方程组，利用这个原理可以解方程组. 最后指出，将一个方程组化为阶梯型方程组的步骤并不是唯一的，所以同一个方程组的阶梯型方程组也不是唯一的.

【例 3.1】 用消元法解线性方程组

$$\begin{cases}x_1-2x_2+3x_3-4x_4=4\\ x_2-x_3+x_4=-3\\ x_1+3x_2+x_4=1\\ -7x_2+3x_3+x_4=-3\end{cases}$$

解 对方程组的增广矩阵施行初等行变换

$$\boldsymbol{B}=\begin{pmatrix}1 & -2 & 3 & -4 & 4\\ 0 & 1 & -1 & 1 & -3\\ 1 & 3 & 0 & 1 & 1\\ 0 & -7 & 3 & 1 & -3\end{pmatrix}\overset{r_3-r_1}{\sim}\begin{pmatrix}1 & -2 & 3 & -4 & 4\\ 0 & 1 & -1 & 1 & -3\\ 0 & 5 & -3 & 5 & -3\\ 0 & -7 & 3 & 1 & -3\end{pmatrix}$$

$$\underset{r_4+7r_2}{\overset{r_3-5r_2}{\sim}}\begin{pmatrix}1 & -2 & 3 & -4 & 4\\ 0 & 1 & -1 & 1 & -3\\ 0 & 0 & 2 & 0 & 12\\ 0 & 0 & -4 & 8 & -24\end{pmatrix}\overset{r_3+3r_2}{\sim}\begin{pmatrix}1 & -2 & 3 & -4 & 4\\ 0 & 1 & -1 & 1 & -3\\ 0 & 0 & 2 & 0 & 12\\ 0 & 0 & 0 & 8 & 0\end{pmatrix}$$

$$\xrightarrow[r_4\times\frac{1}{8}]{r_3\times\frac{1}{2}}\begin{pmatrix}1&-2&3&-4&4\\0&1&-1&1&-3\\0&0&1&0&6\\0&0&0&1&0\end{pmatrix}\xrightarrow[r_1+4r_4]{r_2+(-1)r_4}\begin{pmatrix}1&-2&3&0&4\\0&1&-1&0&-3\\0&0&1&0&6\\0&0&0&1&0\end{pmatrix}$$

$$\xrightarrow[r_1+(-3)r_3]{r_2+r_3}\begin{pmatrix}1&-2&0&0&-14\\0&1&0&0&3\\0&0&1&0&6\\0&0&0&1&0\end{pmatrix}\xrightarrow{r_1+2r_2}\begin{pmatrix}1&0&0&0&-8\\0&1&0&0&3\\0&0&1&0&6\\0&0&0&1&0\end{pmatrix}$$

由最后的阶梯形矩阵可知方程组有唯一解

$$\boldsymbol{X}=\begin{pmatrix}x_1\\x_2\\x_3\\x_4\end{pmatrix}=\begin{pmatrix}-8\\3\\6\\0\end{pmatrix}$$

【例 3.2】 用消元法解线性方程组

$$\begin{cases}x_1-x_2+x_3=0\\x_2-x_3+x_4=0\\x_1+x_2=0\\x_2-x_4=0\end{cases}$$

解　对方程组的系数矩阵 $\boldsymbol{A}$ 施行初等行变换

$$\boldsymbol{A}=\begin{pmatrix}1&-1&1&0\\0&1&-1&1\\1&1&0&0\\0&1&0&-1\end{pmatrix}\xrightarrow{r_3+(-1)r_1}\begin{pmatrix}1&-1&1&0\\0&1&-1&1\\0&2&-1&0\\0&1&0&-1\end{pmatrix}$$

$$\xrightarrow[r_4+(-1)r_2]{r_3+(-2)r_2}\begin{pmatrix}1&-1&1&0\\0&1&-1&1\\0&0&1&-2\\0&0&1&-2\end{pmatrix}\xrightarrow{r_4+(-1)r_3}\begin{pmatrix}1&-1&1&0\\0&1&-1&1\\0&0&1&-2\\0&0&0&0\end{pmatrix}$$

$$\xrightarrow[r_1+(-1)r_3]{r_2+r_3}\begin{pmatrix}1&-1&0&2\\0&1&0&-1\\0&0&1&-2\\0&0&0&0\end{pmatrix}\xrightarrow{r_1+r_2}\begin{pmatrix}1&0&0&1\\0&1&0&-1\\0&0&1&-2\\0&0&0&0\end{pmatrix}$$

即得原方程组的同解方程组为

$$\begin{cases}x_1=-x_4\\x_2=x_4\\x_3=2x_4\end{cases}$$

令 $x_4=k$，即得方程组的解为

$$\boldsymbol{X}=\begin{pmatrix}x_1\\x_2\\x_3\\x_4\end{pmatrix}=\begin{pmatrix}-k\\k\\2k\\k\end{pmatrix}=k\begin{pmatrix}-1\\1\\2\\1\end{pmatrix}，k\text{ 为任意常数}$$

3.2 n 维向量

3.2.1 n 维向量的定义

定义 3.1 由 n 个数组成的 n 元有序数组

$$\begin{pmatrix}a_1\\a_2\\\vdots\\a_n\end{pmatrix}$$

称为一个 n 维向量，其中 a_i 称为向量的第 i 个分量. 如果 n 个分量都是实数，便称为 n 维实向量. 向量一般用 $\boldsymbol{\alpha},\boldsymbol{\beta},\boldsymbol{\gamma}$ 等小写的希腊字母或大写英文字母 $\boldsymbol{X},\boldsymbol{Y},\boldsymbol{Z}$ 等表示.

今后如不加说明，本书中所说的向量都指实向量. 全体 n 维实向量的集合记作

$$\mathbf{R}^n=\left\{\boldsymbol{X}=\begin{pmatrix}x_1\\x_2\\\vdots\\x_n\end{pmatrix}\middle|\, x_i\in\mathbf{R}\right\}.$$

向量既可以写成一行 $\boldsymbol{\alpha}=(a_1,a_2,\cdots,a_n)$，称为行向量；也可以写成一列

$$\boldsymbol{\beta}=\begin{pmatrix}b_1\\b_2\\\vdots\\b_n\end{pmatrix}$$

称为列向量. 它们都是矩阵的特殊情况，可以把列向量看成一个列矩阵，把行向量看成一个行矩阵，利用矩阵的转置，有

$$\boldsymbol{\alpha}=(a_1,a_2,\cdots,a_n)=\begin{pmatrix}a_1\\a_2\\\vdots\\a_m\end{pmatrix}^{\mathrm{T}}\quad\text{或}\quad\boldsymbol{\beta}=\begin{pmatrix}b_1\\b_2\\\vdots\\b_n\end{pmatrix}=(b_1,b_2,\cdots,b_n)^{\mathrm{T}}$$

如不加说明，我们今后运用的都是列向量.

特别地，将所有分量全为0的向量称为零向量，记作

$$\mathbf{0}=\begin{pmatrix}0\\0\\\vdots\\0\end{pmatrix}$$

我们规定：两个向量相等，当且仅当二者的所有分量一一对应相等.

定义 3.2 若干个同维数的列向量（或行向量）所组成的集合称为向量组.

例如，一个 $m\times n$ 矩阵

$$\boldsymbol{A}=\begin{pmatrix}a_{11} & a_{12} & \cdots & a_{1n}\\a_{21} & a_{22} & \cdots & a_{2n}\\\cdots & \cdots & \cdots & \cdots\\a_{m1} & a_{m2} & \cdots & a_{mn}\end{pmatrix}$$

每一列

$$\boldsymbol{\alpha}_j=\begin{pmatrix}a_{1j}\\a_{2j}\\\vdots\\a_{mj}\end{pmatrix}\quad(j=1,2,\cdots,n)$$

组成的向量组 $\boldsymbol{\alpha}_1,\boldsymbol{\alpha}_2,\cdots,\boldsymbol{\alpha}_n$ 称为矩阵 $\boldsymbol{A}$ 的列向量组，而由矩阵 $\boldsymbol{A}$ 的每一行 $\boldsymbol{\beta}_i=(a_{i1},a_{i2},\cdots,a_{in})$（$i=1,2,\cdots,m$）组成的向量组 $\boldsymbol{\beta}_1,\boldsymbol{\beta}_2,\cdots,\boldsymbol{\beta}_m$ 称为矩阵 $\boldsymbol{A}$ 的行向量组.

根据上述讨论，矩阵 $\boldsymbol{A}$ 可记为

$$\boldsymbol{A}=(\boldsymbol{\alpha}_1,\boldsymbol{\alpha}_2,\cdots,\boldsymbol{\alpha}_n)\quad\text{或}\quad\boldsymbol{A}=\begin{pmatrix}\boldsymbol{\beta}_1\\\boldsymbol{\beta}_2\\\vdots\\\boldsymbol{\beta}_n\end{pmatrix}$$

这样，矩阵 $\boldsymbol{A}$ 就与其列向量组或行向量组之间建立了一一对应关系.

3.2.2 向量的线性运算

定义 3.3 两个 n 维向量 $\boldsymbol{\alpha}=(a_1,a_2,\cdots,a_n)^{\mathrm{T}}$ 与 $\boldsymbol{\beta}=(b_1,b_2,\cdots,b_n)^{\mathrm{T}}$ 的各对应分量之和组成的向量，称为向量 $\boldsymbol{\alpha}$ 与 $\boldsymbol{\beta}$ 的和，记为 $\boldsymbol{\alpha}+\boldsymbol{\beta}$，即

$$\boldsymbol{\alpha}+\boldsymbol{\beta}=(a_1+b_1,a_2+b_2,\cdots,a_n+b_n)^{\mathrm{T}}$$

由加法和负向量的定义，可定义向量的减法

$$\boldsymbol{\alpha}-\boldsymbol{\beta}=\boldsymbol{\alpha}+(-\boldsymbol{\beta})=(a_1-b_1,a_2-b_2,\cdots,a_n-b_n)^{\mathrm{T}}$$

定义 3.4 n 维向量$\boldsymbol{\alpha}=(a_1,a_2,\cdots,a_n)^{\mathrm{T}}$的各个分量都乘以实数 k 所组成的向量，称为数 k 与向量$\boldsymbol{\alpha}$的乘积（又简称为数乘），记为 $k\boldsymbol{\alpha}$，即

$$k\boldsymbol{\alpha}=(ka_1,ka_2,\cdots,ka_n)^{\mathrm{T}}$$

向量的加法和数乘运算统称为向量的线性运算.

向量的线性运算与行（列）矩阵的运算规律相同，容易验证，满足下列运算规律（$\forall \boldsymbol{\alpha},\boldsymbol{\beta},\boldsymbol{\gamma}\in\mathbf{R}^n$，$k,l\in\mathbf{R}$）：

(1) $\boldsymbol{\alpha}+\boldsymbol{\beta}=\boldsymbol{\beta}+\boldsymbol{\alpha}$

(2) $(\boldsymbol{\alpha}+\boldsymbol{\beta})+\boldsymbol{\gamma}=\boldsymbol{\alpha}+(\boldsymbol{\beta}+\boldsymbol{\gamma})$

(3) $\boldsymbol{\alpha}+\mathbf{0}=\boldsymbol{\alpha}$

(4) $\boldsymbol{\alpha}+(-\boldsymbol{\alpha})=\mathbf{0}$

(5) $1\boldsymbol{\alpha}=\boldsymbol{\alpha}$

(6) $k(l\boldsymbol{\alpha})=(kl)\boldsymbol{\alpha}$

(7) $k(\boldsymbol{\alpha}+\boldsymbol{\beta})=k\boldsymbol{\alpha}+k\boldsymbol{\beta}$

(8) $(k+l)\boldsymbol{\alpha}=k\boldsymbol{\alpha}+l\boldsymbol{\alpha}$

【例 3.3】 设$\boldsymbol{\alpha}=\begin{pmatrix}1\\2\\-3\end{pmatrix}$，$\boldsymbol{\beta}=\begin{pmatrix}3\\-5\\0\end{pmatrix}$，求$\boldsymbol{\alpha}+\boldsymbol{\beta}$，$-3\boldsymbol{\beta}$，$2\boldsymbol{\alpha}-3\boldsymbol{\beta}$.

解 $\boldsymbol{\alpha}+\boldsymbol{\beta}=\begin{pmatrix}4\\-3\\-3\end{pmatrix}$，$-3\boldsymbol{\beta}=\begin{pmatrix}-9\\15\\0\end{pmatrix}$，$2\boldsymbol{\alpha}-3\boldsymbol{\beta}=\begin{pmatrix}-7\\19\\-6\end{pmatrix}$

【例 3.4】 设

$$\boldsymbol{\alpha}_1=\begin{pmatrix}2\\5\\1\\3\end{pmatrix},\quad \boldsymbol{\alpha}_2=\begin{pmatrix}10\\1\\5\\10\end{pmatrix},\quad \boldsymbol{\alpha}_3=\begin{pmatrix}4\\1\\-1\\1\end{pmatrix}$$

试求向量$\boldsymbol{\alpha}$，使其满足方程 $3(\boldsymbol{\alpha}_1-\boldsymbol{\alpha})+2(\boldsymbol{\alpha}_2+\boldsymbol{\alpha})=5(\boldsymbol{\alpha}_3+\boldsymbol{\alpha})$.

解 根据向量线性运算的运算律得

$$6\boldsymbol{\alpha}=3\boldsymbol{\alpha}_1+2\boldsymbol{\alpha}_2-5\boldsymbol{\alpha}_3=\begin{pmatrix}6\\12\\18\\24\end{pmatrix},\quad 故\quad \boldsymbol{\alpha}=\begin{pmatrix}1\\2\\3\\4\end{pmatrix}$$

3.2.3 向量的线性组合和线性表示

我们常把线性方程组写成矩阵形式 $\boldsymbol{Ax}=\boldsymbol{b}$，其中若把矩阵 $\boldsymbol{A}$ 看作列向量组，即

$$A=\begin{pmatrix} a_{11} & a_{12} & \cdots & a_{1n} \\ a_{21} & a_{22} & \cdots & a_{2n} \\ \cdots & \cdots & \cdots & \cdots \\ a_{m1} & a_{m2} & \cdots & a_{mn} \end{pmatrix}=(\boldsymbol{\alpha}_1,\boldsymbol{\alpha}_2,\cdots,\boldsymbol{\alpha}_n)$$

将 $\boldsymbol{x},\boldsymbol{b}$ 看作两个列向量，即

$$\boldsymbol{x}=\begin{pmatrix} x_1 \\ x_2 \\ \vdots \\ x_n \end{pmatrix},\quad \boldsymbol{b}=\begin{pmatrix} b_1 \\ b_2 \\ \vdots \\ b_m \end{pmatrix}$$

则可把方程组用向量之间线性运算的形式表示出来，即有

$$x_1\boldsymbol{\alpha}_1+x_2\boldsymbol{\alpha}_2+\cdots x_n\boldsymbol{\alpha}_n=\boldsymbol{b}$$

可见方程组与增广矩阵（$\boldsymbol{A},\boldsymbol{b}$）的列向量组 $\boldsymbol{\alpha}_1,\boldsymbol{\alpha}_2,\cdots,\boldsymbol{\alpha}_n,\boldsymbol{b}$ 之间也有一一对应关系.因此为了更好地研究线性方程组理论，下面介绍向量组中向量之间的一些相关概念.

定义 3.5　给定向量组 $\boldsymbol{A}$：$\boldsymbol{\alpha}_1,\boldsymbol{\alpha}_2,\cdots,\boldsymbol{\alpha}_m$ 及实数组 $k_1,k_2,\cdots,k_m$，则称线性运算式 $k_1\boldsymbol{\alpha}_1+k_2\boldsymbol{\alpha}_2+\cdots+k_m\boldsymbol{\alpha}_m$ 为向量组 $\boldsymbol{A}$ 的一个线性组合，其中 $k_1,k_2,\cdots,k_m$ 称为这个线性组合的系数.

定义 3.6　给定向量组 $\boldsymbol{A}$：$\boldsymbol{\alpha}_1,\boldsymbol{\alpha}_2,\cdots,\boldsymbol{\alpha}_m$ 和向量 $\boldsymbol{\beta}$，如果存在一组数 $\lambda_1,\lambda_2,\cdots,\lambda_m$，使得

$$\boldsymbol{\beta}=\lambda_1\boldsymbol{\alpha}_1+\lambda_2\boldsymbol{\alpha}_2+\cdots+\lambda_m\boldsymbol{\alpha}_m$$

则向量 $\boldsymbol{\beta}$ 是向量组 $\boldsymbol{A}$ 的线性组合，称向量 $\boldsymbol{\beta}$ 可以由向量组 $\boldsymbol{A}$ 线性表示（或线性表出），并称 $\lambda_1,\lambda_2,\cdots,\lambda_m$ 为表示系数.

显然，由定义可知，零向量 $\mathbf{0}=(0,0,\cdots,0)^{\mathrm{T}}$ 可由任一个向量组线性表示.任意一个 n 维向量可由一个 n 维单位向量组

$$\boldsymbol{E}:\boldsymbol{e}_1=\begin{pmatrix} 1 \\ 0 \\ \vdots \\ 0 \end{pmatrix},\ \boldsymbol{e}_2=\begin{pmatrix} 0 \\ 1 \\ \vdots \\ 0 \end{pmatrix},\ \cdots,\ \boldsymbol{e}_n=\begin{pmatrix} 0 \\ 0 \\ \vdots \\ 1 \end{pmatrix}\text{线性表示}$$

【例 3.5】　已知

$$\boldsymbol{\beta}=\begin{pmatrix} -4 \\ 3 \\ -5 \end{pmatrix},\quad \boldsymbol{\alpha}_1=\begin{pmatrix} 1 \\ 0 \\ -1 \end{pmatrix},\quad \boldsymbol{\alpha}_2=\begin{pmatrix} 2 \\ -1 \\ 1 \end{pmatrix}$$

则 $\boldsymbol{\beta}$ 能否由 $\boldsymbol{\alpha}_1,\boldsymbol{\alpha}_2$ 线性表示？

解　设有一组数 x_1,x_2，使 $x_1\boldsymbol{\alpha}_1+x_2\boldsymbol{\alpha}_2=\boldsymbol{\beta}$，即

$$x_1\begin{pmatrix}1\\0\\-1\end{pmatrix}+x_2\begin{pmatrix}2\\-1\\1\end{pmatrix}=\begin{pmatrix}-4\\3\\-5\end{pmatrix}$$

根据向量线性运算和向量相等的定义，得线性方程组

$$\begin{cases}x_1+2x_2=-4\\-x_2=3\\-x_1+x_2=-5\end{cases}$$

方程组的解就是所求的表示系数.容易解出 $x_1=2$，$x_2=-3$，故 $\boldsymbol{\beta}$ 能由 $\boldsymbol{\alpha}_1$，$\boldsymbol{\alpha}_2$ 线性表示，表达式为

$$\boldsymbol{\beta}=2\boldsymbol{\alpha}_1-3\boldsymbol{\alpha}_2$$

由上例可知，向量 $\boldsymbol{\beta}$ 可以由向量组 $\boldsymbol{A}$ 线性表示，也就是方程组

$$x_1\boldsymbol{\alpha}_1+x_2\boldsymbol{\alpha}_2+\cdots+x_m\boldsymbol{\alpha}_m=\boldsymbol{\beta}$$

有解.

定义 3.7 设有向量组 $\boldsymbol{A}$：$\boldsymbol{\alpha}_1,\boldsymbol{\alpha}_2,\cdots,\boldsymbol{\alpha}_m$ 及 $\boldsymbol{B}$：$\boldsymbol{\beta}_1,\boldsymbol{\beta}_2,\cdots,\boldsymbol{\beta}_l$，若 $\boldsymbol{B}$ 组中的每个向量都能由向量组 $\boldsymbol{A}$ 线性表示，则称向量组 $\boldsymbol{B}$ 能由向量组 $\boldsymbol{A}$ 线性表示.若向量组 $\boldsymbol{A}$ 与向量组 $\boldsymbol{B}$ 能相互线性表示，则称这两个向量组等价.

把向量组 $\boldsymbol{A}$ 和向量组 $\boldsymbol{B}$ 所构成的矩阵依次记作 $\boldsymbol{A}=(\boldsymbol{\alpha}_1,\boldsymbol{\alpha}_2,\cdots,\boldsymbol{\alpha}_m)$ 和 $\boldsymbol{B}=(\boldsymbol{\beta}_1,\boldsymbol{\beta}_2,\cdots,\boldsymbol{\beta}_l)$.向量组 $\boldsymbol{B}$ 能由向量组 $\boldsymbol{A}$ 线性表示，即对每个向量 $\boldsymbol{\beta}_j$（$j=1,2,\cdots,l$）存在数 $k_{1j},k_{2j},\cdots,k_{mj}$，使

$$\boldsymbol{\beta}_j=k_{1j}\boldsymbol{\alpha}_1+k_{2j}\boldsymbol{\alpha}_2+\cdots+k_{mj}\boldsymbol{\alpha}_m=(\boldsymbol{\alpha}_1,\boldsymbol{\alpha}_2,\cdots,\boldsymbol{\alpha}_m)\begin{pmatrix}k_{1j}\\k_{2j}\\\vdots\\k_{mj}\end{pmatrix}$$

从而
$$(\boldsymbol{\beta}_1,\boldsymbol{\beta}_2,\cdots,\boldsymbol{\beta}_l)=(\boldsymbol{\alpha}_1,\boldsymbol{\alpha}_2,\cdots,\boldsymbol{\alpha}_m)\begin{pmatrix}k_{11}&k_{12}&\cdots&k_{1l}\\k_{21}&k_{22}&\cdots&k_{2l}\\\cdots&\cdots&\cdots&\cdots\\k_{m1}&k_{m2}&\cdots&k_{ml}\end{pmatrix}$$

这里，矩阵 $\boldsymbol{K}_{ml}=(k_{ij})$ 称为这一线性表示的系数矩阵.

由定义易知向量组的等价具有以下性质：

（1）反身性.每个向量组都与其自身等价；

（2）对称性.若向量组 $\boldsymbol{A}$ 与向量组 $\boldsymbol{B}$ 等价，则向量组 $\boldsymbol{B}$ 也与向量组 $\boldsymbol{A}$ 等价；

（3）传递性.若向量组 $\boldsymbol{A}$ 与向量组 $\boldsymbol{B}$ 等价，且向量组 $\boldsymbol{B}$ 与向量组 $\boldsymbol{C}$ 等价，则向量组 $\boldsymbol{A}$ 与向量组等价 $\boldsymbol{C}$.

3.3 向量组的线性相关性

在前面我们依据向量的线性运算，定义了向量的线性组合和线性表示的概念，这使向量集 $\mathbf{R}^n$ 中的向量相互之间有了一种关系. 这种立足于线性运算和线性表示基础上的关系，称为线性关系. 在本节，我们将着重讨论向量间的线性相关与线性无关的概念与判定，为更好地揭示向量间的线性关系打下基础.

3.3.1 线性相关与线性无关的定义

由线性表示的定义可知，若 $\boldsymbol{\beta}=\lambda_1\boldsymbol{\alpha}_1+\lambda_2\boldsymbol{\alpha}_2+\lambda_3\boldsymbol{\alpha}_3$，则称 $\boldsymbol{\beta}$ 可以由向量组 $\boldsymbol{\alpha}_1,\boldsymbol{\alpha}_2,\boldsymbol{\alpha}_3$ 线性表示. 我们很关注这种关系，因为在讨论向量的线性问题时，当 $\boldsymbol{\beta}$ 可由 $\boldsymbol{\alpha}_1,\boldsymbol{\alpha}_2,\boldsymbol{\alpha}_3$ 线性表示时，那么我们掌握了 $\boldsymbol{\alpha}_1,\boldsymbol{\alpha}_2,\boldsymbol{\alpha}_3$ 就掌握了 $\boldsymbol{\beta}$. 或者通俗地说，即使一时把 $\boldsymbol{\beta}$ 丢了，也可通过 $\boldsymbol{\alpha}_1,\boldsymbol{\alpha}_2,\boldsymbol{\alpha}_3$ 把它找回来. 因此我们在研究一组向量时，很关心这组向量间是否存在这种关系. 因为若这组向量中有一个向量能用其他向量线性表示，则暂时把它丢掉也不会影响我们的讨论. 于是我们把一组向量间存在这种关系的，就称这组向量是线性相关的，否则称为线性无关的. 这种定义方法是把一组向量放在不同的地位来叙述. 若我们把一组向量中所有向量都放在同样的地位来刻画这种关系，就有下面的定义.

定义 3.8 给定向量组

$$\boldsymbol{A}:\boldsymbol{\alpha}_1,\boldsymbol{\alpha}_2,\cdots,\boldsymbol{\alpha}_m \tag{3.4}$$

如果存在不全为零的一组数 $k_1,k_2,\cdots,k_m$，使得

$$k_1\boldsymbol{\alpha}_1+k_2\boldsymbol{\alpha}_2+\cdots k_m\boldsymbol{\alpha}_m=\mathbf{0} \tag{3.5}$$

则称向量组 $\boldsymbol{A}$ 是线性相关的，否则称为线性无关的.

例如向量组 $\boldsymbol{\alpha}_1=(1,2,-1)^{\mathrm{T}}$，$\boldsymbol{\alpha}_2=(2,-3,1)^{\mathrm{T}}$，$\boldsymbol{\alpha}_3=(4,1,-1)^{\mathrm{T}}$，由于存在不全为 0 的数 2,1,−1 使 $2\boldsymbol{\alpha}_1+1\boldsymbol{\alpha}_2+(-1)\boldsymbol{\alpha}_3=\mathbf{0}$，故向量组 $\boldsymbol{\alpha}_1,\boldsymbol{\alpha}_2,\boldsymbol{\alpha}_3$ 线性相关.

不是线性相关，就是线性无关. 所谓线性无关，换句话说，就是：如果只有当 $k_1=k_2=\cdots=k_m=0$ 时，式（3.5）才能成立，则称向量组（3.4）线性无关.

综合前面分析，定义 3.8 的一个等价定义如下.

定义 3.8′ 给定向量组 $\boldsymbol{A}$：$\boldsymbol{\alpha}_1,\boldsymbol{\alpha}_2,\cdots,\boldsymbol{\alpha}_m$，如果向量组 $\boldsymbol{A}$ 中某一向量可以由其余 $m-1$ 个向量线性表示，则称向量组 $\boldsymbol{A}$ 为线性相关的，否则称为线性无关的.

线性无关也就是线性独立，亦即任一向量不能由其余向量线性表示. 显然，一个 n 维单位向量组

$$\boldsymbol{E}:\boldsymbol{e}_1=\begin{pmatrix}1\\0\\\vdots\\0\end{pmatrix},\ \boldsymbol{e}_2=\begin{pmatrix}0\\1\\\vdots\\0\end{pmatrix},\ \cdots,\ \boldsymbol{e}_n=\begin{pmatrix}0\\0\\\vdots\\1\end{pmatrix}$$

中，任一向量均不能由其余 $n-1$ 个向量线性表示，因此向量组 $\boldsymbol{E}$ 线性无关.

由定义 3.8，易得如下结论：

(1) 一个向量 $\boldsymbol{\alpha}$ 线性相关当且仅当 $\boldsymbol{\alpha}$ 是零向量；

(2) 两个向量 $\boldsymbol{\alpha}$，$\boldsymbol{\beta}$ 线性相关当且仅当 $\boldsymbol{\alpha}$，$\boldsymbol{\beta}$ 的分量成比例.

向量组 $\boldsymbol{A}$：$\boldsymbol{\alpha}_1,\boldsymbol{\alpha}_2,\cdots,\boldsymbol{\alpha}_m$ 构成矩阵 $\boldsymbol{A}=(\boldsymbol{\alpha}_1,\boldsymbol{\alpha}_2,\cdots,\boldsymbol{\alpha}_m)$，向量组 $\boldsymbol{A}$ 线性相关，就是齐次线性方程组

$$x_1\boldsymbol{\alpha}_1+x_2\boldsymbol{\alpha}_2+\cdots x_m\boldsymbol{\alpha}_m=\boldsymbol{0}$$

有非零解.

【例 3.6】 讨论向量组 $\boldsymbol{\alpha}_1=\begin{pmatrix}1\\0\\-1\end{pmatrix}$，$\boldsymbol{\alpha}_2=\begin{pmatrix}2\\-1\\1\end{pmatrix}$，$\boldsymbol{\alpha}_3=\begin{pmatrix}-4\\3\\-5\end{pmatrix}$的线性相关性.

解 因为 $\boldsymbol{\alpha}_3=2\boldsymbol{\alpha}_1-3\boldsymbol{\alpha}_2$（详见例 3.3），所以存在一组不全为 0 的数 2，-3，-1，使得 $2\boldsymbol{\alpha}_1-3\boldsymbol{\alpha}_2-\boldsymbol{\alpha}_3=\boldsymbol{0}$ 成立，因此三个向量线性相关.

【例 3.7】 已知向量组 $\boldsymbol{\alpha}_1,\boldsymbol{\alpha}_2,\boldsymbol{\alpha}_3$ 线性无关，$\boldsymbol{\beta}_1=\boldsymbol{\alpha}_1+\boldsymbol{\alpha}_2$，$\boldsymbol{\beta}_2=\boldsymbol{\alpha}_2+\boldsymbol{\alpha}_3$，$\boldsymbol{\beta}_3=\boldsymbol{\alpha}_3+\boldsymbol{\alpha}_1$，试证向量组 $\boldsymbol{\beta}_1,\boldsymbol{\beta}_2,\boldsymbol{\beta}_3$ 线性无关.

证明 设有实数 x_1,x_2,x_3，使

$$x_1\boldsymbol{\beta}_1+x_2\boldsymbol{\beta}_2+x_3\boldsymbol{\beta}_3=\boldsymbol{0}$$

即 $$x_1(\boldsymbol{\alpha}_1+\boldsymbol{\alpha}_2)+x_2(\boldsymbol{\alpha}_2+\boldsymbol{\alpha}_3)+x_3(\boldsymbol{\alpha}_3+\boldsymbol{\alpha}_1)=0$$

亦即 $$(x_1+x_3)\boldsymbol{\alpha}_1+(x_1+x_2)\boldsymbol{\alpha}_2+(x_2+x_3)\boldsymbol{\alpha}_3=0$$

因 $\boldsymbol{\alpha}_1,\boldsymbol{\alpha}_2,\boldsymbol{\alpha}_3$ 线性无关，所以，有

$$\begin{cases}x_1+x_3=0\\x_1+x_2=0\\x_2+x_3=0\end{cases}$$

由克莱姆法则，易知该方程组只有唯一的零解 $x_1=0$，$x_2=0$，$x_3=0$，所以向量组 $\boldsymbol{\beta}_1,\boldsymbol{\beta}_2,\boldsymbol{\beta}_3$ 线性无关.

【例 3.8】 证明：设向量组 $\boldsymbol{A}$：$\boldsymbol{\alpha}_1,\boldsymbol{\alpha}_2,\cdots,\boldsymbol{\alpha}_m$ 线性无关，而向量组 $\boldsymbol{B}$：$\boldsymbol{\alpha}_1,\boldsymbol{\alpha}_2,\cdots,\boldsymbol{\alpha}_m$，$\boldsymbol{\beta}$ 线性相关，则向量 $\boldsymbol{\beta}$ 必能由向量组 $\boldsymbol{A}$：$\boldsymbol{\alpha}_1,\boldsymbol{\alpha}_2,\cdots,\boldsymbol{\alpha}_m$ 线性表示，且表示式唯一.

证明 由向量组 $\boldsymbol{B}$：$\boldsymbol{\alpha}_1,\boldsymbol{\alpha}_2,\cdots,\boldsymbol{\alpha}_m$，$\boldsymbol{\beta}$ 线性相关可知，存在一组不全为 0 的数 $k_1,k_2,\cdots,k_m$，k_{m+1}，使

$$k_1\boldsymbol{\alpha}_1+k_2\boldsymbol{\alpha}_2+\cdots+k_m\boldsymbol{\alpha}_m+k_{m+1}\boldsymbol{\beta}=\boldsymbol{0}$$

假如 $k_{m+1}=0$，上式成为

$$k_1\boldsymbol{\alpha}_1+k_2\boldsymbol{\alpha}_2+\cdots+k_m\boldsymbol{\alpha}_m=\mathbf{0}$$

此时 $k_1,k_2,\cdots,k_m$ 不全为 0，得到 $\boldsymbol{\alpha}_1,\boldsymbol{\alpha}_2,\cdots,\boldsymbol{\alpha}_m$ 线性相关，这与题设矛盾.因此 $k_{m+1}\neq0$，于是有

$$\boldsymbol{\beta}=-\frac{k_1}{k_{m+1}}\boldsymbol{\alpha}_1-\frac{k_2}{k_{m+1}}\boldsymbol{\alpha}_2-\cdots-\frac{k_m}{k_{m+1}}\boldsymbol{\alpha}_m$$

再证唯一性.设有两个表示

$$\boldsymbol{\beta}=\lambda_1\boldsymbol{\alpha}_1+\lambda_2\boldsymbol{\alpha}_2+\cdots+\lambda_m\boldsymbol{\alpha}_m \quad 与 \quad \boldsymbol{\beta}=l_1\boldsymbol{\alpha}_1+l_2\boldsymbol{\alpha}_2+\cdots+l_m\boldsymbol{\alpha}_m$$

两式相减可得

$$(\lambda_1-l_1)\boldsymbol{\alpha}_1+(\lambda_2-l_2)\boldsymbol{\alpha}_2+\cdots+(\lambda_m-l_m)\boldsymbol{\alpha}_m=\mathbf{0}$$

因为 $\boldsymbol{\alpha}_1,\boldsymbol{\alpha}_2,\cdots,\boldsymbol{\alpha}_m$ 线性无关，所以

$$\lambda_1-l_1=0,\ \lambda_2-l_2=0,\ \cdots,\ \lambda_m-l_m=\mathbf{0}$$

即 $\lambda_1=l_1$，$\lambda_2=l_2$，…，$\lambda_m=l_m$，故表示式唯一.

3.3.2 线性相关性的判定

除了可以利用定义 3.8、定义 3.8′判断之外，还可以利用下面的定理判断一组向量的线性相关性.

定理 3.1 向量组 $\mathbf{A}$：$\boldsymbol{\alpha}_1,\boldsymbol{\alpha}_2,\cdots,\boldsymbol{\alpha}_m$ 线性相关的充要条件是矩阵 $\mathbf{A}=(\boldsymbol{\alpha}_1,\boldsymbol{\alpha}_2,\cdots,\boldsymbol{\alpha}_m)$ 的秩小于向量的个数 m，即 $R(\mathbf{A})<m$；向量组 $\mathbf{A}$ 线性无关的充分必要条件是 $R(\mathbf{A})=m$.

注意，由前面分析，按照一组向量线性相关、线性无关的定义，可以把向量组的线性相关、线性无关理解为其所对应的齐次方程组是否有非零解.在这里，我们只给出定理内容，该定理的证明将在 3.6 节讨论.

【例 3.9】 判断下列向量组是线性相关还是线性无关：

(1) $\begin{pmatrix}-1\\3\\1\end{pmatrix},\begin{pmatrix}2\\1\\0\end{pmatrix},\begin{pmatrix}1\\4\\1\end{pmatrix}$　　(2) $\begin{pmatrix}2\\3\\0\end{pmatrix},\begin{pmatrix}-1\\4\\0\end{pmatrix},\begin{pmatrix}0\\0\\2\end{pmatrix}$

解 (1) 因为

$$\mathbf{A}=\begin{pmatrix}-1&2&1\\3&1&4\\1&0&1\end{pmatrix}\overset{r_2+3r_1}{\sim}\begin{pmatrix}-1&2&1\\0&7&7\\0&2&2\end{pmatrix}\overset{\frac{1}{7}r_2}{\sim}\begin{pmatrix}-1&2&1\\0&1&1\\0&2&2\end{pmatrix}\overset{r_3+(-2)r_2}{\sim}\begin{pmatrix}-1&2&1\\0&1&1\\0&2&2\end{pmatrix}$$

所以 $\mathrm{R}(\mathbf{A})=2<3$，即向量组线性相关.

(2) 因为

$$\mathbf{A}=\begin{pmatrix}2&-1&0\\3&4&0\\0&0&2\end{pmatrix}\overset{r_2+\left(-\frac{3}{2}\right)r_1}{\sim}\begin{bmatrix}2&-1&0\\0&\dfrac{11}{2}&0\\0&0&2\end{bmatrix}$$

故 $R(\boldsymbol{A})=3$，即向量组线性无关.

定理 3.2 （1）若向量组 $\boldsymbol{A}$：$\boldsymbol{\alpha}_1,\boldsymbol{\alpha}_2,\cdots,\boldsymbol{\alpha}_m$ 线性相关，则向量组 $\boldsymbol{B}$：$\boldsymbol{\alpha}_1,\boldsymbol{\alpha}_2,\cdots,\boldsymbol{\alpha}_m,\boldsymbol{\alpha}_{m+1}$ 也线性相关；反言之，如果向量组 $\boldsymbol{B}$ 线性无关，则向量组 $\boldsymbol{A}$ 也线性无关.

（2）m 个 n 维列向量所成的向量组，当维数 n 小于向量的个数 m 时一定线性相关. 特别地，$n+1$ 个 n 维向量一定线性相关.

证明 （1）记 $\boldsymbol{A}=(\boldsymbol{\alpha}_1,\boldsymbol{\alpha}_2,\cdots,\boldsymbol{\alpha}_m)$，$\boldsymbol{B}=(\boldsymbol{\alpha}_1,\boldsymbol{\alpha}_2,\cdots,\boldsymbol{\alpha}_m,\boldsymbol{\alpha}_{m+1})$，有 $R(\boldsymbol{B})\leqslant R(\boldsymbol{A})+1$. 若向量组 $\boldsymbol{A}$ 线性相关，则根据定理 3.1，有 $R(\boldsymbol{A})<m$，从而 $R(\boldsymbol{B})\leqslant R(\boldsymbol{A})+1<m+1$，因此根据定理 3.1 知向量组 $\boldsymbol{B}$ 线性相关.

（2）m 个 n 维向量 $\boldsymbol{\alpha}_1,\boldsymbol{\alpha}_2,\cdots,\boldsymbol{\alpha}_m$ 构成矩阵 $\boldsymbol{A}_{n\times m}=(\boldsymbol{\alpha}_1,\boldsymbol{\alpha}_2,\cdots,\boldsymbol{\alpha}_m)$，有 $R(\boldsymbol{A})\leqslant n$. 若 $n<m$，则 $R(\boldsymbol{A})<m$，故 m 个向量 $\boldsymbol{\alpha}_1,\boldsymbol{\alpha}_2,\cdots,\boldsymbol{\alpha}_m$ 线性相关.

注意 上述定理的结论（1）是对向量组增加一个向量而言的，增加多个向量结论也仍然成立. 一般地，结论（1）可叙述为：一个向量组若部分线性相关，则整体线性相关；若整体线性无关，则部分线性无关.

推论 有零向量的向量组必线性相关.

证明 因为由一个零向量构成的向量组线性相关，故由定理 3.2 得此结论.

【例 3.10】 $n+1$ 个人看 n 种不同的书，若每个人至少看过其中的一种，试证：必可从这 $n+1$ 个人中找出两组人，将这两组人看过的书集中在一起，其种类是完全相同的.

证明 以 n 维列向量 $\boldsymbol{\alpha}_i=(a_{i1},\ a_{i2},\ \cdots,\ a_{in})^{\mathrm{T}}$，$i=1,2,\cdots,n+1$，表示第 i 个人的阅读记录. 其中

$$a_{ij}=\begin{cases}1,\text{第 } i \text{ 人看了第 } j \text{ 本}\\0,\text{第 } i \text{ 人未看第 } j \text{ 本}\end{cases}\quad (j=1,2,\cdots,n)$$

于是每个向量 $\boldsymbol{\alpha}_i$ 均为非零向量，且各分量不是 0 就是 1. 由于向量组 $\boldsymbol{\alpha}_1,\boldsymbol{\alpha}_2,\cdots,\boldsymbol{\alpha}_{n+1}$ 由 $n+1$ 个 n 维向量组成，因此必线性相关，因此至少有一个向量可由其余 n 个向量线性表示，不妨设有 $\boldsymbol{\alpha}_{n+1}=k_1\boldsymbol{\alpha}_1+k_2\boldsymbol{\alpha}_2+\cdots+k_n\boldsymbol{\alpha}_n$，其中 $k_1,k_2,\cdots,k_n$ 不全为零.

因为 $\boldsymbol{\alpha}_{n+1}\neq 0$，且分量 $a_{n+1,j}\geqslant 0$，则线性组合系数 $k_1,k_2,\cdots,k_n$ 中至少有一个为正，否则 $\boldsymbol{\alpha}_{n+1}$ 的各分量 $a_{n+1,j}\leqslant 0$. 现把系数为正的项仍然留在等式右端，系数为负的项移至等式左端，略去系数为 0 的项后，有

$$\boldsymbol{\alpha}_{n+1}+\lambda_1\boldsymbol{\alpha}_1'+\lambda_2\boldsymbol{\alpha}_2'+\cdots+\lambda_p\boldsymbol{\alpha}_p'=\mu_1\boldsymbol{\beta}_1'+\mu_2\boldsymbol{\beta}_2'+\cdots+\mu_p\boldsymbol{\beta}_q'$$

其中 $\{\boldsymbol{\alpha}_1',\boldsymbol{\alpha}_2',\cdots,\boldsymbol{\alpha}_p',\boldsymbol{\beta}_1',\boldsymbol{\beta}_2',\cdots,\boldsymbol{\beta}_q'\}\subseteq\{\boldsymbol{\alpha}_1,\boldsymbol{\alpha}_2,\cdots,\boldsymbol{\alpha}_n\}$，式中诸 λ_i，μ_j （$i=1,2,\cdots,p$；$j=1,2,\cdots,q$）皆为正数，故左右两边的线性组合给出的向量均非负，其正分量正是左右两组人看书的记录，根据向量相等的定义，它们是完全相等的.

3.4 极大无关组与向量组的秩

在生活中，我们经常通过掌握部分量的性质来揭示整体量的特征. 同样，在讨论向量组 $\boldsymbol{\alpha}_1,\boldsymbol{\alpha}_2,\cdots,\boldsymbol{\alpha}_n$ 的线性问题时，我们也希望通过掌握 $\boldsymbol{\alpha}_1,\boldsymbol{\alpha}_2,\cdots,\boldsymbol{\alpha}_n$ 中的最少的部分向量组去反映向量组的整体特征. 而向量组中这个“最少的部分向量组”就是我们这节将要介绍的向量组的极大线性无关组的概念.

3.4.1 极大无关组与向量组的秩的概念

定义 3.9 设有向量组 $\boldsymbol{A}$，如果在 $\boldsymbol{A}$ 中能选出 r 个向量 $\boldsymbol{\alpha}_1,\boldsymbol{\alpha}_2,\cdots,\boldsymbol{\alpha}_r$，满足：

(1) 向量组 $\boldsymbol{A}_0$：$\boldsymbol{\alpha}_1,\boldsymbol{\alpha}_2,\cdots,\boldsymbol{\alpha}_r$ 线性无关；

(2) 向量组 $\boldsymbol{A}$ 中任意 $r+1$ 个向量（如果 $\boldsymbol{A}$ 中有 $r+1$ 个向量的话）都是线性相关的，那么称 $\boldsymbol{A}_0$ 是向量组 $\boldsymbol{A}$ 的一个极大线性无关组，简称极大无关组. 极大线性无关组 $\boldsymbol{A}_0$ 所含向量的个数 r 称为向量组 $\boldsymbol{A}$ 的秩.

【例 3.11】 全体 n 维向量构成的向量组为 $\mathbf{R}^n$，求 $\mathbf{R}^n$ 的一个极大无关组及 $\mathbf{R}^n$ 的秩.

解 我们在前面证明了 n 维单位向量构成的向量组

$$\boldsymbol{E}:\boldsymbol{e}_1=\begin{pmatrix}1\\0\\\vdots\\0\end{pmatrix},\ \boldsymbol{e}_2=\begin{pmatrix}0\\1\\\vdots\\0\end{pmatrix},\ \cdots,\ \boldsymbol{e}_n=\begin{pmatrix}0\\0\\\vdots\\1\end{pmatrix}$$

是线性无关的，又根据定理 3.2 的结论（2），$\mathbf{R}^n$ 中任意 $n+1$ 个向量都线性相关，所以向量组 $\boldsymbol{E}$ 是 $\mathbf{R}^n$ 的一个极大线性无关组，且 $\mathbf{R}^n$ 的秩为 n.

是否任何向量组都有极大无关组呢？如果有，是否唯一？先看一个例子.

【例 3.12】 考察下列向量组的极大无关组：

(1) $\boldsymbol{\alpha}_1=(0,0,0)^{\mathrm{T}}$

(2) $\boldsymbol{\alpha}_1=(0,0,0)^{\mathrm{T}}$，$\boldsymbol{\alpha}_2=(1,0,0)^{\mathrm{T}}$，$\boldsymbol{\alpha}_3=(0,1,0)^{\mathrm{T}}$

(3) $\boldsymbol{\alpha}_1=(1,0,0)^{\mathrm{T}}$，$\boldsymbol{\alpha}_2=(0,1,0)^{\mathrm{T}}$，$\boldsymbol{\alpha}_3=(0,0,1)^{\mathrm{T}}$

(4) $\boldsymbol{\alpha}_1=(1,0,0)^{\mathrm{T}}$，$\boldsymbol{\alpha}_2=(0,1,0)^{\mathrm{T}}$，$\boldsymbol{\alpha}_3=(1,1,0)^{\mathrm{T}}$

解 (1) 该向量组中没有线性无关的向量，故不存在极大无关组；

(2) 因为 $\boldsymbol{\alpha}_2,\boldsymbol{\alpha}_3$ 线性无关，而 $\boldsymbol{\alpha}_1=(0,0,0)^{\mathrm{T}}$ 为线性相关的零向量，故 $\boldsymbol{\alpha}_1,\boldsymbol{\alpha}_2,\boldsymbol{\alpha}_3$ 线性相关，因此 $\boldsymbol{\alpha}_2,\boldsymbol{\alpha}_3$ 为极大无关组；

(3) 因为 $\boldsymbol{\alpha}_1,\boldsymbol{\alpha}_2,\boldsymbol{\alpha}_3$ 为三维单位向量组，故线性无关，又因该向量组中无其它向量，因此 $\boldsymbol{\alpha}_1,\boldsymbol{\alpha}_2,\boldsymbol{\alpha}_3$ 为该向量组的极大无关组；

(4) $\boldsymbol{\alpha}_1,\boldsymbol{\alpha}_2$ 线性无关，而 $\boldsymbol{\alpha}_1+\boldsymbol{\alpha}_2-\boldsymbol{\alpha}_3=\mathbf{0}$，可知 $\boldsymbol{\alpha}_1,\boldsymbol{\alpha}_2,\boldsymbol{\alpha}_3$ 线性相关，故 $\boldsymbol{\alpha}_1$，

$\boldsymbol{\alpha}_2$ 为该向量组的极大无关组；同样地，$\boldsymbol{\alpha}_2,\boldsymbol{\alpha}_3$ 线性无关，$\boldsymbol{\alpha}_1,\boldsymbol{\alpha}_2,\boldsymbol{\alpha}_3$ 线性相关，故 $\boldsymbol{\alpha}_2,\boldsymbol{\alpha}_3$ 也为该向量组的极大无关组；同理可知，$\boldsymbol{\alpha}_1,\boldsymbol{\alpha}_3$ 也为该向量组的极大无关组.

通过例 3.12 的分析，可得下面结论：

(1) 只含零向量的向量组没有极大无关组；

(2) 含有非零向量的向量组都有极大无关组；

(3) 线性无关向量组的极大无关组是其自身；

(4) 向量组的极大无关组可能不唯一.

3.4.2 极大无关组与向量组的秩的性质

只含零向量的向量组的秩为 0；在秩为 $r>0$ 的向量组中，任意 r 个线性无关向量都是这个向量组的极大无关组.

定理 3.3 矩阵的秩等于它的列向量组的秩，也等于它的行向量组的秩.

证明 设 $\boldsymbol{A}=(\boldsymbol{\alpha}_1,\boldsymbol{\alpha}_2,\cdots,\boldsymbol{\alpha}_m)$，$R(\boldsymbol{A})=r$，并设 r 阶子式 $D_r\neq0$. 根据定理 3.1，由 $D_r\neq0$ 知 D_r 所在的 r 列线性无关；由 $\boldsymbol{A}$ 中所有的 $r+1$ 阶子式都为 0，所以 $\boldsymbol{A}$ 中任意 $r+1$ 个列向量组都线性相关. 因此，D_r 所在的 r 列是 $\boldsymbol{A}$ 的列向量组的一个极大线性无关组，所以 $\boldsymbol{A}$ 的列向量组的秩是 r. 类似可证 $\boldsymbol{A}$ 的行向量组的秩也等于 $R(\boldsymbol{A})$.

今后记向量组 $\boldsymbol{\alpha}_1,\boldsymbol{\alpha}_2,\cdots,\boldsymbol{\alpha}_m$ 的秩为 $R(\boldsymbol{\alpha}_1,\boldsymbol{\alpha}_2,\cdots,\boldsymbol{\alpha}_m)$.

定理 3.4 向量组与它的极大无关组等价.

证明 不妨设向量组 $\boldsymbol{A}$ 与它的极大无关组 $\boldsymbol{A}_0$ 分别为 $\boldsymbol{A}$：$\boldsymbol{\alpha}_1,\boldsymbol{\alpha}_2,\cdots,\boldsymbol{\alpha}_r,\boldsymbol{\alpha}_{r+1},\cdots,\boldsymbol{\alpha}_m$ 和 $\boldsymbol{A}_0$：$\boldsymbol{\alpha}_1,\boldsymbol{\alpha}_2,\cdots,\boldsymbol{\alpha}_r$.

(1) 因为对于 $\boldsymbol{A}_0$ 中任一向量 $\boldsymbol{\alpha}_i(1\leqslant i\leqslant r)$ 都有

$$\boldsymbol{\alpha}_i=0\cdot\boldsymbol{\alpha}_1+0\cdot\boldsymbol{\alpha}_2+\cdots+1\cdot\boldsymbol{\alpha}_i+\cdots+0\cdot\boldsymbol{\alpha}_r+0\cdot\boldsymbol{\alpha}_{r+1}+\cdots+0\cdot\boldsymbol{a}_m$$

所以向量组 $\boldsymbol{A}_0$ 可由向量组 $\boldsymbol{A}$ 线性表示.

(2) 显然，在 $\boldsymbol{A}$ 中属于极大无关组 $\boldsymbol{A}_0$ 中的向量可由 $\boldsymbol{A}_0$ 线性表示，且由极大无关组的定义可知，$\boldsymbol{A}_0$ 之外的任一向量 $\boldsymbol{\alpha}_i$ 与 $\boldsymbol{A}_0$ 构成的 $r+1$ 个向量 $\boldsymbol{\alpha}_1,\boldsymbol{\alpha}_2,\cdots,\boldsymbol{\alpha}_r,\boldsymbol{\alpha}_i$ 都线性相关. 由上节例 3.8 可知，向量 $\boldsymbol{\alpha}_i$ 必能由 $\boldsymbol{\alpha}_1,\boldsymbol{\alpha}_2,\cdots,\boldsymbol{\alpha}_r$ 线性表示，故对于 $\boldsymbol{A}$ 中任一向量均可由向量组 $\boldsymbol{A}_0$ 线性表示.

综合 (1)、(2) 可知，向量组 $\boldsymbol{A}$ 与向量组 $\boldsymbol{A}_0$ 等价.

推论 一个向量组的任意两个极大无关组（如果存在的话）是等价的.

证明 设向量组 $\boldsymbol{A}$ 的两个极大无关组为 $\boldsymbol{A}_1,\boldsymbol{A}_2$，由定理 3.4 知，向量组 $\boldsymbol{A}_1$ 与向量组 $\boldsymbol{A}_2$ 都与向量组 $\boldsymbol{A}$ 等价，由等价关系的传递性即知向量组 $\boldsymbol{A}_1$ 与向量组 $\boldsymbol{A}_2$ 等价.

【例 3.13】 设矩阵

$$A=\begin{pmatrix}1&2&2&1\\2&1&-2&-2\\1&-1&-4&-3\end{pmatrix}$$

求矩阵 A 的列向量组的秩及其一个极大无关组，并把不属于该极大无关组的列向量用极大无关组线性表示出来.

解 设 $A=(\alpha_1,\alpha_2,\alpha_3,\alpha_4)$，对 A 施行初等行变换，化为行阶梯形矩阵

$$A=\begin{pmatrix}1&2&2&1\\2&1&-2&-2\\1&-1&-4&-3\end{pmatrix}\overset{r}{\sim}\begin{pmatrix}1&2&2&1\\0&-3&-6&-4\\0&-3&-6&-4\end{pmatrix}\overset{r}{\sim}\begin{pmatrix}1&2&2&1\\0&1&2&\frac{4}{3}\\0&0&0&0\end{pmatrix}$$

可知 $R(A)=2$，故 A 的极大无关组中所含向量的个数为 2，而两个非零行的首非零元在一、二列，故可取 α_1,α_2 为列向量组的一个极大无关组，现在将 α_3，α_4 用 α_1,α_2 线性表示，继续将 A 化为行最简形矩阵

$$A\overset{r}{\sim}\begin{pmatrix}1&2&2&1\\0&1&2&\frac{4}{3}\\0&0&0&0\end{pmatrix}\overset{r}{\sim}\begin{pmatrix}1&0&-2&-\frac{5}{3}\\0&1&2&\frac{4}{3}\\0&0&0&0\end{pmatrix}$$

即得

$$\alpha_3=-2\alpha_1+2\alpha_2$$

$$\alpha_4=-\frac{5}{3}\alpha_1+\frac{4}{3}\alpha_2$$

【例 3.14】 设向量组 $\alpha_1=(2,\ 1,\ 4,\ 3)^T$，$\alpha_2=(-1,\ 1,\ -6,\ 6)^T$，$\alpha_3=(-1,\ -2,\ 2,\ -9)^T$，$\alpha_4=(1,\ 1,\ -2,\ 7)^T$，$\alpha_5=(2,\ 4,\ 4,\ 9)^T$，求向量组的秩及其一个极大无关组，并将其余向量组用这个极大无关组线性表示.

解 $A=(\alpha_1,\ \alpha_2,\ \alpha_3,\ \alpha_4,\ \alpha_5)=\begin{pmatrix}2&-1&-1&1&2\\1&1&-2&1&4\\4&-6&2&-2&4\\3&6&-9&7&9\end{pmatrix}$

$$\sim\begin{pmatrix}1&1&-2&1&4\\0&-3&3&-1&-6\\0&-10&10&-6&-12\\0&3&-3&4&-3\end{pmatrix}\sim\begin{pmatrix}1&0&-1&0&4\\0&1&-1&0&3\\0&0&0&1&-3\\0&0&0&0&0\end{pmatrix}$$

向量组的秩 $R(A)=3$，α_1，α_2，α_4 是向量组 A 的一个极大无关组，且 $\alpha_3=-\alpha_1-\alpha_2$，$\alpha_5=4\alpha_1+3\alpha_2-3\alpha_4$.

【例 3.15】 已知两个向量组分别为

$$(\boldsymbol{\alpha}_1,\boldsymbol{\alpha}_2)=\begin{pmatrix}2&3\\0&-2\\-1&1\\3&-1\end{pmatrix},\quad(\boldsymbol{\beta}_1,\boldsymbol{\beta}_2)=\begin{pmatrix}-5&4\\6&-4\\-5&3\\9&-5\end{pmatrix}$$

证明向量组 $\boldsymbol{\alpha}_1$，$\boldsymbol{\alpha}_2$ 与 $\boldsymbol{\beta}_1$，$\boldsymbol{\beta}_2$ 等价.

证明 显然 $\boldsymbol{\alpha}_1$，$\boldsymbol{\alpha}_2$ 线性无关，$\boldsymbol{\beta}_1$，$\boldsymbol{\beta}_2$ 也线性无关，而

$$(\boldsymbol{\alpha}_1,\boldsymbol{\alpha}_2,\boldsymbol{\beta}_1,\boldsymbol{\beta}_2)\sim\begin{pmatrix}1&0&2&-1\\0&1&-3&2\\0&0&0&0\\0&0&0&0\end{pmatrix}$$

所以 $R(\boldsymbol{\alpha}_1,\boldsymbol{\alpha}_2,\boldsymbol{\beta}_1,\boldsymbol{\beta}_2)=2$，因此，$\boldsymbol{\alpha}_1$，$\boldsymbol{\alpha}_2$ 与 $\boldsymbol{\beta}_1$，$\boldsymbol{\beta}_2$ 都是向量组 $\boldsymbol{\alpha}_1$，$\boldsymbol{\alpha}_2$，$\boldsymbol{\beta}_1$，$\boldsymbol{\beta}_2$ 的极大无关组，所以向量组 $\boldsymbol{\alpha}_1$，$\boldsymbol{\alpha}_2$ 与 $\boldsymbol{\beta}_1$，$\boldsymbol{\beta}_2$ 等价.

【例 3.16】 某制药厂现生产 7 种特效药，每种特效药均是由 A～I 九种中草药原料根据不同的比例配制而成，各用量成分如表 3.1 所示.

表 3.1 特效药组成成分 单位：克

成药 原料	1号 特效药	2号 特效药	3号 特效药	4号 特效药	5号 特效药	6号 特效药	7号 特效药
A	10	2	14	12	20	38	100
B	12	0	12	25	35	60	55
C	5	3	11	0	5	14	0
D	7	9	25	5	15	47	35
E	0	1	2	25	5	33	6
F	25	5	35	5	35	55	50
G	9	4	17	25	2	39	25
H	6	5	16	10	10	35	10
I	8	2	12	0	0	6	20

某医院要购买这 7 种特效药，但药厂的 3 号和 6 号药已经卖完，请问药厂能否用其他特效药配制出这两种脱销的药品？

解 分析已知条件，把每一种特效药看成一个 9 维列向量，分析由 7 种特效药构成的 7 个列向量组成的向量组的线性相关性. 若向量组线性无关，则无法配制脱销的特效药；若向量组线性相关，并且能找到不含 3、6 号药品的一个极大无关组，则可以配制 3 号和 6 号药品.

故令

$$A=(\boldsymbol{\alpha}_1,\boldsymbol{\alpha}_2,\boldsymbol{\alpha}_3,\boldsymbol{\alpha}_4,\boldsymbol{\alpha}_5,\boldsymbol{\alpha}_6,\boldsymbol{\alpha}_7)=\begin{pmatrix}10&2&14&12&20&38&100\\12&0&12&25&35&60&55\\5&3&11&0&5&14&0\\7&9&25&5&15&47&35\\0&1&2&25&5&33&6\\25&5&35&5&35&55&50\\9&4&17&25&2&39&25\\6&5&16&10&10&35&10\\8&2&12&0&0&6&20\end{pmatrix}$$

$$\sim\begin{pmatrix}1&0&1&0&0&0&0\\0&1&2&0&0&3&0\\0&0&0&1&0&1&0\\0&0&0&0&1&1&0\\0&0&0&0&0&0&1\\0&0&0&0&0&0&0\\0&0&0&0&0&0&0\\0&0&0&0&0&0&0\\0&0&0&0&0&0&0\end{pmatrix}$$

将矩阵 $\boldsymbol{A}$ 经过初等行变换化成行最简形矩阵，从而得到 $R(\boldsymbol{A})=5$，因此向量组 $\boldsymbol{A}$：$\boldsymbol{\alpha}_1$，$\boldsymbol{\alpha}_2$，$\boldsymbol{\alpha}_3$，$\boldsymbol{\alpha}_4$，$\boldsymbol{\alpha}_5$，$\boldsymbol{\alpha}_6$，$\boldsymbol{\alpha}_7$ 线性相关且它的一个极大线性无关组为 $\boldsymbol{A}_0$：$\boldsymbol{\alpha}_1$，$\boldsymbol{\alpha}_2$，$\boldsymbol{\alpha}_4$，$\boldsymbol{\alpha}_5$，$\boldsymbol{\alpha}_7$，并且 $\boldsymbol{\alpha}_3=\boldsymbol{\alpha}_1+2\boldsymbol{\alpha}_2$，$\boldsymbol{\alpha}_6=3\boldsymbol{\alpha}_2+\boldsymbol{\alpha}_4+\boldsymbol{\alpha}_5$，故药厂能用其他特效药配制出这两种脱销的药品.

3.5 向量空间

在线性代数中讨论的对象是向量.所讨论问题的总的范围就是一个向量的集合，且我们对其中的向量要进行线性运算，即加法和数乘运算，当然我们希望这个集合中向量经过线性运算之后所得的向量仍然在我们的考虑范围之内，否则每作一次运算就需考虑得到的向量是否还在范围之内.为此，下面引进向量空间的概念.

3.5.1 向量空间的概念

定义 3.10 设 V 是 n 维向量的集合，如果集合 V 非空，且对任意 a，$b\in V$ 和任意实数 λ，都有 $a+b\in V$，$\lambda a\in V$，那么称集合 V 为向量空间.

【例 3.17】 证明：全体三维向量构成的集合 $\mathbf{R}^3$ 是一个向量空间，全体 n 维向量构成的集合 $\mathbf{R}^n$，也是一个向量空间.

证明 因为任意两个三维向量之和仍是三维向量，数 λ 乘三维向量也仍是三维向量，即 $\mathbf{R}^3$ 对加法与数乘运算是封闭的，因此，$\mathbf{R}^3$ 是一个向量空间.

类似地，全体 n 维向量构成的集合 $\boldsymbol{R}^n$ 是一个向量空间. 由单个零向量组成的集合也是一个向量空间.

【例 3.18】 证明：集合 $V=\{(0, x_2, \cdots, x_n,)^{\mathrm{T}} \mid x_2, \cdots, x_n \in R\}$是一个向量空间.

证明 因为若对于 $\forall \boldsymbol{\alpha}=(0, a_2, \cdots, a_n)^{\mathrm{T}} \in V$，$\boldsymbol{\beta}=(0, b_2, \cdots, b_n)^{\mathrm{T}} \in V$，$\lambda \in \mathbf{R}$，则

$\boldsymbol{\alpha}+\boldsymbol{\beta}=(0, a_2+b_2, \cdots, a_n+b_n)^{\mathrm{T}} \in V$，$\lambda\boldsymbol{\alpha}=(0, \lambda a_2, \cdots, \lambda a_n)^{\mathrm{T}} \in V$. 因此，集合 V 是一个向量空间.

【例 3.19】 证明：集合 $V=\{(1, 0, z)^{\mathrm{T}} \mid z \in \mathbf{R}\}$ 不是向量空间.

证明 因为 $\forall \boldsymbol{\alpha}=(1, 0, a)^{\mathrm{T}} \in V$，$\boldsymbol{\beta}=(1, 0, b)^{\mathrm{T}} \in V$ 则 $\boldsymbol{\alpha}+\boldsymbol{\beta}=(2, 0, a+b)^{\mathrm{T}} \notin V$. 所以 V 不是向量空间.

【例 3.20】 设 $\boldsymbol{\alpha}$，$\boldsymbol{\beta}$ 是两个已知的 n 维向量，则集合

$$V=\{\boldsymbol{x}=\lambda\boldsymbol{\alpha}+\mu\boldsymbol{\beta} \mid \lambda, \mu \in \mathbf{R}\}$$

是一个向量空间，称其为由向量 $\boldsymbol{\alpha}$，$\boldsymbol{\beta}$ 所生成的向量空间. 一般地，由 $\boldsymbol{\alpha}_1$，$\boldsymbol{\alpha}_2$，$\cdots$，$\boldsymbol{\alpha}_m$ 所生成的向量空间为

$$V=\{\boldsymbol{x}=\boldsymbol{\lambda}_1\boldsymbol{\alpha}_1+\lambda_2\boldsymbol{\alpha}_2+\cdots+\lambda_m\boldsymbol{\alpha}_m \mid \lambda_1, \lambda_2, \cdots, \lambda_m \in \mathbf{R}\}$$

【例 3.21】 设向量组 $\boldsymbol{A}$：$\boldsymbol{\alpha}_1$，$\boldsymbol{\alpha}_2$，$\cdots$，$\boldsymbol{\alpha}_m$ 与向量组 $\boldsymbol{B}$：$\boldsymbol{\beta}_1$，$\boldsymbol{\beta}_2$，$\cdots$，$\boldsymbol{\beta}_s$ 等价，记

$$V_1=\{\boldsymbol{x}=\lambda_1\boldsymbol{\alpha}_1+\lambda_2\boldsymbol{\alpha}_2+\cdots+\lambda_m\boldsymbol{\alpha}_m \mid \lambda_1, \lambda_2, \cdots, \lambda_m \in \mathbf{R}\}$$
$$V_2=\{\boldsymbol{x}=\mu_1\boldsymbol{\beta}_1+\mu_2\boldsymbol{\beta}_2+\cdots+\mu_s\boldsymbol{\beta}_s \mid \mu_1, \mu_2, \cdots, \mu_s \in \mathbf{R}\}$$

试证：$V_1=V_2$.

证明 设 $\boldsymbol{x} \in V_1$，则 $\boldsymbol{x}$ 可由 $\boldsymbol{\alpha}_1$，$\boldsymbol{\alpha}_2$，$\cdots$，$\boldsymbol{\alpha}_m$ 线性表示，而 $\boldsymbol{\alpha}_1$，$\boldsymbol{\alpha}_2$，$\cdots$，$\boldsymbol{\alpha}_m$ 可由 $\boldsymbol{\beta}_1$，$\boldsymbol{\beta}_2$，$\cdots$，$\boldsymbol{\beta}_s$ 线性表示，故 $\boldsymbol{x}$ 可由 $\boldsymbol{\beta}_1$，$\boldsymbol{\beta}_2$，$\cdots$，$\boldsymbol{\beta}_s$ 线性表示，所以 $\boldsymbol{x} \in V_2$，因此 $V_1 \subseteq V_2$ 类似可证，$V_2 \subseteq V_1$，所以 $V_1=V_2$.

定义 3.11 设有向量空间 U 及 V 若 $U \subset V$，就称 U 是 V 的子空间.

例如，任何 n 维向量所组成的空间 V，总有 $V \subseteq \mathbf{R}^n$，所以这样的向量空间都是 $\mathbf{R}^n$ 的子空间.

3.5.2 向量空间的基、维数和坐标

定义 3.12 设 V 为向量空间，如果 r 个向量 $\boldsymbol{a}_1$，$\boldsymbol{a}_2$，$\cdots$，$\boldsymbol{a}_r \in V$，且满足

(1) $\boldsymbol{a}_1$，$\boldsymbol{a}_2$，$\cdots$，$\boldsymbol{a}_r$ 线性无关；

(2) V 中任一向量都可由 $\boldsymbol{a}_1$，$\boldsymbol{a}_2$，$\cdots$，$\boldsymbol{a}_r$ 线性表示，

则称向量组 $\boldsymbol{a}_1$，$\boldsymbol{a}_2$，$\cdots$，$\boldsymbol{a}_r$ 是向量空间 V 的一个基，r 称为向量空间 V 的维数，并称 V 为 r 维向量空间.

注意　若向量空间 V 没有基，则 V 的维数为 0，0 维向量空间只含一个零向量 $\mathbf{0}$.

例如，向量空间

$$V=\{\boldsymbol{x}=(0,x_2,x_3,\cdots,x_n)^{\mathrm{T}}\mid x_2,x_3,\cdots,x_n\in\mathbf{R}\}$$

是 $n-1$ 维向量空间，因为它的一个基为

$$\boldsymbol{e}_2=\begin{pmatrix}0\\1\\0\\\vdots\\0\end{pmatrix},\ \boldsymbol{e}_3=\begin{pmatrix}0\\0\\1\\\vdots\\0\end{pmatrix},\ \cdots,\ \boldsymbol{e}_n=\begin{pmatrix}0\\0\\0\\\vdots\\1\end{pmatrix}$$

若向量组 $\boldsymbol{\alpha}_1,\boldsymbol{\alpha}_2,\cdots,\boldsymbol{\alpha}_r$ 是向量空间 V 的一个基，则向量空间 V 可以表示为

$$V=\{\boldsymbol{x}=\lambda_1\boldsymbol{\alpha}_1+\lambda_2\boldsymbol{\alpha}_2+\cdots+\lambda_r\boldsymbol{\alpha}_r\mid\lambda_1,\lambda_2,\cdots,\lambda_r\in\mathbf{R}\}$$

由此可以清楚地看出 V 的构造. 而且对于 V 中任一向量 $\boldsymbol{x}$ 可以唯一地表示为

$$\boldsymbol{x}=\lambda_1\boldsymbol{\alpha}_1+\lambda_2\boldsymbol{\alpha}_2+\cdots+\lambda_r\boldsymbol{\alpha}_r$$

数组 $\lambda_1,\lambda_2,\cdots,\lambda_r$ 称为向量 $\boldsymbol{x}$ 在基 $\boldsymbol{\alpha}_1,\boldsymbol{\alpha}_2,\cdots,\boldsymbol{\alpha}_r$ 中的坐标.

【例 3.22】　设

$$\boldsymbol{A}=(\boldsymbol{\alpha}_1,\boldsymbol{\alpha}_2,\boldsymbol{\alpha}_3)=\begin{pmatrix}2&2&-1\\2&-1&2\\-1&2&2\end{pmatrix},\quad \boldsymbol{B}=(\boldsymbol{\beta}_1,\boldsymbol{\beta}_2)=\begin{pmatrix}1&4\\0&3\\-4&2\end{pmatrix}$$

验证：$\boldsymbol{\alpha}_1,\boldsymbol{\alpha}_2,\boldsymbol{\alpha}_3$ 是 $\mathbf{R}^3$ 的一个基，并求 $\boldsymbol{\beta}_1$，$\boldsymbol{\beta}_2$ 在这个基中的坐标.

证明　要证 $\boldsymbol{\alpha}_1,\boldsymbol{\alpha}_2,\boldsymbol{\alpha}_3$ 是 $\mathbf{R}^3$ 的一个基，只要证明 $\boldsymbol{\alpha}_1,\boldsymbol{\alpha}_2,\boldsymbol{\alpha}_3$ 线性无关，即只要证 $\boldsymbol{A}\sim\boldsymbol{E}$.

设 $\boldsymbol{\beta}_1=x_{11}\boldsymbol{\alpha}_1+x_{21}\boldsymbol{\alpha}_2+x_{31}\boldsymbol{\alpha}_3$，$\boldsymbol{\beta}_2=x_{12}\boldsymbol{\alpha}_1+x_{22}\boldsymbol{\alpha}_2+x_{32}\boldsymbol{\alpha}_3$，即

$$(\boldsymbol{\beta}_1,\boldsymbol{\beta}_2)=(\boldsymbol{\alpha}_1,\boldsymbol{\alpha}_2,\boldsymbol{\alpha}_3)\begin{pmatrix}x_{11}&x_{12}\\x_{21}&x_{22}\\x_{31}&x_{32}\end{pmatrix},\quad 记作\ \boldsymbol{B}=\boldsymbol{A}\boldsymbol{X}$$

对矩阵 $(\boldsymbol{A},\boldsymbol{B})$ 进行初等行变换，若 $\boldsymbol{A}$ 能变成 $\boldsymbol{E}$，则 $\boldsymbol{\alpha}_1$，$\boldsymbol{\alpha}_2$，$\boldsymbol{\alpha}_3$ 是 $\mathbf{R}^3$ 的一个基，且当 $\boldsymbol{A}$ 变成 $\boldsymbol{E}$ 时，$\boldsymbol{B}$ 变为 $\boldsymbol{X}=\boldsymbol{A}^{-1}\boldsymbol{B}$.

$$(\boldsymbol{A},\boldsymbol{B})=\begin{pmatrix}2&2&-1&1&4\\2&-1&2&0&3\\-1&2&2&-4&2\end{pmatrix}\overset{r}{\sim}\begin{pmatrix}1&1&1&-1&3\\0&-3&0&2&-3\\0&3&3&-5&5\end{pmatrix}\overset{r}{\sim}\begin{pmatrix}1&0&0&\dfrac{2}{3}&\dfrac{4}{3}\\0&1&0&-\dfrac{2}{3}&1\\0&0&1&-1&\dfrac{2}{3}\end{pmatrix}$$

因为$\boldsymbol{A}\sim\boldsymbol{E}$，故$\boldsymbol{\alpha}_1,\boldsymbol{\alpha}_2,\boldsymbol{\alpha}_3$是$\mathbf{R}^3$的一个基，且

$$(\boldsymbol{\beta}_1,\boldsymbol{\beta}_2)=(\boldsymbol{\alpha}_1,\boldsymbol{\alpha}_2,\boldsymbol{\alpha}_3)\begin{pmatrix}\frac{2}{3} & \frac{4}{3}\\ -\frac{2}{3} & 1\\ -1 & \frac{2}{3}\end{pmatrix}$$

即$\boldsymbol{\beta}_1,\boldsymbol{\beta}_2$在基$\boldsymbol{\alpha}_1,\boldsymbol{\alpha}_2,\boldsymbol{\alpha}_3$中的坐标依次为$\frac{2}{3}$，$-\frac{2}{3}$，$-1$和$\frac{4}{3}$，1，$\frac{2}{3}$.

3.6 线性方程组的解

在矩阵秩理论的基础上，我们继续研究线性方程组解的存在性的判定方法.

在线性方程组（3.2）$\boldsymbol{Ax}=\boldsymbol{b}$中，当$\boldsymbol{b}=\boldsymbol{0}$时称为$n$元齐次线性方程组，即

$$\boldsymbol{Ax}=\boldsymbol{0} \tag{3.6}$$

当$\boldsymbol{b}\neq\boldsymbol{0}$时称为$n$元非齐次线性方程组，即

$$\boldsymbol{Ax}=\boldsymbol{b}\neq\boldsymbol{0} \tag{3.7}$$

3.6.1 齐次线性方程组解的判定

定理 3.5 n元齐次线性方程组$\boldsymbol{Ax}=\boldsymbol{0}$有非零解的充分必要条件是系数矩阵$\boldsymbol{A}$的秩$R(\boldsymbol{A})<n$.

证明 必要性. 设方程组$\boldsymbol{Ax}=\boldsymbol{0}$有非零解. 用反证法来证明$R(\boldsymbol{A})<n$. 假设$R(\boldsymbol{A})=n$，那么在$\boldsymbol{A}$中应有一个$n$阶子式$|D|\neq0$. 根据克莱姆法则，$D$所对应的$n$个方程构成的齐次线性方程组只有零解，从而原方程组$\boldsymbol{Ax}=\boldsymbol{0}$也只有零解，这与已知矛盾. 故$R(\boldsymbol{A})<n$.

充分性. 设$R(\boldsymbol{A})=r<n$，对$\boldsymbol{A}$施行初等行变换得到行阶梯形矩阵$\boldsymbol{A}_1$，就是

$$\boldsymbol{A}\sim\boldsymbol{A}_1=\begin{pmatrix}1 & 0 & \cdots & 0 & b_{1,r+1} & \cdots & b_{1n}\\ 0 & 1 & \cdots & 0 & b_{2,r+1} & \cdots & b_{2n}\\ \cdots & \cdots & \cdots & \cdots & \cdots & \cdots & \cdots\\ 0 & 0 & \cdots & 1 & b_{r,r+1} & \cdots & b_{rn}\\ 0 & 0 & \cdots & 0 & 0 & \cdots & 0\\ \cdots & \cdots & \cdots & \cdots & \cdots & \cdots & \cdots\\ 0 & 0 & \cdots & 0 & 0 & \cdots & 0\end{pmatrix} \tag{3.8}$$

于是齐次线性方程组$\boldsymbol{Ax}=\boldsymbol{0}$与

$$\begin{cases} x_1+b_{1,r+1}x_{r+1}+\cdots+b_{1n}x_n=0 \\ x_2+b_{2,r+1}x_{r+1}+\cdots+b_{2n}x_n=0 \\ \cdots\cdots\cdots\cdots\cdots\cdots \\ x_r+b_{r,r+1}x_{r+1}+\cdots+b_{rn}x_n=0 \end{cases}$$ 同解

把它改写成

$$\begin{cases} x_1=-b_{1,r+1}x_{r+1}-\cdots-b_{1n}x_n \\ x_2=-b_{2,r+1}x_{r+1}-\cdots-b_{2n}x_n \\ \cdots\cdots\cdots\cdots\cdots\cdots \\ x_r=-b_{r,r+1}x_{r+1}-\cdots-b_{rn}x_n \end{cases} \tag{3.9}$$

这个方程组有 $n-r>0$ 个自由未知量，因此有非零解. 故 $\boldsymbol{A}\boldsymbol{x}=\boldsymbol{0}$ 也有非零解.

关于 n 元齐次线性方程组 $\boldsymbol{A}\boldsymbol{x}=\boldsymbol{0}$ 解的结论如下.

（1）方程组仅有零解的充分必要条件是 $R(\boldsymbol{A})=n$；

（2）n 元齐次线性方程组 $\boldsymbol{A}\boldsymbol{x}=\boldsymbol{0}$ 有非零解的充分必要条件是 $R(\boldsymbol{A})<n$；

（3）当方程组中未知量的个数大于方程个数 m 时，必有 $R(\boldsymbol{A})<n$，这时齐次线性方程组一定有非零解.

【例 3.23】 三元齐次线性方程组

$$\begin{cases} x_1-x_2+5x_3=0 \\ x_1+x_2-2x_3=0 \\ 3x_1-x_2+8x_3=0 \\ x_1+3x_2-9x_3=0 \end{cases}$$

是否有非零解？

解 由 $\boldsymbol{A}=\begin{pmatrix} 1 & -1 & 5 \\ 1 & 1 & -2 \\ 3 & -1 & 8 \\ 1 & 3 & -9 \end{pmatrix}\sim\begin{pmatrix} 1 & -1 & 5 \\ 0 & 2 & -7 \\ 0 & 2 & -7 \\ 0 & 4 & -14 \end{pmatrix}\sim\begin{pmatrix} 1 & -1 & 5 \\ 0 & 2 & -7 \\ 0 & 0 & 0 \\ 0 & 0 & 0 \end{pmatrix}$

可知 $R(\boldsymbol{A})=2$. 因为 $R(\boldsymbol{A})=2<3$，所以此齐次线性方程组有非零解.

【例 3.24】 当 λ 取何值时，齐次线性方程组

$$\begin{cases} 3x_1+x_2-x_3=0 \\ 3x_1+2x_2+3x_3=0 \\ x_2+\lambda x_3=0 \end{cases}$$

有非零解.

解 用初等行变换化系数矩阵

$$\boldsymbol{A}=\begin{pmatrix} 3 & 1 & -1 \\ 3 & 2 & 3 \\ 0 & 1 & \lambda \end{pmatrix}\sim\begin{pmatrix} 3 & 1 & -1 \\ 0 & 1 & 4 \\ 0 & 1 & \lambda \end{pmatrix}\sim\begin{pmatrix} 3 & 1 & -1 \\ 0 & 1 & 4 \\ 0 & 0 & \lambda-4 \end{pmatrix}$$

可知，当 $\lambda=4$ 时，$R(\boldsymbol{A})=2<3$，此时，该线性方程组有非零解.

【例 3.25】 求解下列齐次线性方程组

(1) $\begin{cases} x_1+2x_2-3x_3=0 \\ 2x_1+5x_2+2x_3=0 \\ 3x_1-x_2-4x_3=0 \\ 4x_1+9x_2-4x_3=0 \end{cases}$　　(2) $\begin{cases} x_1+2x_2+x_3-x_4=0 \\ 3x_1+6x_2-x_3-3x_4=0 \\ 5x_1+10x_2+x_3-5x_4=0 \end{cases}$

解

(1) $$\boldsymbol{A}=\begin{pmatrix} 1 & 2 & -3 \\ 2 & 5 & 2 \\ 3 & -1 & -4 \\ 4 & 9 & -4 \end{pmatrix} \sim \begin{pmatrix} 1 & 2 & -3 \\ 0 & 1 & 8 \\ 0 & -7 & 5 \\ 0 & 1 & 8 \end{pmatrix} \sim \begin{pmatrix} 1 & 2 & -3 \\ 0 & 1 & 8 \\ 0 & 0 & 61 \\ 0 & 0 & 0 \end{pmatrix}$$

可得 $R(\boldsymbol{A})=3$，而 $n=3$，故方程组只有零解 $x_1=0$，$x_2=0$，$x_3=0$.

(2) $$\boldsymbol{A}=\begin{pmatrix} 1 & 2 & 1 & -1 \\ 3 & 6 & -1 & -3 \\ 5 & 10 & 1 & -5 \end{pmatrix} \sim \begin{pmatrix} 1 & 2 & 0 & -1 \\ 0 & 0 & 1 & 0 \\ 0 & 0 & 0 & 0 \end{pmatrix}$$

可得 $R(\boldsymbol{A})=2$，而 $n=4$，故方程组有非零解. 通解中含有 $4-2=2$ 个任意常数，通解为

$$\begin{pmatrix} x_1 \\ x_2 \\ x_3 \\ x_4 \end{pmatrix}=c_1\begin{pmatrix} -2 \\ 1 \\ 0 \\ 0 \end{pmatrix}+c_2\begin{pmatrix} 1 \\ 0 \\ 0 \\ 1 \end{pmatrix} \quad (c_1,c_2\text{为任意常数})$$

3.6.2 非齐次方程组解的判定

定理 3.6 n 元非齐次线性方程组 $\boldsymbol{Ax}=\boldsymbol{b}$ 有解的充分必要条件是 $R(\boldsymbol{A})=R(\boldsymbol{B})$.

证明 必要性. 设非齐次线性方程组 $\boldsymbol{Ax}=\boldsymbol{b}$ 有解，要证 $R(\boldsymbol{A})=R(\boldsymbol{B})$. 用反证法，假设 $R(\boldsymbol{A})=r<R(\boldsymbol{B})$，不妨设 $\boldsymbol{B}$ 可化成行阶梯形矩阵

$$\begin{pmatrix} 1 & 0 & \cdots & 0 & c_{1,r+1} & \cdots & c_{1n} & d_1 \\ 0 & 1 & \cdots & 0 & c_{2,r+1} & \cdots & c_{2n} & d_2 \\ \cdots & \cdots & \cdots & \cdots & \cdots & \cdots & \cdots & \cdots \\ 0 & 0 & \cdots & 1 & c_{r,r+1} & \cdots & c_{rn} & d_r \\ 0 & 0 & \cdots & \cdots & 0 & \cdots & 0 & 1 \\ \cdots & \cdots & \cdots & \cdots & \cdots & \cdots & \cdots & \cdots \\ 0 & 0 & \cdots & \cdots & 0 & \cdots & 0 & 0 \end{pmatrix}$$

因为它含有矛盾方程 $0=1$，所以这个方程组无解，这与原方程组有解矛盾. 故 $R(\boldsymbol{A})=R(\boldsymbol{B})$.

充分性. 设 $R(\boldsymbol{A})=R(\boldsymbol{B})=r$，用初等行变换化增广矩阵 $\boldsymbol{B}$ 为行阶梯形矩阵 $\boldsymbol{B}_1$，则 $\boldsymbol{B}_1$ 中含 r 个非零行.

不妨设 $\boldsymbol{B}_1$ 为

$$\boldsymbol{B}_1=\begin{pmatrix} 1 & 0 & \cdots & 0 & c_{1,r+1} & \cdots & c_{1n} & d_1 \\ 0 & 1 & \cdots & 0 & c_{2,r+1} & \cdots & c_{2n} & d_2 \\ \cdots & \cdots & \cdots & \cdots & \cdots & \cdots & \cdots & \cdots \\ 0 & 0 & \cdots & 1 & c_{r,r+1} & \cdots & c_{rn} & d_r \\ 0 & 0 & \cdots & \cdots & 0 & \cdots & 0 & 0 \\ \cdots & \cdots & \cdots & \cdots & \cdots & \cdots & \cdots & \cdots \\ 0 & 0 & \cdots & \cdots & 0 & \cdots & 0 & 0 \end{pmatrix} \tag{3.10}$$

$\boldsymbol{B}_1$对应的方程组为

$$\begin{cases} x_1=d_1-c_{1,r+1}x_{r+1}-\cdots-c_{1n}x_n \\ x_2=d_2-c_{2,r+1}x_{r+1}-\cdots-c_{2n}x_n \\ \cdots\cdots \\ x_r=d_r-c_{r,r+1}x_{r+1}-\cdots-c_{rn}x_n \end{cases} \tag{3.11}$$

这个方程组有解. 它与原方程组 $\boldsymbol{Ax}=\boldsymbol{b}$ 同解，所以非齐次线性方程组 $\boldsymbol{Ax}=\boldsymbol{b}$ 有解.

由上述证明还可以知道，n 元非齐次线性方程组 $\boldsymbol{Ax}=\boldsymbol{b}$ 有唯一解的充分必要条件是

$$R(\boldsymbol{A})=R(\boldsymbol{B})=n$$

关于 n 元非齐次线性方程组 $\boldsymbol{Ax}=\boldsymbol{b}$ 解的结论如下.

(1) 方程组无解充分必要条件是 $R(\boldsymbol{A})<R(\boldsymbol{A}\mid\boldsymbol{b})$；

(2) 方程组有唯一解的充分必要条件是 $R(\boldsymbol{A})=R(\boldsymbol{A}\mid\boldsymbol{b})=n$；

(3) 方程组有无穷多组解的充分必要条件是 $R(\boldsymbol{A})=R(\boldsymbol{A}\mid\boldsymbol{b})=r<n$，且在任一解中含有 $n-r$ 个任意常数.

【例 3.26】 判断下列非齐次线性方程组是否有解

$$\begin{cases} x_1-2x_2+3x_3-x_4=2 \\ 3x_1-x_2+5x_3-3x_4=6 \\ 2x_1+x_2+2x_3-2x_4=8 \\ 5x_2-4x_3+5x_4=7 \end{cases}$$

解 用初等行变换化其增广矩阵

$$\boldsymbol{B}=\begin{pmatrix} 1 & -2 & 3 & -1 & 2 \\ 3 & -1 & 5 & -3 & 6 \\ 2 & 1 & 2 & -2 & 8 \\ 0 & 5 & -4 & 5 & 7 \end{pmatrix}\sim\begin{pmatrix} 1 & -2 & 3 & -1 & 2 \\ 0 & 5 & -4 & 0 & 0 \\ 0 & 0 & 0 & 5 & 7 \\ 0 & 0 & 0 & 0 & 4 \end{pmatrix}$$

由此可知，$R(\boldsymbol{A})=3$，$R(\boldsymbol{B})=4$，即 $R(\boldsymbol{A})<R(\boldsymbol{A}\mid\boldsymbol{b})$，因此方程组无解.

【例 3.27】 问 a，b 取何值时，非齐次线性方程组

$$\begin{cases}x_1+x_2+x_3+x_4=1\\x_2-x_3+2x_4=1\\2x_1+3x_2+(a+2)x_3+4x_4=b+3\\3x_1+5x_2+x_3+(a+8)x_4=5\end{cases}$$

(1) 有唯一解；(2) 无解；(3) 有无穷多个解.

解 用初等行变换把增广矩阵化为行阶梯形矩阵

$$\boldsymbol{B}=\begin{pmatrix}1&1&1&1&1\\0&1&-1&2&1\\2&3&a+2&4&b+3\\3&5&1&a+8&5\end{pmatrix}\sim\begin{pmatrix}1&1&1&1&1\\0&1&-1&2&1\\0&1&a&2&b+1\\0&2&-2&a+5&2\end{pmatrix}$$

$$\sim\begin{pmatrix}1&1&1&1&1\\0&1&-1&2&1\\0&0&a+1&0&b\\0&0&0&a+1&0\end{pmatrix}$$

由此可知：

(1) 当 $a\neq-1$ 时，$R(\boldsymbol{A})=R(\boldsymbol{B})=4$，方程组有唯一解；

(2) 当 $a=-1$，$b\neq0$ 时，$R(\boldsymbol{A})=2$，而 $R(\boldsymbol{B})=3$，方程组无解；

(3) 当 $a=-1$，$b=0$ 时，$R(\boldsymbol{A})=R(\boldsymbol{B})=2$，方程组有无穷多个解.

【例 3.28】 问 k 取何值时，线性方程组

$$\begin{cases}kx_1+x_2+x_3=1\\x_1+kx_2+x_3=k\\x_1+x_2+kx_3=k^2\end{cases}$$

(1) 有唯一解；(2) 无解；(3) 有无穷多解，有无穷多解时求出通解.

解 方程组的系数矩阵与增广矩阵分别为

$$\boldsymbol{A}=\begin{pmatrix}k&1&1\\1&k&1\\1&1&k\end{pmatrix},\quad\boldsymbol{B}=\begin{pmatrix}k&1&1&1\\1&k&1&k\\1&1&k&k^2\end{pmatrix}$$

(1) 当 $R(\boldsymbol{A})=R(\boldsymbol{B})=3$，即当 $|\boldsymbol{A}|\neq0$ 时，方程组有唯一解.

$$|\boldsymbol{A}|=\begin{vmatrix}k&1&1\\1&k&1\\1&1&k\end{vmatrix}=(k-1)^2(k+2)$$

所以 当 $k\neq1$ 且 $k\neq-2$ 时，方程组有唯一解.

（2）当 $k=-2$ 时

$$B=\begin{pmatrix}-2&1&1&1\\1&-2&1&-2\\1&1&-2&4\end{pmatrix}\sim\begin{pmatrix}1&-2&1&-2\\0&-3&3&-3\\0&0&0&3\end{pmatrix}$$

可得 $R(\boldsymbol{A})=2$，$R(\boldsymbol{B})=3$，故此时方程组无解.

（3）当 $k=1$ 时

$$B=\begin{pmatrix}1&1&1&1\\1&1&1&1\\1&1&1&1\end{pmatrix}\to\begin{pmatrix}1&1&1&1\\0&0&0&0\\0&0&0&0\end{pmatrix}$$

可得 $R(\boldsymbol{A})=R(\boldsymbol{B})=1<3$，故方程组有无穷多解，通解为

$$\begin{pmatrix}x_1\\x_2\\x_3\end{pmatrix}=\begin{pmatrix}1\\0\\0\end{pmatrix}+c_1\begin{pmatrix}-1\\1\\0\end{pmatrix}+c_2\begin{pmatrix}-1\\0\\1\end{pmatrix}\quad (c_1, c_2\text{为任意常数})$$

3.7　线性方程组的解的结构

3.7.1　齐次方程组的解的结构

考虑 n 元齐次线性方程组（3.6）$\boldsymbol{Ax}=\boldsymbol{0}$，若 $x_1=c_1$，…，$x_n=c_n$ 是齐次线性方程组（3.6）的解，记

$$\boldsymbol{\xi}=\begin{pmatrix}c_1\\c_2\\\vdots\\c_n\end{pmatrix}$$

称之为齐次线性方程组（3.6）的解向量或者解.

性质 3.1　若 $\boldsymbol{\xi}_1, \boldsymbol{\xi}_2$ 为齐次线性方程组（3.6）的两个解（向量），$\boldsymbol{\xi}_1+\boldsymbol{\xi}_2$ 也是齐次线性方程组（3.6）的解.

性质 3.2　若 $\boldsymbol{\xi}$ 为齐次线性方程组（3.6）的解（向量），k 为任意实数，$k\boldsymbol{\xi}$ 也是齐次线性方程组（3.6）的解.

如果齐次线性方程组（3.6）的全体解向量所组成的集合记为 U，则 U 构成一个向量空间，称为齐次线性方程组（3.6）的解空间.

齐次线性方程组（3.6）的解空间 U 的一个基也称为一个基础解系. 具体说，如果 $\boldsymbol{\xi}_1$，$\boldsymbol{\xi}_2$，…，$\boldsymbol{\xi}_r$ 是齐次线性方程组（3.6）的一组解向量，且满足

（1）向量组 $\boldsymbol{\xi}_1$，$\boldsymbol{\xi}_2$，…，$\boldsymbol{\xi}_r$ 线性无关；

（2）齐次线性方程组（3.6）的每个解都可由 $\boldsymbol{\xi}_1$，$\boldsymbol{\xi}_2$，…，$\boldsymbol{\xi}_r$ 线性表示.

那么称 $\xi_1,\xi_2,\cdots,\xi_r$ 为齐次线性方程组（3.6）的一个基础解系.

如果 $\xi_1,\xi_2,\cdots,\xi_r$ 是齐次线性方程组（3.6）的一个基础解系，那么齐次线性方程组（3.6）的通解可表示为

$$\boldsymbol{x}=k_1\boldsymbol{\xi}_1+k_2\boldsymbol{\xi}_2+\cdots+k_r\boldsymbol{\xi}_r$$

式中，$k_1,k_2,\cdots,k_r$ 为任意实数，称上式为齐次方程组（3.6）的通解.

定理 3.7 n 元齐次线性方程组 $\boldsymbol{A}\boldsymbol{x}=\boldsymbol{0}$ 的解空间的维数为 $n-r$，其中 $R(\boldsymbol{A})=r$.

证明 设 $R(\boldsymbol{A})=r$，根据定理 3.5 证明过程，在式（3.9）中，令自由未知量 x_{r+1}，x_{r+2}，$\cdots$，x_n 分别取值

$$\begin{pmatrix} x_{r+1} \\ x_{r+2} \\ \vdots \\ x_n \end{pmatrix}=\begin{pmatrix} 1 \\ 0 \\ \vdots \\ 0 \end{pmatrix},\begin{pmatrix} 0 \\ 1 \\ \vdots \\ 0 \end{pmatrix},\cdots,\begin{pmatrix} 0 \\ 0 \\ \vdots \\ 1 \end{pmatrix}$$

相应非自由未知量为

$$\begin{pmatrix} x_1 \\ x_2 \\ \vdots \\ x_r \end{pmatrix}=\begin{pmatrix} -b_{1,r+1} \\ -b_{2,r+1} \\ \vdots \\ -b_{r,r+1} \end{pmatrix},\begin{pmatrix} -b_{1,r+2} \\ -b_{2,r+2} \\ \vdots \\ -b_{r,r+2} \end{pmatrix},\cdots,\begin{pmatrix} -b_{1n} \\ -b_{2n} \\ \vdots \\ -b_{rn} \end{pmatrix}$$

于是得到 $n-r$ 个解

$$\begin{pmatrix} x_1 \\ x_2 \\ \vdots \\ x_r \\ x_{r+1} \\ x_{r+2} \\ \vdots \\ x_n \end{pmatrix}=\left(\begin{pmatrix} -b_{1,r+1} \\ -b_{2,r+1} \\ \vdots \\ -b_{r,r+1} \\ 1 \\ 0 \\ \vdots \\ 0 \end{pmatrix},\begin{pmatrix} -b_{1,r+2} \\ -b_{2,r+2} \\ \vdots \\ -b_{r,r+2} \\ 0 \\ 1 \\ \vdots \\ 0 \end{pmatrix},\cdots,\begin{pmatrix} -b_{1n} \\ -b_{2n} \\ \vdots \\ -b_{rn} \\ 0 \\ 0 \\ \vdots \\ 1 \end{pmatrix}\right)$$

显然

$$\boldsymbol{\xi}_1=\begin{pmatrix} -b_{1,r+1} \\ -b_{2,r+1} \\ \vdots \\ -b_{r,r+1} \\ 1 \\ 0 \\ \vdots \\ 0 \end{pmatrix},\boldsymbol{\xi}_2=\begin{pmatrix} -b_{1,r+2} \\ -b_{2,r+2} \\ \vdots \\ -b_{r,r+2} \\ 0 \\ 1 \\ \vdots \\ 0 \end{pmatrix},\cdots,\boldsymbol{\xi}_{n-r}=\begin{pmatrix} -b_{1n} \\ -b_{2n} \\ \vdots \\ -b_{rn} \\ 0 \\ 0 \\ \vdots \\ 1 \end{pmatrix}$$

是齐次方程组（3.6）的一个基础解系，解空间的维数为 $n-r$.

【例 3.29】 求下列齐次线性方程组的基础解系与通解.

$$\begin{cases}2x_1+x_2-2x_3+3x_4=0\\3x_1+2x_2-x_3+2x_4=0\\x_1+x_2+x_3-x_4=0\end{cases}$$

解 $\boldsymbol{A}=\begin{pmatrix}2&1&-2&3\\3&2&-1&2\\1&1&1&-1\end{pmatrix}\sim\begin{pmatrix}1&0&-3&4\\0&1&4&-5\\0&0&0&0\end{pmatrix}$

于是得同解方程组

$$\begin{cases}x_1=3x_3-4x_4\\x_2=-4x_3+5x_4\end{cases}$$

得方程组的通解

$$\begin{pmatrix}x_1\\x_2\\x_3\\x_4\end{pmatrix}=c_1\boldsymbol{\xi}_1+c_2\boldsymbol{\xi}_2,\quad c_1,c_2\in\mathbf{R}$$

基础解系为

$$\boldsymbol{\xi}_1=\begin{pmatrix}3\\-4\\1\\0\end{pmatrix},\quad\boldsymbol{\xi}_2=\begin{pmatrix}-4\\5\\0\\1\end{pmatrix}$$

【例 3.30】 设 $\boldsymbol{\xi}_1$，$\boldsymbol{\xi}_2$ 是齐次线性方程组 $\boldsymbol{Ax}=\boldsymbol{0}$ 的一个基础解系，证明 $\boldsymbol{\xi}_1+\boldsymbol{\xi}_2$，$k\boldsymbol{\xi}_2$ 也是这个方程组的一个基础解系，其中数 $k\neq0$.

证明 根据齐次方程组解的性质可知，$\boldsymbol{\xi}_1+\boldsymbol{\xi}_2$，$k\boldsymbol{\xi}_2$ 也是齐次方程组 $\boldsymbol{Ax}=\boldsymbol{0}$ 的两个解. 因为 $\boldsymbol{\xi}_1$，$\boldsymbol{\xi}_2$ 是基础解系，所以向量组 $\boldsymbol{\xi}_1$，$\boldsymbol{\xi}_2$ 线性无关，因此向量组 $\boldsymbol{\xi}_1+\boldsymbol{\xi}_2$，$k\boldsymbol{\xi}_2$ 也线性无关，于是 $\boldsymbol{\xi}_1+\boldsymbol{\xi}_2$，$k\boldsymbol{\xi}_2$ 是此齐次方程组的两个线性无关的解.

因为 $\boldsymbol{Ax}=\boldsymbol{0}$ 的基础解系含有两个解，因此它的两个线性无关的解 $\boldsymbol{\xi}_1+\boldsymbol{\xi}_2$，$k\boldsymbol{\xi}_2$ 也是基础解系.

3.7.2　非齐次方程组的解的结构

考虑 n 元非齐次线性方程组（3.7），即 $\boldsymbol{Ax}=\boldsymbol{b}\neq\boldsymbol{0}$.

性质 3.3 设 $\boldsymbol{\eta}_1$，$\boldsymbol{\eta}_2$ 都是非齐次线性方程组（3.7）的解，则 $\boldsymbol{\eta}_1-\boldsymbol{\eta}_2$ 是对应的齐次线性方程组（3.6）的解.

性质 3.4 设 $\boldsymbol{\eta}$ 是非齐次线性方程组（3.7）的解，$\boldsymbol{\xi}$ 是齐次线性方程组

(3.6)的解，则 $\boldsymbol{\eta}+\boldsymbol{\xi}$ 也是非齐次线性方程组(3.7)的解.

非齐次线性方程组(3.7)的通解为

$$\boldsymbol{\eta}^*+k_1\boldsymbol{\xi}_1+k_2\boldsymbol{\xi}_2+\cdots+k_{n-r}\boldsymbol{\xi}_{n-r}$$

式中，$\boldsymbol{\xi}_1$，$\boldsymbol{\xi}_2$，…，$\boldsymbol{\xi}_{n-r}$ 是齐次线性方程组(3.6)的一个基础解系；$\boldsymbol{\eta}^*$ 是非齐次线性方程组(3.7)的某一特解；k_1，k_2，…，k_{n-r} 是任意实数.

【例 3.31】 求解方程组

$$\begin{cases} x_1+2x_2-x_3+3x_4=2 \\ 2x_1+4x_2-2x_3+5x_4=1 \\ -x_1-2x_2+x_3-x_4=4 \end{cases}$$

解 用初等行变换把增广矩阵 $\boldsymbol{B}$ 变为行最简形

$$\boldsymbol{B}=\begin{pmatrix} 1 & 2 & -1 & 3 & 2 \\ 2 & 4 & -2 & 5 & 1 \\ -1 & -2 & 1 & -1 & 4 \end{pmatrix}\sim\begin{pmatrix} 1 & 2 & -1 & 0 & -7 \\ 0 & 0 & 0 & 1 & 3 \\ 0 & 0 & 0 & 0 & 0 \end{pmatrix}$$

知 $R(\boldsymbol{A})=R(\boldsymbol{B})=2$，所以方程组有解，通解为

$$\begin{pmatrix} x_1 \\ x_2 \\ x_3 \\ x_4 \end{pmatrix}=\begin{pmatrix} -7 \\ 0 \\ 0 \\ 3 \end{pmatrix}+c_1\begin{pmatrix} -2 \\ 1 \\ 0 \\ 0 \end{pmatrix}+c_2\begin{pmatrix} 1 \\ 0 \\ 1 \\ 0 \end{pmatrix}, \quad c_1,c_2\in\mathbf{R}$$

【例 3.32】 设 $\boldsymbol{X}_1=(1,0,0)^{\mathrm{T}}$，$\boldsymbol{X}_2=(1,1,0)^{\mathrm{T}}$，$\boldsymbol{X}_3=(1,1,1)^{\mathrm{T}}$ 为非齐次线性方程组 $\boldsymbol{AX}=\boldsymbol{b}$ 的三个解，且 $\boldsymbol{A}\neq\boldsymbol{O}$.

(1) 求其导出组 $\boldsymbol{AX}=\boldsymbol{0}$ 的通解； (2) 求 $\boldsymbol{AX}=\boldsymbol{b}$ 的通解.

解 (1) 由非齐次线性方程组解的性质，$\boldsymbol{\xi}_1=\boldsymbol{X}_2-\boldsymbol{X}_1=(0,1,0)^{\mathrm{T}}$，$\boldsymbol{\xi}_2=\boldsymbol{X}_3-\boldsymbol{X}_2=(0,0,1)^{\mathrm{T}}$ 都是 $\boldsymbol{AX}=\boldsymbol{0}$ 的解，又因为 $\boldsymbol{\xi}_1,\boldsymbol{\xi}_2$ 线性无关及 $\boldsymbol{A}\neq\boldsymbol{O}$，所以 $R(\boldsymbol{A})=1$，$\boldsymbol{\xi}_1,\boldsymbol{\xi}_2$ 为其基础解系，其通解为 $k_1\boldsymbol{\xi}_1+k_2\boldsymbol{\xi}_2$ $(k_1,k_2\in\mathbf{R})$.

(2) 由非齐次线性方程组解的结构可知，方程组 $\boldsymbol{AX}=\boldsymbol{b}$ 的通解为

$$\boldsymbol{X}=\boldsymbol{X}_1+k_1\boldsymbol{\xi}_1+k_2\boldsymbol{\xi}_2 \quad (k_1,k_2\in\mathbf{R})$$

习 题 3

1. 判别下列线性方程组是否有解，若有解，分别说明方程组解的情况，并求出通解：

(1) $\begin{cases} x_1+2x_2+x_3=1 \\ x_2-x_3=0 \\ 2x_1+3x_2=-2 \end{cases}$ (2) $\begin{cases} 4x_1+2x_2-x_3=2 \\ 3x_1-x_2+2x_3=10 \\ 11x_1+3x_2=8 \end{cases}$

(3) $\begin{cases} x_1-2x_2+x_3=-5 \\ x_1+5x_2-7x_3=2 \\ 3x_1+x_2-5x_3=-8 \end{cases}$　　(4) $\begin{cases} x_1+2x_2-3x_3=0 \\ 2x_1+5x_2+2x_3=0 \\ 3x_1-x_2-4x_3=0 \\ 7x_1+8x_2-8x_3=0 \end{cases}$

(5) $\begin{cases} x_1+2x_2+4x_3-3x_4=0 \\ 3x_1+5x_2+6x_3-4x_4=0 \\ 4x_1+5x_2-2x_3+3x_4=0 \end{cases}$

2.已知向量 $\boldsymbol{\alpha}=(1,-2,3)^{\mathrm{T}}$，$\boldsymbol{\beta}=(4,3,-2)^{\mathrm{T}}$，$\boldsymbol{\gamma}=(5,3,-1)^{\mathrm{T}}$，求$\boldsymbol{\alpha}-\boldsymbol{\beta}$，$2\boldsymbol{\alpha}-\boldsymbol{\beta}+3\boldsymbol{\gamma}$.

3.已知 $2\boldsymbol{\alpha}+3\boldsymbol{\beta}=(1,3,2,-1)^{\mathrm{T}}$，$3\boldsymbol{\alpha}+4\boldsymbol{\beta}=(2,1,1,2)^{\mathrm{T}}$，求 $\boldsymbol{\alpha}$，$\boldsymbol{\beta}$.

4.判断向量 $\boldsymbol{\beta}=(1,1,1)^{\mathrm{T}}$ 能否被向量组 $\boldsymbol{\alpha}_1=(1,2,0)^{\mathrm{T}}$，$\boldsymbol{\alpha}_2=(2,3,0)^{\mathrm{T}}$，$\boldsymbol{\alpha}_3=(0,0,1)^{\mathrm{T}}$ 线性表示，若能，写出它的一种表示式.

5.已知向量组

$$\boldsymbol{A}:\ \boldsymbol{\alpha}_1=\begin{pmatrix}0\\1\\2\\3\end{pmatrix},\ \boldsymbol{\alpha}_2=\begin{pmatrix}3\\0\\1\\2\end{pmatrix},\ \boldsymbol{\alpha}_3=\begin{pmatrix}2\\3\\0\\1\end{pmatrix};\ \boldsymbol{B}:\ \boldsymbol{\beta}_1=\begin{pmatrix}2\\1\\1\\2\end{pmatrix},\ \boldsymbol{\beta}_2=\begin{pmatrix}0\\-2\\1\\1\end{pmatrix},\ \boldsymbol{\beta}_3=\begin{pmatrix}4\\4\\1\\3\end{pmatrix}$$

证明：$\boldsymbol{B}$ 组能由 $\boldsymbol{A}$ 组线性表示，但 $\boldsymbol{A}$ 组不能由 $\boldsymbol{B}$ 组线性表示.

6.判断下列向量组是线性相关的，还是线性无关的？

(1) $\begin{pmatrix}-1\\3\\1\end{pmatrix},\begin{pmatrix}2\\1\\0\end{pmatrix},\begin{pmatrix}1\\4\\1\end{pmatrix}$　　(2) $\begin{pmatrix}2\\3\\0\end{pmatrix},\begin{pmatrix}-1\\4\\0\end{pmatrix},\begin{pmatrix}0\\0\\2\end{pmatrix}$

(3) $\begin{pmatrix}1\\2\\0\end{pmatrix},\begin{pmatrix}0\\0\\0\end{pmatrix},\begin{pmatrix}1\\0\\6\end{pmatrix}$　　(4) $\begin{pmatrix}1\\1\\1\end{pmatrix},\begin{pmatrix}0\\2\\5\end{pmatrix},\begin{pmatrix}1\\3\\6\end{pmatrix},\begin{pmatrix}6\\-2\\5\end{pmatrix}$

7.a 取何值时下列向量组线性相关？

$$\boldsymbol{\alpha}_1=\begin{pmatrix}a\\1\\1\end{pmatrix},\quad \boldsymbol{\alpha}_2=\begin{pmatrix}1\\a\\-1\end{pmatrix},\quad \boldsymbol{\alpha}_3=\begin{pmatrix}1\\-1\\a\end{pmatrix}$$

8.设向量组 $\boldsymbol{\alpha}_1,\boldsymbol{\alpha}_2,\boldsymbol{\alpha}_3$ 线性相关，向量组 $\boldsymbol{\alpha}_2,\boldsymbol{\alpha}_3,\boldsymbol{\alpha}_4$ 线性无关，则

(1) $\boldsymbol{\alpha}_1$ 能否用 $\boldsymbol{\alpha}_2,\boldsymbol{\alpha}_3$ 线性表示？(2) $\boldsymbol{\alpha}_4$ 能否用 $\boldsymbol{\alpha}_1,\boldsymbol{\alpha}_2,\boldsymbol{\alpha}_3$ 线性表示？

9.求下列向量组的秩，并求一个极大无关组：

(1) $\boldsymbol{\alpha}_1=\begin{pmatrix}3\\-5\\2\\1\end{pmatrix},\ \boldsymbol{\alpha}_2=\begin{pmatrix}1\\1\\0\\-5\end{pmatrix},\ \boldsymbol{\alpha}_3=\begin{pmatrix}-1\\3\\1\\3\end{pmatrix},\ \boldsymbol{\alpha}_4=\begin{pmatrix}2\\-4\\-1\\-3\end{pmatrix}$

(2) $\boldsymbol{\alpha}_1=\begin{pmatrix}2\\1\\3\\0\end{pmatrix}$，$\boldsymbol{\alpha}_2=\begin{pmatrix}0\\2\\-1\\0\end{pmatrix}$，$\boldsymbol{\alpha}_3=\begin{pmatrix}14\\7\\0\\3\end{pmatrix}$，$\boldsymbol{\alpha}_4=\begin{pmatrix}4\\2\\-1\\1\end{pmatrix}$，$\boldsymbol{\alpha}_5=\begin{pmatrix}6\\5\\1\\2\end{pmatrix}$

10. 利用初等行变换求下列矩阵的列向量组的一个极大无关组，并把其余向量用极大无关组线性表示：

(1) $\begin{pmatrix}2&1&2&3\\4&1&3&5\\2&0&1&2\end{pmatrix}$　　(2) $\begin{pmatrix}1&1&2&2&1\\0&2&1&5&-1\\2&0&3&-1&3\\1&1&0&4&-1\end{pmatrix}$

(3) $\boldsymbol{\alpha}_1=(1,-1,2,4)^{\mathrm{T}}$，$\boldsymbol{\alpha}_2=(0,3,1,2)^{\mathrm{T}}$，$\boldsymbol{\alpha}_3=(3,0,7,14)^{\mathrm{T}}$，$\boldsymbol{\alpha}_4=(1,-1,2,0)^{\mathrm{T}}$，$\boldsymbol{\alpha}_5=(2,1,5,6)^{\mathrm{T}}$.

11. 设有向量组 $\boldsymbol{\alpha}_1=\begin{pmatrix}1\\1\\1\\3\end{pmatrix}$，$\boldsymbol{\alpha}_2=\begin{pmatrix}-1\\-3\\5\\1\end{pmatrix}$，$\boldsymbol{\alpha}_3=\begin{pmatrix}3\\2\\-1\\p+2\end{pmatrix}$，$\boldsymbol{\alpha}_4=\begin{pmatrix}-2\\-6\\10\\p\end{pmatrix}$. 问

(1) p 为何值时，向量组线性无关；

(2) p 为何值时，向量组线性相关，求向量组的秩和一个极大无关组.

12. 设

$V_1=\{\boldsymbol{x}=(x_1,x_2,\cdots,x_n)^{\mathrm{T}}\mid x_1,x_2,\cdots,x_n\in\mathbf{R}$，满足 $x_1+x_2+\cdots+x_n=0\}$

$V_2=\{\boldsymbol{x}=(x_1,x_2,\cdots,x_n)^{\mathrm{T}}\mid x_1,x_2,\cdots,x_n\in\mathbf{R}$，满足 $x_1+x_2+\cdots+x_n=1\}$

V_1，V_2 是否为向量空间？

13. 已知线性方程组

$$\begin{cases}\lambda x_1+x_2+x_3=\lambda-3\\x_1+\lambda x_2+x_3=-2\\x_1+x_2+\lambda x_3=-2\end{cases}$$

求 λ 取何值时，方程组 (1) 有唯一解；(2) 无解；(3) 有无穷多解？求其通解.

14. 设线性方程组

$$\begin{cases}x_1+x_2+(1+\lambda)x_3=\lambda\\x_1+x_2+(1-2\lambda-\lambda^2)x_3=3-\lambda-\lambda^2\\\lambda x_2-\lambda x_3=3-\lambda\end{cases}$$

求 λ 取何值时，方程组 (1) 有唯一解；(2) 无解；(3) 有无穷多解？求其通解.

15. 设 $\boldsymbol{A}, \boldsymbol{B}$ 是同型矩阵，证明：$R(\boldsymbol{A}+\boldsymbol{B}) \leqslant R(\boldsymbol{A})+R(\boldsymbol{B})$.

16. 设向量组 $\boldsymbol{B}$：$\boldsymbol{b}_1$，$\boldsymbol{b}_2$，…，$\boldsymbol{b}_r$ 能由向量组 $\boldsymbol{A}$：$\boldsymbol{a}_1$，$\boldsymbol{a}_2$，…，$\boldsymbol{a}_s$ 线性表示为

$$(\boldsymbol{b}_1, \boldsymbol{b}_2, \cdots, \boldsymbol{b}_r)=(\boldsymbol{a}_1, \boldsymbol{a}_2, \cdots, \boldsymbol{a}_s)\boldsymbol{K}$$

其中 $\boldsymbol{K}$ 为 $s \times r$ 矩阵，且向量组 $\boldsymbol{A}$ 线性无关，证明：向量组 $\boldsymbol{B}$ 线性无关的充分必要条件是矩阵 $\boldsymbol{K}$ 的秩 $R(\boldsymbol{K})=r$.

17. 已知向量组 $\boldsymbol{\alpha}_1$，$\boldsymbol{\alpha}_2$，$\boldsymbol{\alpha}_3$ 的秩为 3，向量组 $\boldsymbol{\alpha}_1$，$\boldsymbol{\alpha}_2$，$\boldsymbol{\alpha}_3$，$\boldsymbol{\alpha}_4$ 的秩为 3，而向量组 $\boldsymbol{\alpha}_1$，$\boldsymbol{\alpha}_2$，$\boldsymbol{\alpha}_3$，$\boldsymbol{\alpha}_5$ 的秩为 4. 证明：向量组 $\boldsymbol{\alpha}_1$，$\boldsymbol{\alpha}_2$，$\boldsymbol{\alpha}_3$，$\boldsymbol{\alpha}_5-\boldsymbol{\alpha}_4$ 的秩为 4.

18. 判别下列向量集合 V 是否为向量空间？为什么？

(1) $V=\{\boldsymbol{x}=(x_1, x_2, \cdots, x_n)^{\mathrm{T}} \mid \sum_{i=1}^{n} x_i=0;\ x_i \in \mathbf{R},\ i=1, 2, \cdots, n\}$；

(2) $V=\{\boldsymbol{x}=(x_1, x_2, \cdots, x_n)^{\mathrm{T}} \mid \sum_{i=1}^{n} x_i=1;\ x_i \in \mathbf{R},\ i=1, 2, \cdots, n\}$；

(3) $V=\{\boldsymbol{x}=(x_1, x_2, \cdots, x_n)^{\mathrm{T}} \mid x_1=x_2=\cdots=x_n;\ x_i \in \mathbf{R},\ i=1, 2, \cdots, n\}$.

19. 证明：由 $\boldsymbol{\alpha}_1=(0,1,1)^{\mathrm{T}}$，$\boldsymbol{\alpha}_2=(1,0,1)^{\mathrm{T}}$，$\boldsymbol{\alpha}_3=(1,1,0)^{\mathrm{T}}$ 所生成的向量空间就是 $\mathbf{R}^3$.

20. 设 V_1 是由 $\boldsymbol{a}_1=(1,1,0,0)^{\mathrm{T}}$，$\boldsymbol{a}_2=(1,0,1,1)^{\mathrm{T}}$ 所生成的向量空间，V_2 是由 $\boldsymbol{b}_1=(2,-1,3,3)^{\mathrm{T}}$，$\boldsymbol{b}_2=(0,1,-1,-1)^{\mathrm{T}}$ 所生成的向量空间，试证 $V_1=V_2$.

21. 验证 $\boldsymbol{\alpha}_1=(1,-1,0)^{\mathrm{T}}$，$\boldsymbol{\alpha}_2=(2,1,3)^{\mathrm{T}}$，$\boldsymbol{\alpha}_3=(3,1,2)^{\mathrm{T}}$ 为 $\mathbf{R}^3$ 的一个基，并求 $\boldsymbol{\alpha}=(5,0,7)^{\mathrm{T}}$ 在这个基下的坐标.

22. 求下列非齐次线性方程组的一个解及对应的齐次线性方程组的基础解系：

(1) $\begin{cases} x_1-5x_2+2x_3-3x_4=11 \\ 5x_1+3x_2+6x_3-x_4=-1 \\ 2x_1+4x_2+2x_3+x_4=-6 \end{cases}$　　(2) $\begin{cases} x_1-x_2+x_4=0 \\ 2x_1-x_3-2x_4=0 \\ -2x_2-x_3+4x_4=2 \end{cases}$

23. 已知四元非齐次线性方程组 $\boldsymbol{AX}=\boldsymbol{b}$ 的三个解是 $\boldsymbol{\eta}_1, \boldsymbol{\eta}_2, \boldsymbol{\eta}_3$，且

$$\boldsymbol{\eta}_1=\begin{pmatrix}1\\2\\3\\4\end{pmatrix}, \boldsymbol{\eta}_2+\boldsymbol{\eta}_3=\begin{pmatrix}3\\8\\7\\6\end{pmatrix}, R(\boldsymbol{A})=3$$

求方程组的通解.

24. 求一个齐次线性方程组，使它的基础解系为 $\boldsymbol{\xi}_1=(0,1,2,3)^{\mathrm{T}}$，$\boldsymbol{\xi}_2=(3,2,1,0)^{\mathrm{T}}$.

25. 已知四阶方阵 $\boldsymbol{A}=(\boldsymbol{\alpha}_1, \boldsymbol{\alpha}_2, \boldsymbol{\alpha}_3, \boldsymbol{\alpha}_4)$，$\boldsymbol{\alpha}_1$，$\boldsymbol{\alpha}_2$，$\boldsymbol{\alpha}_3$，$\boldsymbol{\alpha}_4$ 均为 4 维列向量，其中 $\boldsymbol{\alpha}_2$，$\boldsymbol{\alpha}_3$，$\boldsymbol{\alpha}_4$ 线性无关，$\boldsymbol{\alpha}_1=2\boldsymbol{\alpha}_2-\boldsymbol{\alpha}_3$. 如果 $\boldsymbol{\beta}=\boldsymbol{\alpha}_1+\boldsymbol{\alpha}_2+\boldsymbol{\alpha}_3+\boldsymbol{\alpha}_4$，求线

性方程组 $\boldsymbol{AX}=\boldsymbol{\beta}$ 的通解.

26.设 $\boldsymbol{\alpha}_1$，$\boldsymbol{\alpha}_2$，…，$\boldsymbol{\alpha}_s$ 是齐次线性方程组 $\boldsymbol{AX}=\boldsymbol{0}$ 的一个基础解系，$\boldsymbol{\beta}_1=\boldsymbol{\alpha}_2+\boldsymbol{\alpha}_3+\cdots+\boldsymbol{\alpha}_s$，$\boldsymbol{\beta}_2=\boldsymbol{\alpha}_1+\boldsymbol{\alpha}_3+\cdots+\boldsymbol{\alpha}_s$，…，$\boldsymbol{\beta}_s=\boldsymbol{\alpha}_1+\boldsymbol{\alpha}_2+\cdots+\boldsymbol{\alpha}_{s-1}$. 证明：$\boldsymbol{\beta}_1$，$\boldsymbol{\beta}_2$，…，$\boldsymbol{\beta}_s$ 也为齐次线性方程组 $\boldsymbol{AX}=\boldsymbol{0}$ 的一个基础解系.

第4章 方阵的特征值与特征向量

本章将介绍矩阵的特征值、特征向量及相似矩阵等概念，在此基础上讨论矩阵的对角化问题，其中涉及向量的内积、长度及正交性等知识，下面先介绍这些知识.

4.1 向量的内积、长度及正交性

在第3章中，我们研究了向量的线性运算，并利用它讨论向量之间的线性关系，但尚未涉及向量的度量性质.

在空间解析几何中，向量 $\boldsymbol{x}=\{x_1, x_2, x_3\}$ 和 $\boldsymbol{y}=\{y_1, y_2, y_3\}$ 的长度与夹角等度量性质可以通过两个向量的数量积

$$\boldsymbol{x}\cdot\boldsymbol{y}=|\boldsymbol{x}||\boldsymbol{y}|\cos(\boldsymbol{x},\boldsymbol{y})$$

来表示，且在直角坐标系中，有

$$\boldsymbol{x}\cdot\boldsymbol{y}=x_1y_1+x_2y_2+x_3y_3$$

$$|\boldsymbol{x}|=\sqrt{x_1^2+x_2^2+x_3^2}$$

本节中，我们要将数量积的概念推广到 n 维向量空间中，引入内积的概念，并由此进一步定义 n 维向量空间中的长度、距离和正交等概念.

4.1.1 内积及其性质

定义 4.1 设有 n 维向量

$$\boldsymbol{x}=\begin{pmatrix}x_1\\x_2\\\vdots\\x_n\end{pmatrix},\quad \boldsymbol{y}=\begin{pmatrix}y_1\\y_2\\\vdots\\y_n\end{pmatrix}$$

令

$$[\boldsymbol{x},\boldsymbol{y}]=x_1y_1+x_2y_2+\cdots+x_ny_n$$

称 $[\boldsymbol{x},\boldsymbol{y}]$ 为向量 $\boldsymbol{x}$ 与 $\boldsymbol{y}$ 的内积.

注意 内积 $[\boldsymbol{x}, \boldsymbol{y}]$ 有时也记作 $\langle\boldsymbol{x}, \boldsymbol{y}\rangle$.

内积是两个向量之间的一种运算，其结果是一个实数，按矩阵的记法可表示为

$$[\boldsymbol{x},\boldsymbol{y}]=\boldsymbol{x}^{\mathrm{T}}\boldsymbol{y}=(x_1,x_2,\cdots,x_n)\begin{pmatrix}y_1\\y_2\\\vdots\\y_n\end{pmatrix}$$

内积具有下列运算性质（其中，$\boldsymbol{x},\boldsymbol{y},\boldsymbol{z}$ 为 n 维向量，$\lambda\in\mathbf{R}$）：

（1）$[\boldsymbol{x},\boldsymbol{y}]=[\boldsymbol{y},\boldsymbol{x}]$；

（2）$[\lambda\boldsymbol{x},\boldsymbol{y}]=\lambda[\boldsymbol{x},\boldsymbol{y}]$；

（3）$[\boldsymbol{x}+\boldsymbol{y},\boldsymbol{z}]=[\boldsymbol{x},\boldsymbol{z}]+[\boldsymbol{y},\boldsymbol{z}]$；

（4）$[\boldsymbol{x},\boldsymbol{x}]\geqslant 0$；当且仅当 $\boldsymbol{x}=\mathbf{0}$ 时，$[\boldsymbol{x},\boldsymbol{x}]=0$.

这些性质可根据内积定义直接证明.

n 维向量的内积是数量积的一种推广，但 n 维向量没有 3 维向量那样直观的长度和夹角的概念，因此只能按数量积的直角坐标计算公式来推广. 并且反过来，利用内积来定义 n 维向量的长度和夹角.

4.1.2 向量的长度与性质

定义 4.2 令

$$\|\boldsymbol{x}\|=\sqrt{[\boldsymbol{x},\boldsymbol{x}]}=\sqrt{x_1^2+x_2^2+\cdots+x_n^2}$$

称 $\|\boldsymbol{x}\|$ 为 n 维向量 $\boldsymbol{x}$ 的长度（或范数）.

向量的长度具有下述性质：

（1）非负性　$\|\boldsymbol{x}\|\geqslant 0$；当且仅当 $\boldsymbol{x}=\mathbf{0}$ 时，$\|\boldsymbol{x}\|=0$；

（2）齐次性　$\|\lambda\boldsymbol{x}\|=|\lambda|\,\|\boldsymbol{x}\|$；

（3）三角不等式　$\|\boldsymbol{x}+\boldsymbol{y}\|\leqslant\|\boldsymbol{x}\|+\|\boldsymbol{y}\|$；

（4）对任意 n 维向量 $\boldsymbol{x},\boldsymbol{y}$，有$[\boldsymbol{x},\boldsymbol{y}]\leqslant\|\boldsymbol{x}\|+\|\boldsymbol{y}\|$.

注意　若令 $\boldsymbol{x}^{\mathrm{T}}=(x_1,x_2,\cdots,x_n)$，$\boldsymbol{y}^{\mathrm{T}}=(y_1,y_2,\cdots,y_n)$ 则性质（4）可表示为

$$\left|\sum_{i=1}^{n}x_iy_i\right|\leqslant\sqrt{\sum_{i=1}^{n}x_i^2}\cdot\sqrt{\sum_{i=1}^{n}y_i^2}$$

上述不等式称为柯西（Cauchy）不等式，它说明 $\mathbf{R}^n$ 中任意两个向量的内积与它们长度之间的关系.

当 $\|\boldsymbol{x}\|=1$ 时，称 $\boldsymbol{x}$ 为单位向量.

对 $\mathbf{R}^n$ 中的任一非零向量 $\boldsymbol{\alpha}$，向量 $\dfrac{\boldsymbol{\alpha}}{\|\boldsymbol{\alpha}\|}$ 是一个单位向量，因为

$$\left\|\frac{\boldsymbol{\alpha}}{\|\boldsymbol{\alpha}\|}\right\|=\frac{1}{\|\boldsymbol{\alpha}\|}\|\boldsymbol{\alpha}\|=1$$

注意　用非零向量 $\boldsymbol{\alpha}$ 的长度去除向量 $\boldsymbol{\alpha}$，得到一个单位向量，这一过程通常称

为把向量 $\boldsymbol{\alpha}$ 单位化.

当 $\|\boldsymbol{\alpha}\| \neq 0$, $\|\boldsymbol{\beta}\| \neq 0$，定义

$$\theta = \arccos \frac{[\boldsymbol{\alpha}, \boldsymbol{\beta}]}{\|\boldsymbol{\alpha}\| \|\boldsymbol{\beta}\|} \quad (0 \leqslant \theta \leqslant \pi)$$

称 θ 为 n 维向量 $\boldsymbol{\alpha}$ 与 $\boldsymbol{\beta}$ 的夹角.

4.1.3 正交向量组

定义 4.3 若两向量 $\boldsymbol{\alpha}$ 与 $\boldsymbol{\beta}$ 的内积等于零，即 $[\boldsymbol{\alpha}, \boldsymbol{\beta}]=0$，则称向量 $\boldsymbol{\alpha}$ 与 $\boldsymbol{\beta}$ 相互正交. 记作 $\boldsymbol{\alpha} \perp \boldsymbol{\beta}$.

注意 显然，若 $\boldsymbol{\alpha}=\mathbf{0}$，则 $\boldsymbol{\alpha}$ 与任何向量都正交.

定义 4.4 若 n 维向量 $\boldsymbol{\alpha}_1$，$\boldsymbol{\alpha}_2$，…，$\boldsymbol{\alpha}_r$ 是一个非零向量组，且 $\boldsymbol{\alpha}_1$，$\boldsymbol{\alpha}_2$，…，$\boldsymbol{\alpha}_r$ 中的向量两两正交，则称该向量组为正交向量组.

定理 4.1 若 n 维向量 $\boldsymbol{\alpha}_1$，$\boldsymbol{\alpha}_2$，…，$\boldsymbol{\alpha}_r$ 是一组正交向量组，则 $\boldsymbol{\alpha}_1$，$\boldsymbol{\alpha}_2$，…，$\boldsymbol{\alpha}_r$ 线性无关.

证明 设有 λ_1，λ_2，…，λ_r 使

$$\lambda_1 \boldsymbol{\alpha}_1 + \lambda_2 \boldsymbol{\alpha}_2 + \cdots + \lambda_r \boldsymbol{\alpha}_r = \mathbf{0}$$

以 $\boldsymbol{\alpha}_1^{\mathrm{T}}$ 左乘上式两端，得

$$\lambda_1 \boldsymbol{\alpha}_1^{\mathrm{T}} \boldsymbol{\alpha}_1 = 0$$

因 $\boldsymbol{\alpha}_1 \neq 0$，故 $\boldsymbol{\alpha}_1^{\mathrm{T}} \boldsymbol{\alpha}_1 = \|\boldsymbol{\alpha}\|^2 \neq 0$，从而必有 $\lambda_1 = 0$. 类似可证 $\lambda_2 = 0$，…，$\lambda_r = 0$. 于是向量组 $\boldsymbol{\alpha}_1$，$\boldsymbol{\alpha}_2$，…，$\boldsymbol{\alpha}_r$ 线性无关.

注意 (1) 该定理的逆定理不成立.

(2) 这个结论说明：在 n 维向量空间中，两两正交的向量不能超过 n 个. 这个事实的几何意义是清楚的. 例如平面上找不到三个两两垂直的非零向量；空间中找不到四个两两垂直的非零向量.

【例 4.1】 已知 3 维向量空间 $\mathbf{R}^3$ 中两个向量

$$\boldsymbol{\alpha}_1 = \begin{pmatrix} 1 \\ 1 \\ 1 \end{pmatrix}, \quad \boldsymbol{\alpha}_2 = \begin{pmatrix} 1 \\ -2 \\ 1 \end{pmatrix}$$

正交，试求一个非零向量 $\boldsymbol{\alpha}_3$，使 $\boldsymbol{\alpha}_1$，$\boldsymbol{\alpha}_2$，$\boldsymbol{\alpha}_3$ 两两正交.

解 记

$$\boldsymbol{A} = \begin{pmatrix} \boldsymbol{\alpha}_1^{\mathrm{T}} \\ \boldsymbol{\alpha}_2^{\mathrm{T}} \end{pmatrix} = \begin{pmatrix} 1 & 1 & 1 \\ 1 & -2 & 1 \end{pmatrix}$$

$\boldsymbol{\alpha}_3$ 应满足齐次线性方程 $\boldsymbol{A}\boldsymbol{x}=\mathbf{0}$，即

$$\begin{pmatrix} 1 & 1 & 1 \\ 1 & -2 & 1 \end{pmatrix} \begin{pmatrix} x_1 \\ x_2 \\ x_3 \end{pmatrix} = \begin{pmatrix} 0 \\ 0 \end{pmatrix}$$

由

$$A\sim\begin{pmatrix}1&1&1\\0&-3&0\end{pmatrix}\sim\begin{pmatrix}1&0&1\\0&1&0\end{pmatrix}$$

得$\begin{cases}x_1=-x_3\\x_2=0\end{cases}$，从而有基础解系$\begin{pmatrix}-1\\0\\1\end{pmatrix}$，取$\boldsymbol{\alpha}_3=\begin{pmatrix}-1\\0\\1\end{pmatrix}$即合所求.

4.1.4 规范正交基及其求法

定义 4.5 设$V\subset\mathbf{R}^n$是一个向量空间，

① 若$\boldsymbol{\alpha}_1$，$\boldsymbol{\alpha}_2$，…，$\boldsymbol{\alpha}_r$是向量空间V的一个基，且是两两正交的向量组，则称$\boldsymbol{\alpha}_1$，$\boldsymbol{\alpha}_2$，…，$\boldsymbol{\alpha}_r$是向量空间V的正交基.

② 若$\boldsymbol{e}_1$，$\boldsymbol{e}_2$，…，$\boldsymbol{e}_r$是向量空间V的一个基，$\boldsymbol{e}_1$，$\boldsymbol{e}_2$，…，$\boldsymbol{e}_r$两两正交，且都是单位向量，则称$\boldsymbol{e}_1$，$\boldsymbol{e}_2$，…，$\boldsymbol{e}_r$是向量空间V的一个标准正交基（或规范正交基）.

例如

$$\boldsymbol{e}_1=\begin{pmatrix}\frac{1}{\sqrt{2}}\\-\frac{1}{\sqrt{2}}\\0\\0\end{pmatrix},\quad \boldsymbol{e}_2=\begin{pmatrix}\frac{1}{\sqrt{2}}\\\frac{1}{\sqrt{2}}\\0\\0\end{pmatrix},\quad \boldsymbol{e}_3=\begin{pmatrix}0\\0\\\frac{1}{\sqrt{2}}\\-\frac{1}{\sqrt{2}}\end{pmatrix},\quad \boldsymbol{e}_4=\begin{pmatrix}0\\0\\\frac{1}{\sqrt{2}}\\\frac{1}{\sqrt{2}}\end{pmatrix}$$

就是R^4的一个标准正交基.

若$\boldsymbol{e}_1$，$\boldsymbol{e}_2$，…，$\boldsymbol{e}_r$是V的一个标准正交基，则V中任一向量$\boldsymbol{\alpha}$能由$\boldsymbol{e}_1$，$\boldsymbol{e}_2$，…，$\boldsymbol{e}_r$线性表示，设表示式为

$$\boldsymbol{\alpha}=\lambda_1\boldsymbol{e}_1+\lambda_2\boldsymbol{e}_2+\cdots+\lambda_r\boldsymbol{e}_r$$

为求其中的系数λ_i（$i=1$，2，…，r），可用$\boldsymbol{e}_i^{\mathrm{T}}$左乘上式，有

$$\boldsymbol{e}_i^{\mathrm{T}}\boldsymbol{\alpha}=\lambda_i\boldsymbol{e}_i^{\mathrm{T}}\boldsymbol{e}_i=\lambda_i$$

即

$$\lambda_i=\boldsymbol{e}_i^{\mathrm{T}}\boldsymbol{\alpha}=[\boldsymbol{\alpha},\boldsymbol{e}_i]$$

这就是向量在标准正交基中的坐标的计算公式. 利用这个公式能方便地求得向量$\boldsymbol{\alpha}$在规范正交基$\boldsymbol{e}_1$，$\boldsymbol{e}_2$，…，$\boldsymbol{e}_r$下的坐标为：(λ_1，λ_2，…，λ_r). 因此，我们在给出向量空间的基时常常取标准正交基.

标准正交基的求法：设$\boldsymbol{\alpha}_1$，$\boldsymbol{\alpha}_2$，…，$\boldsymbol{\alpha}_r$是向量空间V的一个基，要求V的一个标准正交基，也就是要找一组两两正交的单位向量$\boldsymbol{e}_1$，$\boldsymbol{e}_2$，…，$\boldsymbol{e}_r$，使$\boldsymbol{e}_1$，$\boldsymbol{e}_2$，…，$\boldsymbol{e}_r$与$\boldsymbol{\alpha}_1$，$\boldsymbol{\alpha}_2$，…，$\boldsymbol{\alpha}_r$等价. 这样一个问题，称为把$\boldsymbol{\alpha}_1$，$\boldsymbol{\alpha}_2$，…，$\boldsymbol{\alpha}_r$这个基标准正交化，可按如下两个步骤进行.

（1）正交化

$$\boldsymbol{\beta}_1=\boldsymbol{\alpha}_1$$

$$\boldsymbol{\beta}_2=\boldsymbol{\alpha}_2-\frac{[\boldsymbol{\beta}_1,\boldsymbol{\alpha}_2]}{[\boldsymbol{\beta}_1,\boldsymbol{\beta}_1]}\boldsymbol{\beta}_1$$

$$\vdots$$

$$\boldsymbol{\beta}_r=\boldsymbol{\alpha}_r-\frac{[\boldsymbol{\beta}_1,\boldsymbol{\alpha}_r]}{[\boldsymbol{\beta}_1,\boldsymbol{\beta}_1]}\boldsymbol{\beta}_1-\frac{[\boldsymbol{\beta}_2,\boldsymbol{\alpha}_r]}{[\boldsymbol{\beta}_2,\boldsymbol{\beta}_2]}\boldsymbol{\beta}_2-\cdots-\frac{[\boldsymbol{\beta}_{r-1},\boldsymbol{\alpha}_r]}{[\boldsymbol{\beta}_{r-1},\boldsymbol{\beta}_{r-1}]}\boldsymbol{\beta}_{r-1}$$

容易验证$\boldsymbol{\beta}_1$，$\boldsymbol{\beta}_2$，…，$\boldsymbol{\beta}_r$ 两两正交，且$\boldsymbol{\beta}_1$，$\boldsymbol{\beta}_2$，…，$\boldsymbol{\beta}_r$ 与$\boldsymbol{\alpha}_1$，$\boldsymbol{\alpha}_2$，…，$\boldsymbol{\alpha}_r$ 等价.

注意　上述过程称为施密特（Schimidt）正交化过程. 它满足：对任何 k（$1\leqslant k\leqslant r$），向量组$\boldsymbol{\beta}_1$，$\boldsymbol{\beta}_2$，…，$\boldsymbol{\beta}_k$ 与$\boldsymbol{\alpha}_1$，$\boldsymbol{\alpha}_2$，…，$\boldsymbol{\alpha}_k$ 等价.

（2）单位化　取

$$\boldsymbol{e}_1=\frac{\boldsymbol{\beta}_1}{\|\boldsymbol{\beta}_1\|},\ \boldsymbol{e}_2=\frac{\boldsymbol{\beta}_2}{\|\boldsymbol{\beta}_2\|},\ \cdots,\ \boldsymbol{e}_r=\frac{\boldsymbol{\beta}_r}{\|\boldsymbol{\beta}_r\|}$$

则$\boldsymbol{e}_1$，$\boldsymbol{e}_2$，…，$\boldsymbol{e}_r$ 是 V 的一个标准正交基.

注意　施密特（Schimidt）正交化过程可将 $\mathbf{R}^n$ 中的任一组线性无关的向量组$\boldsymbol{\alpha}_1$，$\boldsymbol{\alpha}_2$，…，$\boldsymbol{\alpha}_r$ 化为与之等价的正交组$\boldsymbol{\beta}_1$，$\boldsymbol{\beta}_2$，…，$\boldsymbol{\beta}_r$；再经过单位化，得到一组与$\boldsymbol{\alpha}_1$，$\boldsymbol{\alpha}_2$，…，$\boldsymbol{\alpha}_r$ 等价的规范正交组$\boldsymbol{e}_1$，$\boldsymbol{e}_2$，…，$\boldsymbol{e}_r$.

【例 4.2】　设

$$\boldsymbol{\alpha}_1=\begin{pmatrix}1\\1\\1\end{pmatrix},\quad \boldsymbol{\alpha}_2=\begin{pmatrix}0\\1\\2\end{pmatrix},\quad \boldsymbol{\alpha}_3=\begin{pmatrix}2\\0\\3\end{pmatrix}$$

试用施密特正交化方法，将向量组标准正交化.

解　不难证明$\boldsymbol{\beta}_1=\boldsymbol{\alpha}_1$ 是线性无关的. 取

$$\boldsymbol{\beta}_1=\boldsymbol{\alpha}_1$$

$$\boldsymbol{\beta}_2=\boldsymbol{\alpha}_2-\frac{[\boldsymbol{\alpha}_2,\boldsymbol{\beta}_1]}{\|\boldsymbol{\beta}_1\|^2}\boldsymbol{\beta}_1=\begin{pmatrix}0\\1\\2\end{pmatrix}-\frac{3}{3}\begin{pmatrix}1\\1\\1\end{pmatrix}=\begin{pmatrix}-1\\0\\1\end{pmatrix}$$

$$\boldsymbol{\beta}_3=\boldsymbol{\alpha}_3-\frac{[\boldsymbol{\alpha}_3,\boldsymbol{\beta}_1]}{\|\boldsymbol{\beta}_1\|^2}\boldsymbol{\beta}_1-\frac{[\boldsymbol{\alpha}_3,\boldsymbol{\beta}_2]}{\|\boldsymbol{\beta}_2\|^2}\boldsymbol{\beta}_2=\begin{pmatrix}2\\0\\3\end{pmatrix}-\frac{5}{3}\begin{pmatrix}1\\1\\1\end{pmatrix}-\frac{1}{2}\begin{pmatrix}-1\\0\\1\end{pmatrix}=\frac{5}{6}\begin{pmatrix}1\\-2\\1\end{pmatrix}$$

再把它们单位化，取

$$\boldsymbol{e}_1=\frac{\boldsymbol{b}_1}{\|\boldsymbol{b}_1\|}=\frac{1}{\sqrt{3}}\begin{pmatrix}1\\1\\1\end{pmatrix},\quad \boldsymbol{e}_2=\frac{\boldsymbol{b}_2}{\|\boldsymbol{b}_2\|}=\frac{1}{\sqrt{2}}\begin{pmatrix}-1\\0\\1\end{pmatrix},\ \boldsymbol{e}_3=\frac{\boldsymbol{b}_3}{\|\boldsymbol{b}_3\|}=\frac{1}{\sqrt{6}}\begin{pmatrix}1\\-2\\1\end{pmatrix}$$

$\boldsymbol{e}_1$，$\boldsymbol{e}_2$，$\boldsymbol{e}_3$ 即为所求.

【例 4.3】 已知三维向量空间中两个向量

$$\boldsymbol{\alpha}_1=\begin{pmatrix}1\\1\\1\end{pmatrix},\quad \boldsymbol{\alpha}_2=\begin{pmatrix}1\\-2\\1\end{pmatrix}$$

正交，试求 $\boldsymbol{\alpha}_3$，使 $\boldsymbol{\alpha}_1$，$\boldsymbol{\alpha}_2$，$\boldsymbol{\alpha}_3$ 构成三维空间的一个正交基.

解 设 $\boldsymbol{\alpha}_3=(x_1, x_2, x_3)^{\mathrm{T}}\neq\mathbf{0}$，且分别与 $\boldsymbol{\alpha}_1$，$\boldsymbol{\alpha}_2$ 正交. 则

$$[\boldsymbol{\alpha}_1,\boldsymbol{\alpha}_3]=[\boldsymbol{\alpha}_2,\boldsymbol{\alpha}_3]=0$$

即

$$\begin{cases}[\boldsymbol{\alpha}_1,\boldsymbol{\alpha}_3]=x_1+x_2+x_3=0\\ [\boldsymbol{\alpha}_2,\boldsymbol{\alpha}_3]=x_1-2x_2+x_3=0\end{cases}$$

解之得

$$x_1=-x_3,\quad x_2=0$$

令 $x_3=1$，则

$$\boldsymbol{\alpha}_3=\begin{pmatrix}x_1\\x_2\\x_3\end{pmatrix}=\begin{pmatrix}-1\\0\\1\end{pmatrix}$$

由上可知 $\boldsymbol{\alpha}_1$，$\boldsymbol{\alpha}_2$，$\boldsymbol{\alpha}_3$ 构成三维空间的一个正交基.

【例 4.4】 已知

$$\boldsymbol{\alpha}_1=\begin{pmatrix}1\\1\\1\end{pmatrix}$$

求一组非零向量 $\boldsymbol{\alpha}_2$，$\boldsymbol{\alpha}_3$，使 $\boldsymbol{\alpha}_1$，$\boldsymbol{\alpha}_2$，$\boldsymbol{\alpha}_3$ 两两正交.

解 $\boldsymbol{\alpha}_2$，$\boldsymbol{\alpha}_3$ 应满足方程 $\boldsymbol{\alpha}_1^{\mathrm{T}}\boldsymbol{x}=0$，即

$$x_1+x_2+x_3=0.$$

它的基础解系为

$$\boldsymbol{\xi}_1=\begin{pmatrix}1\\0\\-1\end{pmatrix},\quad \boldsymbol{\xi}_2=\begin{pmatrix}0\\1\\-1\end{pmatrix}$$

把基础解系正交化，即合所求. 亦即取

$$\boldsymbol{\alpha}_2=\boldsymbol{\xi}_1,\quad \boldsymbol{\alpha}_3=\boldsymbol{\xi}_2-\frac{[\boldsymbol{\xi}_1,\boldsymbol{\xi}_2]}{[\boldsymbol{\xi}_1,\boldsymbol{\xi}_1]}\boldsymbol{\xi}_1$$

于是得

$$\boldsymbol{\alpha}_2=\begin{pmatrix}1\\0\\-1\end{pmatrix},\quad \boldsymbol{\alpha}_3=\frac{1}{2}\begin{pmatrix}-1\\2\\-1\end{pmatrix}$$

因 $\boldsymbol{\alpha}_2$，$\boldsymbol{\alpha}_3$ 是 $\boldsymbol{\xi}_1$，$\boldsymbol{\xi}_2$ 的线性组合，故它们仍与 $\boldsymbol{\alpha}_1$ 正交，于是 $\boldsymbol{\alpha}_2$，$\boldsymbol{\alpha}_3$ 即合所求.

4.1.5 正交矩阵与正交变换

定义 4.6　若 n 阶方阵 $\boldsymbol{A}$ 满足

$$\boldsymbol{A}^{\mathrm{T}}\boldsymbol{A}=\boldsymbol{E}\quad(\text{即 } \boldsymbol{A}^{-1}=\boldsymbol{A}^{\mathrm{T}})$$

则称 $\boldsymbol{A}$ 为正交矩阵，简称正交阵.

定理 4.2　$\boldsymbol{A}$ 为正交矩阵的充分必要条件是 $\boldsymbol{A}$ 的列向量都是单位正交向量组.

证明　令 $\boldsymbol{A}=(\boldsymbol{\alpha}_1, \boldsymbol{\alpha}_2, \cdots, \boldsymbol{\alpha}_n)$，则

$$\boldsymbol{A}^{\mathrm{T}}\boldsymbol{A}=\begin{pmatrix}\boldsymbol{\alpha}_1^{\mathrm{T}}\\\boldsymbol{\alpha}_2^{\mathrm{T}}\\\vdots\\\boldsymbol{\alpha}_n^{\mathrm{T}}\end{pmatrix}(\boldsymbol{\alpha}_1,\boldsymbol{\alpha}_2,\cdots,\boldsymbol{\alpha}_n)=\boldsymbol{E}$$

这也就是 n^2 个关系式

$$\boldsymbol{\alpha}_i^{\mathrm{T}}\boldsymbol{\alpha}_j=\delta_{ij}=\begin{cases}1, i=j\\0, i\neq j\end{cases}\quad(i,j=1,2,\cdots,n)$$

注意　由于 $\boldsymbol{A}^{\mathrm{T}}\boldsymbol{A}=\boldsymbol{E}$ 与 $\boldsymbol{A}\boldsymbol{A}^{\mathrm{T}}=\boldsymbol{E}$ 等价，故定理的结论对行向量也成立. 即 $\boldsymbol{A}$ 为正交矩阵的充分必要条件是 $\boldsymbol{A}$ 的行向量都是单位正交向量组. 由此可见，正交矩阵的 n 个列（行）向量构成向量空间 $\mathbf{R}^n$ 的一个规范正交基.

例如

$$\begin{pmatrix}0&1\\1&0\end{pmatrix},\quad\begin{pmatrix}\frac{\sqrt{2}}{2}&-\frac{1}{2}\\\frac{1}{2}&\frac{\sqrt{2}}{2}\end{pmatrix},\quad\begin{pmatrix}\frac{1}{2}&-\frac{1}{2}&\frac{1}{2}&-\frac{1}{2}\\\frac{1}{2}&-\frac{1}{2}&-\frac{1}{2}&\frac{1}{2}\\\frac{1}{\sqrt{2}}&\frac{1}{\sqrt{2}}&0&0\\0&0&\frac{1}{\sqrt{2}}&\frac{1}{\sqrt{2}}\end{pmatrix}$$

都是正交矩阵.

正交矩阵的性质：设 $\boldsymbol{A},\boldsymbol{B}$ 均为正交矩阵，则

（1）$|\boldsymbol{A}|=\pm1$，因此 $\boldsymbol{A}$ 为满秩矩阵；

（2）$\boldsymbol{A}^{\mathrm{T}}=\boldsymbol{A}^{-1}$，并且也是正交矩阵；

（3）$\boldsymbol{AB}$ 也是正交矩阵.

定义 4.7　若 $\boldsymbol{P}$ 为正交矩阵，则线性变换 $\boldsymbol{y}=\boldsymbol{P}\boldsymbol{x}$ 称为正交变换.

正交变换的性质：正交变换保持向量的长度不变.

证明　设 $\boldsymbol{y}=\boldsymbol{P}\boldsymbol{x}$ 为正交变换，则有

$$\|\boldsymbol{y}\|=\sqrt{\boldsymbol{y}^{\mathrm{T}}\boldsymbol{y}}=\sqrt{\boldsymbol{x}^{\mathrm{T}}\boldsymbol{P}^{\mathrm{T}}\boldsymbol{P}\boldsymbol{x}}=\sqrt{\boldsymbol{x}^{\mathrm{T}}\boldsymbol{x}}=\|\boldsymbol{x}\|$$

由于$\|\boldsymbol{x}\|$表示向量的长度，相当于线段的长度. $\|\boldsymbol{y}\|=\|\boldsymbol{x}\|$说明经正交变换线段长度保持不变，这正是正交变换的优良特性.

4.2 方阵的特征值与特征向量

振动问题、稳定性问题和许多工程实际问题的求解，最终归结为求某些矩阵的特征值和特征向量的问题. 数学中诸如方阵的对角化及解微分方程组等问题，也都要用到特征值与特征向量的理论.

4.2.1 特征值与特征向量的概念

定义 4.8 设 $\boldsymbol{A}$ 是 n 阶方阵，如果数 λ 和 n 维非零向量 $\boldsymbol{x}$ 使

$$\boldsymbol{A}\boldsymbol{x}=\lambda\boldsymbol{x} \tag{4.1}$$

成立，则称数 λ 为方阵 $\boldsymbol{A}$ 的特征值，非零向量 $\boldsymbol{x}$ 称为 $\boldsymbol{A}$ 的对应于特征值 λ 的特征向量（或称为 $\boldsymbol{A}$ 的属于特征值 λ 的特征向量）.

注意 （1）$\boldsymbol{A}$ 是方阵；

（2）特征向量 $\boldsymbol{x}$ 是非零列向量；

（3）方阵 $\boldsymbol{A}$ 的与特征值 λ 对应的特征向量不唯一；

（4）一个特征向量只能属于一个特征值.

4.2.2 特征值与特征向量的求法

由 $\boldsymbol{A}\boldsymbol{x}=\lambda\boldsymbol{x}$，可得 $(\boldsymbol{A}-\lambda\boldsymbol{E})\boldsymbol{x}=\boldsymbol{0}$，已知 $\boldsymbol{x}\neq\boldsymbol{0}$，所以齐次线性方程组 $(\boldsymbol{A}-\lambda\boldsymbol{E})\boldsymbol{x}=\boldsymbol{0}$ 有非零解，于是有 $|\boldsymbol{A}-\lambda\boldsymbol{E}|=0$.

定义 4.9 设 $\boldsymbol{A}_{n\times n}=(a_{ij})_{n\times n}$，$\lambda$ 为实数，则行列式

$$|\boldsymbol{A}-\lambda\boldsymbol{E}|=\begin{vmatrix} a_{11}-\lambda & a_{12} & \cdots & a_{1n} \\ a_{21} & a_{22}-\lambda & \cdots & a_{2n} \\ \cdots & \cdots & \cdots & \cdots \\ a_{n1} & a_{n2} & \cdots & a_{nn}-\lambda \end{vmatrix}$$

是关于 λ 的 n 次多项式，称为方阵 $\boldsymbol{A}$ 的特征多项式. 方程 $|\boldsymbol{A}-\lambda\boldsymbol{E}|=0$ 称为方阵 $\boldsymbol{A}$ 的特征方程.

显然，矩阵 $\boldsymbol{A}$ 的特征方程在复数域内的 n 个根就是 $\boldsymbol{A}$ 的所有特征值. 故求矩阵 $\boldsymbol{A}$ 的特征值、特征向量的步骤为：

（1）由 $|\boldsymbol{A}-\lambda\boldsymbol{E}|=0$ 求出 λ，即为特征值；

（2）把得到的特征值 λ 代入齐次线性方程组 $(\boldsymbol{A}-\lambda\boldsymbol{E})\boldsymbol{x}=\boldsymbol{0}$，求出非零解 $\boldsymbol{x}$，即为所求特征向量.

注意　在步骤（2）中，设 $\lambda=\lambda_i$ 为方阵 $\boldsymbol{A}$ 的一个特征值，则由齐次线性方程组

$$(\boldsymbol{A}-\lambda_i\boldsymbol{E})\boldsymbol{x}=\boldsymbol{0}$$

可求得非零解 $\boldsymbol{p}_i$，那么 $\boldsymbol{p}_i$ 就是 $\boldsymbol{A}$ 的对应于特征值 λ_i 的特征向量，且 $\boldsymbol{A}$ 的对应于特征值 λ_i 的特征向量全体是方程组 $(\boldsymbol{A}-\lambda_i\boldsymbol{E})\boldsymbol{x}=\boldsymbol{0}$ 的全体非零解. 即设 $\boldsymbol{p}_1$，$\boldsymbol{p}_2$，…，$\boldsymbol{p}_s$ 为 $(\boldsymbol{A}-\lambda_i\boldsymbol{E})\boldsymbol{x}=\boldsymbol{0}$ 的基础解系，则 $\boldsymbol{A}$ 的对应于特征值 λ_i 的特征向量全体是

$$\boldsymbol{p}=k_1\boldsymbol{p}_1+k_2\boldsymbol{p}_2+\cdots+k_s\boldsymbol{p}_s \quad (k_1,k_2,\cdots,k_s\text{ 不同时为0})$$

【例 4.5】　求 $\boldsymbol{A}=\begin{pmatrix}3 & -1\\ -1 & 3\end{pmatrix}$ 的特征值与特征向量.

解　$\boldsymbol{A}$ 的特征多项式为

$$f(\lambda)=\begin{vmatrix}3-\lambda & -1\\ -1 & 3-\lambda\end{vmatrix}=(3-\lambda)^2-1=(4-\lambda)(2-\lambda)$$

所以 $\boldsymbol{A}$ 的特征值为 $\lambda_1=2$，$\lambda_2=4$.

当 $\lambda_1=2$ 时，对应的特征向量应满足 $\begin{pmatrix}3-2 & -1\\ -1 & 3-2\end{pmatrix}\begin{pmatrix}x_1\\ x_2\end{pmatrix}=\begin{pmatrix}0\\ 0\end{pmatrix}$，故特征向量可取为 $\boldsymbol{p}_1=\begin{pmatrix}1\\ 1\end{pmatrix}$.

同理，当 $\lambda_2=4$ 时，对应的特征向量可取为 $\boldsymbol{p}_2=\begin{pmatrix}-1\\ 1\end{pmatrix}$.

注意　若 $\boldsymbol{p}_i$ 是矩阵 $\boldsymbol{A}$ 的对应于特征值 λ_i 的特征向量，则 $k\boldsymbol{p}_i$（$k\neq 0$）也是对应于特征值 λ_i 的特征向量.

【例 4.6】　求矩阵

$$\boldsymbol{A}=\begin{pmatrix}-2 & 1 & 1\\ 0 & 2 & 0\\ -4 & 1 & 3\end{pmatrix}$$

的特征值与特征向量.

解　$\boldsymbol{A}$ 的特征多项式为

$$f(\lambda)=|\boldsymbol{A}-\lambda\boldsymbol{E}|=\begin{vmatrix}-2-\lambda & 1 & 1\\ 0 & 2-\lambda & 0\\ -4 & 1 & 3-\lambda\end{vmatrix}=-(\lambda+1)(\lambda-2)^2$$

所以 $\lambda_1=-1$，$\lambda_2=\lambda_3=2$.

当 $\lambda_1=-1$ 时，解方程 $(\boldsymbol{A}+\boldsymbol{E})\boldsymbol{x}=\boldsymbol{0}$，得基础解系

$$\boldsymbol{p}_1=\begin{pmatrix}1\\ 0\\ 1\end{pmatrix}$$

所以 $k\boldsymbol{p}_1$（$k\neq 0$）是对应于 $\lambda_1=-1$ 的全部特征向量.

当$\lambda_2=\lambda_3=2$时，解方程$(\boldsymbol{A}-2\boldsymbol{E})\boldsymbol{x}=\boldsymbol{0}$，得基础解系

$$\boldsymbol{p}_2=\begin{pmatrix}0\\1\\-1\end{pmatrix},\quad \boldsymbol{p}_3=\begin{pmatrix}1\\0\\4\end{pmatrix}$$

所以$k_2\boldsymbol{p}_2+k_3\boldsymbol{p}_3$（$k_2$，$k_3$不同时为0）是对应于$\lambda_2=\lambda_3=1$的全部特征向量.

【例4.7】 求矩阵

$$\boldsymbol{A}=\begin{pmatrix}2&3&2\\1&4&2\\1&-3&1\end{pmatrix}$$

的特征值和特征向量.

解 $\boldsymbol{A}$的特征多项式为

$$f(\lambda)=|\boldsymbol{A}-\lambda\boldsymbol{E}|=\begin{vmatrix}2-\lambda&3&2\\1&4-\lambda&2\\1&-3&1-\lambda\end{vmatrix}=(1-\lambda)(\lambda-3)^2$$

所以$\boldsymbol{A}$的特征方程为$(1-\lambda)(\lambda-3)^2=0$，得$\boldsymbol{A}$的特征值$\lambda_1=1$，$\lambda_2=\lambda_3=3$.

当$\lambda_1=1$时，解方程$(\boldsymbol{A}-\boldsymbol{E})\boldsymbol{x}=\boldsymbol{0}$，由

$$\boldsymbol{A}-\boldsymbol{E}=\begin{pmatrix}1&3&2\\1&3&2\\1&-3&0\end{pmatrix}\sim\begin{pmatrix}1&0&1\\0&3&1\\0&0&0\end{pmatrix}$$

得基础解系

$$\boldsymbol{p}_1=\begin{pmatrix}-3\\-1\\3\end{pmatrix}$$

所以属于特征值$\lambda_1=1$的全部特征向量是$k_1\boldsymbol{p}_1$，其中$k_1\neq0$，k_1为实数.

当$\lambda_2=\lambda_3=3$时，解方程$(\boldsymbol{A}-3\boldsymbol{E})\boldsymbol{x}=\boldsymbol{0}$，由

$$\boldsymbol{A}-3\boldsymbol{E}=\begin{pmatrix}-1&3&2\\1&1&2\\1&-3&-2\end{pmatrix}\sim\begin{pmatrix}1&0&1\\0&1&1\\0&0&0\end{pmatrix}$$

得基础解系

$$\boldsymbol{p}_2=\begin{pmatrix}-1\\-1\\1\end{pmatrix}$$

所以属于特征值$\lambda_2=\lambda_3=3$的全部特征向量是$k_2\boldsymbol{p}_2$，其中$k_2\neq0$，k_2为实数.

4.2.3　特征值与特征向量的性质

4.2.3.1　特征值的性质

性质 4.1　n 阶矩阵 $\boldsymbol{A}$ 与它的转置矩阵 $\boldsymbol{A}^{\mathrm{T}}$ 有相同的特征值.

由 $|\boldsymbol{A}-\lambda\boldsymbol{E}|=|(\boldsymbol{A}-\lambda\boldsymbol{E})^{\mathrm{T}}|=|\boldsymbol{A}^{\mathrm{T}}-\lambda\boldsymbol{E}|$，可知结论成立.

性质 4.2　设 λ_1，λ_2，…，λ_n 是 $\boldsymbol{A}$ 的 n 个特征值，则由 n 次代数方程的根与系数的关系可知，有

(1) $\lambda_1+\lambda_2+\cdots+\lambda_n=a_{11}+a_{22}+\cdots+a_{nn}$；

(2) $\lambda_1\lambda_2\cdots\lambda_n=|\boldsymbol{A}|$.

其中 $\boldsymbol{A}$ 的全体特征值的和 $a_{11}+a_{22}+\cdots+a_{nn}$ 称为矩阵 $\boldsymbol{A}$ 的**迹**，记为 $\mathrm{tr}(\boldsymbol{A})$.

性质 4.3　若 $\boldsymbol{A}$ 为 n 阶矩阵，$\boldsymbol{x}$ 为 $\boldsymbol{A}$ 的对应于特征值 λ 的特征向量，则

(1) $k\boldsymbol{A}$ 的特征值为 $k\lambda$（k 是任意常数）；

(2) $\boldsymbol{A}^m$ 的特征值为 λ^m（m 是正整数）；

(3) 若 $\boldsymbol{A}$ 可逆，则 $\dfrac{1}{\lambda}$ 是 $\boldsymbol{A}^{-1}$ 的特征值；

(4) 若 $f(x)$ 为 x 的多项式，则 $f(\lambda)$ 是 $f(\boldsymbol{A})$ 的特征值.

证明　由条件可得 $\boldsymbol{A}\boldsymbol{x}=\lambda\boldsymbol{x}$，

(1) 因为 $(k\boldsymbol{A})\boldsymbol{x}=k(\boldsymbol{A}\boldsymbol{x})=k(\lambda\boldsymbol{x})=(k\lambda)\boldsymbol{x}$，所以 $k\lambda$ 是 $k\boldsymbol{A}$ 的特征值；

(2) 因为 $\boldsymbol{A}^m\boldsymbol{x}=\boldsymbol{A}^{m-1}(\boldsymbol{A}\boldsymbol{x})=\boldsymbol{A}^{m-1}(\lambda\boldsymbol{x})=\lambda\cdot\boldsymbol{A}^{m-2}(\boldsymbol{A}\boldsymbol{x})=\cdots=\lambda^{m-1}\cdot\boldsymbol{A}\boldsymbol{x}=\lambda^m\boldsymbol{x}$，所以 λ^m 是 $\boldsymbol{A}^m$ 的特征值；

(3) 当 $\boldsymbol{A}$ 可逆时，由 $\boldsymbol{A}\boldsymbol{x}=\lambda\boldsymbol{x}$，有 $\boldsymbol{x}=\lambda\boldsymbol{A}^{-1}\boldsymbol{x}$，因为 $\boldsymbol{x}\neq\boldsymbol{0}$，知 $\lambda\neq 0$，故 $\boldsymbol{A}^{-1}\boldsymbol{x}=\dfrac{1}{\lambda}\boldsymbol{x}$，所以 $\dfrac{1}{\lambda}$ 是 $\boldsymbol{A}^{-1}$ 的特征值；

(4) 由 (1) 和 (2) 不难证明.

【例 4.8】　设 3 阶矩阵 $\boldsymbol{A}$ 的特征值为 1，-1，2，求 $|\boldsymbol{A}^*+3\boldsymbol{A}-2\boldsymbol{E}|$.

解　因 $\boldsymbol{A}$ 的特征值全不为 0，知 $\boldsymbol{A}$ 可逆，故 $\boldsymbol{A}^*=|\boldsymbol{A}|\boldsymbol{A}^{-1}$. 而 $|\boldsymbol{A}|=\lambda_1\lambda_2\lambda_3=-2$，所以

$$\boldsymbol{A}^*+3\boldsymbol{A}-2\boldsymbol{E}=-2\boldsymbol{A}^{-1}+3\boldsymbol{A}-2\boldsymbol{E}$$

把上式记作 $\varphi(\boldsymbol{A})$，有 $\varphi(\lambda)=-\dfrac{2}{\lambda}+3\lambda-2$，故 $\varphi(\boldsymbol{A})$ 的特征值为

$$\varphi(1)=-1,\quad \varphi(-1)=-3,\quad \varphi(2)=3$$

于是

$$|\boldsymbol{A}^*+3\boldsymbol{A}-2\boldsymbol{E}|=(-1)\cdot(-3)\cdot 3=9$$

4.2.3.2　特征向量的性质

定理 4.3　设 λ_1，λ_2，…，λ_m 是方阵 $\boldsymbol{A}$ 的 m 个特征值，$\boldsymbol{p}_1$，$\boldsymbol{p}_2$，…，$\boldsymbol{p}_m$ 依

次是与之对应的特征向量. 如果 λ_1，λ_2，…，λ_m 各不相同，则 $\boldsymbol{p}_1$，$\boldsymbol{p}_2$，…，$\boldsymbol{p}_m$ 线性无关.

证明 设有常数 x_1，x_2，…，x_m 使 $x_1\boldsymbol{p}_1+x_2\boldsymbol{p}_2+\cdots+x_m\boldsymbol{p}_m=\boldsymbol{0}$

则 $\boldsymbol{A}(x_1\boldsymbol{p}_1+x_2\boldsymbol{p}_2+\cdots+x_m\boldsymbol{p}_m)=\boldsymbol{0}$，即 $\lambda_1x_1\boldsymbol{p}_1+\lambda_2x_2\boldsymbol{p}_2+\cdots+\lambda_mx_m\boldsymbol{p}_m=\boldsymbol{0}$

类推之，有 $\lambda_1^kx_1\boldsymbol{p}_1+\lambda_2^kx_2\boldsymbol{p}_2+\cdots+\lambda_m^kx_m\boldsymbol{p}_m=0\quad(k=1,2,\cdots,m-1)$

把上列各式合写成矩阵形式，得

$$(x_1\boldsymbol{p}_1,x_2\boldsymbol{p}_2,\cdots,x_m\boldsymbol{p}_m)\begin{pmatrix}1 & \lambda_1 & \cdots & \lambda_1^{m-1}\\ 1 & \lambda_2 & \cdots & \lambda_2^{m-1}\\ \vdots & \vdots & & \vdots\\ 1 & \lambda_m & \cdots & \lambda_m^{m-1}\end{pmatrix}=(\boldsymbol{0},\boldsymbol{0},\cdots,\boldsymbol{0})$$

上式等号左端第二个矩阵的行列式为范德蒙行列式，当 λ_i 各不相等时该行列式不等于零，从而该矩阵可逆. 于是有

$$(x_1\boldsymbol{p}_1,x_2\boldsymbol{p}_2,\cdots,x_m\boldsymbol{p}_m)=(\boldsymbol{0},\boldsymbol{0},\cdots,\boldsymbol{0})$$

即 $x_j\boldsymbol{p}_j=\boldsymbol{0}$ $(j=1,2,\cdots,m)$. 但 $\boldsymbol{p}_j\neq\boldsymbol{0}$，故

$$x_j=0\quad(j=1,2,\cdots,m)$$

所以向量组 $\boldsymbol{p}_1$，$\boldsymbol{p}_2$，…，$\boldsymbol{p}_m$ 线性无关.

推论 设 λ_1 和 λ_2 是方阵 $\boldsymbol{A}$ 的两个不相同的特征值，$\boldsymbol{\xi}_1$，$\boldsymbol{\xi}_2$，…，$\boldsymbol{\xi}_s$ 和 $\boldsymbol{\eta}_1$，$\boldsymbol{\eta}_2$，…，$\boldsymbol{\eta}_t$ 分别是对应于 λ_1 和 λ_2 的线性无关的特征向量，则 $\boldsymbol{\xi}_1$，$\boldsymbol{\xi}_2$，…，$\boldsymbol{\xi}_s$，$\boldsymbol{\eta}_1$，$\boldsymbol{\eta}_2$，…，$\boldsymbol{\eta}_t$ 线性无关.

注意 (1) 属于不同特征值的特征向量是线性无关的；

(2) 属于同一特征值的特征向量的非零线性组合仍是属于这个特征值的特征向量；

(3) 矩阵的特征向量总是相对于矩阵的特征值而言的，一个特征值具有的特征向量不唯一；一个特征向量不能属于不同的特征值.

【例 4.9】 设 λ_1 和 λ_2 是矩阵 $\boldsymbol{A}$ 的两个不同的特征值，对应的特征向量依次为 $\boldsymbol{p}_1$ 和 $\boldsymbol{p}_2$，证明 $\boldsymbol{p}_1+\boldsymbol{p}_2$ 不是 $\boldsymbol{A}$ 的特征向量.

证明 按题设，有 $\boldsymbol{A}\boldsymbol{p}_1=\lambda_1\boldsymbol{p}_1$，$\boldsymbol{A}\boldsymbol{p}_2=\lambda_2\boldsymbol{p}_2$，故

$$\boldsymbol{A}(\boldsymbol{p}_1+\boldsymbol{p}_2)=\lambda_1\boldsymbol{p}_1+\lambda_2\boldsymbol{p}_2$$

用反证法，设 $\boldsymbol{p}_1+\boldsymbol{p}_2$ 是 $\boldsymbol{A}$ 的特征向量，则应存在数 λ，使

$$\boldsymbol{A}(\boldsymbol{p}_1+\boldsymbol{p}_2)=\lambda(\boldsymbol{p}_1+\boldsymbol{p}_2)$$

于是 $\lambda(\boldsymbol{p}_1+\boldsymbol{p}_2)=\lambda_1\boldsymbol{p}_1+\lambda_2\boldsymbol{p}_2$，即

$$(\lambda_1-\lambda)\boldsymbol{p}_1+(\lambda_2-\lambda)\boldsymbol{p}_2=\boldsymbol{0}$$

因 $\lambda_1\neq\lambda_2$，由本节定理知 $\boldsymbol{p}_1$，$\boldsymbol{p}_2$ 线性无关，故由上式得

$$\lambda_1-\lambda=\lambda_2-\lambda=0$$

即 $\lambda_1=\lambda_2$，与题设矛盾. 因此 $\boldsymbol{p}_1+\boldsymbol{p}_2$ 不是 $\boldsymbol{A}$ 的特征向量.

4.3 相似矩阵

4.3.1 相似矩阵的概念

定义 4.10 设 $\boldsymbol{A}$，$\boldsymbol{B}$ 都是 n 阶矩阵，若存在可逆矩阵 $\boldsymbol{P}$，使

$$\boldsymbol{P}^{-1}\boldsymbol{A}\boldsymbol{P}=\boldsymbol{B}$$

则称 $\boldsymbol{B}$ 是 $\boldsymbol{A}$ 的相似矩阵，并称矩阵 $\boldsymbol{A}$ 与 $\boldsymbol{B}$ 相似.

对 $\boldsymbol{A}$ 进行运算 $\boldsymbol{P}^{-1}\boldsymbol{A}\boldsymbol{P}$ 称为对 $\boldsymbol{A}$ 进行相似变换，称可逆矩阵 $\boldsymbol{P}$ 为相似变换矩阵.

矩阵的相似关系是一种等价关系，满足：

（1）反身性；

（2）对称性；

（3）传递性.

4.3.2 相似矩阵的性质

定理 4.4 若 n 阶矩阵 $\boldsymbol{A}$ 与 $\boldsymbol{B}$ 相似，则 $\boldsymbol{A}$ 与 $\boldsymbol{B}$ 的特征值相同.

证明 矩阵 $\boldsymbol{A}$ 与 $\boldsymbol{B}$ 相似，存在可逆矩阵 $\boldsymbol{P}$，使得 $\boldsymbol{B}=\boldsymbol{P}^{-1}\boldsymbol{A}\boldsymbol{P}$.

$$|\boldsymbol{B}-\lambda\boldsymbol{E}|=|\boldsymbol{P}^{-1}\boldsymbol{A}\boldsymbol{P}-\lambda\boldsymbol{E}|=|\boldsymbol{P}^{-1}(\boldsymbol{A}-\lambda\boldsymbol{E})\boldsymbol{P}|=|\boldsymbol{P}^{-1}||\boldsymbol{A}-\lambda\boldsymbol{E}||\boldsymbol{P}|=|\boldsymbol{A}-\lambda\boldsymbol{E}|$$

即 $\boldsymbol{A}$ 与 $\boldsymbol{B}$ 的特征多项式相同，从而 $\boldsymbol{A}$ 与 $\boldsymbol{B}$ 的特征值亦相同.

相似矩阵的其它性质：

（1）相似矩阵的秩相等；

（2）相似矩阵的行列式相等；

（3）相似矩阵具有相同的可逆性，即当 $\boldsymbol{A}$ 与 $\boldsymbol{B}$ 可逆时，$\boldsymbol{A}^{-1}$ 也相似于 $\boldsymbol{B}^{-1}$.

相似变换是不改变特征值的变换，因此和 $\boldsymbol{A}$ 的特征值有关的问题，就可以通过相似变换把 $\boldsymbol{A}$ 变成最简单的形式后再来解决.最简单的形式是什么，我们认为是对角阵.

假设 $\boldsymbol{P}^{-1}\boldsymbol{A}\boldsymbol{P}=\boldsymbol{\Lambda}$，其中 $\boldsymbol{P}=(\boldsymbol{p}_1, \boldsymbol{p}_2, \cdots, \boldsymbol{p}_n)$ 可逆，则

$$\boldsymbol{\Lambda}=\begin{pmatrix}\lambda_1 & & & \\ & \lambda_2 & & \\ & & \ddots & \\ & & & \lambda_n\end{pmatrix}$$

即

$$\boldsymbol{A}\boldsymbol{P}=\boldsymbol{P}\boldsymbol{\Lambda}$$

$$(\boldsymbol{A}\boldsymbol{p}_1,\boldsymbol{A}\boldsymbol{p}_2,\cdots,\boldsymbol{A}\boldsymbol{p}_n)=(\boldsymbol{p}_1,\boldsymbol{p}_2,\cdots,\boldsymbol{p}_n)\begin{pmatrix}\lambda_1 & & & \\ & \lambda_2 & & \\ & & \ddots & \\ & & & \lambda_n\end{pmatrix}=(\lambda_1\boldsymbol{p}_1,\lambda_2\boldsymbol{p}_2,\cdots,\lambda_n\boldsymbol{p}_n)$$

于是得到 $\boldsymbol{A},\boldsymbol{P},\boldsymbol{\Lambda}$ 之间必有 $\boldsymbol{A}\boldsymbol{p}_i=\lambda_i\boldsymbol{p}_i$，由于 $\boldsymbol{P}$ 可逆，显然 $\boldsymbol{p}_i\neq\boldsymbol{0}$ 问题得到解决.

4.3.3 矩阵与对角矩阵相似的条件

定理 4.5 n 阶矩阵 $\boldsymbol{A}$ 与对角矩阵

$$\boldsymbol{\Lambda}=\begin{pmatrix}\lambda_1 & & & \\ & \lambda_2 & & \\ & & \ddots & \\ & & & \lambda_n\end{pmatrix}$$

相似的充分必要条件为矩阵 $\boldsymbol{A}$ 有 n 个线性无关的特征向量.

推论 若 n 阶矩阵 $\boldsymbol{A}$ 有 n 个互不相同的特征值 $\lambda_1,\lambda_2,\cdots,\lambda_n$，则 $\boldsymbol{A}$ 与对角矩阵

$$\boldsymbol{\Lambda}=\begin{pmatrix}\lambda_1 & & & \\ & \lambda_2 & & \\ & & \ddots & \\ & & & \lambda_n\end{pmatrix}$$

相似.

对于 n 阶方阵 $\boldsymbol{A}$，若存在可逆矩阵 $\boldsymbol{P}$，使 $\boldsymbol{P}^{-1}\boldsymbol{A}\boldsymbol{P}=\boldsymbol{\Lambda}$ 为对角阵，则称方阵 $\boldsymbol{A}$ 可对角化.

当 $\boldsymbol{A}$ 的特征方程有重根时，就不一定有 n 个线性无关的特征向量，从而不一定能对角化.

【例 4.10】 设 $\boldsymbol{A}=\begin{pmatrix}0 & 0 & 1\\ 1 & 1 & a\\ 1 & 0 & 0\end{pmatrix}$，问：$a$ 为何值时，矩阵 $\boldsymbol{A}$ 能对角化?

解 由

$$|\boldsymbol{A}-\lambda\boldsymbol{E}|=\begin{vmatrix}\lambda & 0 & -1\\ -1 & \lambda-1 & -a\\ -1 & 0 & \lambda\end{vmatrix}=(\lambda-1)^2(\lambda+1)$$

得 $\boldsymbol{A}$ 的特征值为 $\lambda_1=-1$，$\lambda_2=\lambda_3=1$.

对于单根 $\lambda_1=-1$，可求得线性无关的特征向量恰有 1 个，而对应重根 $\lambda_2=\lambda_3=1$，欲使矩阵 $\boldsymbol{A}$ 能对角化，应有 2 个线性无关的特征向量，即方程组 $(\boldsymbol{A}-\boldsymbol{E})\boldsymbol{x}=\boldsymbol{0}$ 有 2 个线性无关的解，亦即系数矩阵 $\boldsymbol{A}-\boldsymbol{E}$ 的秩 $R(\boldsymbol{A}-\boldsymbol{E})=1$.

$$\boldsymbol{A}-\boldsymbol{E}=\begin{pmatrix}1 & 0 & -1\\ -1 & 0 & -a\\ -1 & 0 & 1\end{pmatrix}\sim\begin{pmatrix}1 & 0 & -1\\ 0 & 0 & a+1\\ 0 & 0 & 0\end{pmatrix}$$

要 $R(\boldsymbol{E}-\boldsymbol{A})=1$，得 $a+1=0$，即 $a=-1$. 因此，当 $a=-1$ 时，矩阵 $\boldsymbol{A}$ 能对角化.

【例 4.11】 判断矩阵 $\boldsymbol{A}=\begin{pmatrix}1 & -2 & 2\\ -2 & -2 & 4\\ 2 & 4 & -2\end{pmatrix}$ 能否对角化？若能对角化，求可逆矩阵 $\boldsymbol{P}$ 和对角阵 $\boldsymbol{\Lambda}$，使 $\boldsymbol{P}^{-1}\boldsymbol{A}\boldsymbol{P}=\boldsymbol{\Lambda}$.

解 由

$$|\boldsymbol{A}-\lambda\boldsymbol{E}|=\begin{vmatrix}1-\lambda & -2 & 2\\ -2 & -2-\lambda & 4\\ 2 & 4 & -2-\lambda\end{vmatrix}=-(\lambda-2)^2(\lambda+7)$$

得 $\boldsymbol{A}$ 的特征值为 $\lambda_1=\lambda_2=2$，$\lambda_3=-7$.

当 $\lambda_1=\lambda_2=2$ 时，解方程 $(\boldsymbol{A}-\lambda\boldsymbol{E})\boldsymbol{x}=\boldsymbol{0}$，由

$$\boldsymbol{A}-\lambda\boldsymbol{E}=\begin{pmatrix}-1 & -2 & 2\\ -2 & -4 & 4\\ 2 & 4 & -4\end{pmatrix}\sim\begin{pmatrix}1 & 2 & -2\\ 0 & 0 & 0\\ 0 & 0 & 0\end{pmatrix}$$

得基础解系
$$\boldsymbol{p}_1=\begin{pmatrix}-2\\ 1\\ 0\end{pmatrix},\quad \boldsymbol{p}_2=\begin{pmatrix}2\\ 0\\ 1\end{pmatrix}$$

当 $\lambda_3=-7$ 时，解方程 $(\boldsymbol{A}-\lambda_3\boldsymbol{E})\boldsymbol{x}=\boldsymbol{0}$，由

$$\boldsymbol{A}-\lambda_3\boldsymbol{E}=\begin{pmatrix}8 & -2 & 2\\ -2 & 5 & 4\\ 2 & 4 & 5\end{pmatrix}\sim\begin{pmatrix}-2 & 5 & 4\\ 0 & 1 & 1\\ 0 & 0 & 0\end{pmatrix}$$

得基础解系
$$\boldsymbol{p}_3=\begin{pmatrix}1\\ 2\\ -2\end{pmatrix}$$

由于 $\boldsymbol{p}_1,\boldsymbol{p}_2,\boldsymbol{p}_3$ 线性无关. 即 $\boldsymbol{A}$ 有 3 个线性无关的特征向量，因而 $\boldsymbol{A}$ 可对角化.

记 $\boldsymbol{P}=(p_1,p_2,p_3)=\begin{pmatrix}-2 & 2 & 1\\ 1 & 0 & 2\\ 0 & 1 & -2\end{pmatrix}$，则 $\boldsymbol{P}^{-1}\boldsymbol{A}\boldsymbol{P}=\mathrm{diag}(2,2,-7)$.

注意 上式中对角矩阵的对角元的排列次序与矩阵 $\boldsymbol{P}$ 中列向量的排列次序一致.

定理 4.6 n 阶矩阵 $\boldsymbol{A}$ 可对角化的充要条件是对应于 $\boldsymbol{A}$ 的每个特征值的线性无关的特征向量的个数恰好等于该特征值的重数. 即设 λ_i 是矩阵 $\boldsymbol{A}$ 的 n_i 重特征值，则 $\boldsymbol{A}$ 与 $\boldsymbol{\Lambda}$ 相似$\Leftrightarrow R(\boldsymbol{A}-\lambda_i\boldsymbol{E})=n-n_i$ $(i=1,2,\cdots,n)$.

4.4 实对称矩阵的对角化

一个 n 阶矩阵 $\boldsymbol{A}$ 具备什么条件才能对角化？这是一个比较复杂的问题. 本节我们仅对 $\boldsymbol{A}$ 为实对称矩阵的情况进行讨论. 实对称矩阵具有许多一般矩阵所没有的特殊性质.

定理 4.7 实对称矩阵的特征值都为实数.

定理 4.8 实对称矩阵 $\boldsymbol{A}$ 的属于不同特征值的特征向量是正交的.

证明 设 λ_1，λ_2 是对称矩阵 $\boldsymbol{A}$ 的两个特征值，$\boldsymbol{p}_1$，$\boldsymbol{p}_2$ 是对应的特征向量. 即 $\boldsymbol{A}\boldsymbol{p}_1=\lambda_1\boldsymbol{p}_1$，$\boldsymbol{A}\boldsymbol{p}_2=\lambda_2\boldsymbol{p}_2$，因 $\boldsymbol{A}$ 对称，故

$\lambda_1\boldsymbol{p}_1^{\mathrm{T}}=(\lambda_1\boldsymbol{p}_1)^{\mathrm{T}}=(\boldsymbol{A}\boldsymbol{p}_1)^{\mathrm{T}}=\boldsymbol{p}_1^{\mathrm{T}}\boldsymbol{A}^{\mathrm{T}}=\boldsymbol{p}_1^{\mathrm{T}}\boldsymbol{A},\lambda_1\boldsymbol{p}_1^{\mathrm{T}}\boldsymbol{p}_2=\boldsymbol{p}_1^{\mathrm{T}}\boldsymbol{A}\boldsymbol{p}_2=\boldsymbol{p}_1^{\mathrm{T}}(\lambda_2\boldsymbol{p}_2)=\lambda_2\boldsymbol{p}_1^{\mathrm{T}}\boldsymbol{p}_2$

即 $(\lambda_1-\lambda_2)\boldsymbol{p}_1^{\mathrm{T}}\boldsymbol{p}_2=0$，但 $\lambda_1\neq\lambda_2$，故 $\boldsymbol{p}_1^{\mathrm{T}}\boldsymbol{p}_2=0$，即 $\boldsymbol{p}_1$ 与 $\boldsymbol{p}_2$ 正交.

定理 4.9 设 $\boldsymbol{A}$ 为 n 阶实对称矩阵，λ 是 $\boldsymbol{A}$ 的特征方程的 k 重根，则矩阵 $\boldsymbol{A}-\lambda\boldsymbol{E}$ 的秩 $R(\boldsymbol{A}-\lambda\boldsymbol{E})=n-k$，从而对应特征值 λ 恰有 k 个线性无关的特征向量.

定理 4.10 设 $\boldsymbol{A}$ 为 n 阶实对称矩阵，则必有正交矩阵 $\boldsymbol{P}$，使

$$\boldsymbol{P}^{-1}\boldsymbol{A}\boldsymbol{P}=\boldsymbol{\Lambda}$$

其中 $\boldsymbol{\Lambda}$ 是以 $\boldsymbol{A}$ 的 n 个特征值为对角元素的对角矩阵.

与上节将一般矩阵对角化的方法类似，根据上述结论，求正交变换矩阵 $\boldsymbol{P}$ 将实对称矩阵 $\boldsymbol{A}$ 对角化的步骤为：

(1) 求出 $\boldsymbol{A}$ 的全部特征值 λ_1，λ_2，…，λ_s；

(2) 对每一个特征值 λ_i，由 $(\boldsymbol{A}-\lambda_i\boldsymbol{E})\boldsymbol{X}=\boldsymbol{0}$ 求出基础解系（特征向量）；

(3) 将基础解系（特征向量）正交化；再单位化；

(4) 以这些单位向量作为列向量构成一个正交矩阵 $\boldsymbol{P}$，使

$$\boldsymbol{P}^{-1}\boldsymbol{A}\boldsymbol{P}=\boldsymbol{\Lambda}$$

注意 $\boldsymbol{P}$ 中列向量的次序与矩阵 $\boldsymbol{\Lambda}$ 对角线上的特征值的次序相对应.

【例 4.12】 设 $\boldsymbol{A}=\begin{pmatrix}0&-1&1\\-1&0&1\\1&1&0\end{pmatrix}$，求一个正交矩阵 $\boldsymbol{P}$ 和对角矩阵 $\boldsymbol{\Lambda}$，使 $\boldsymbol{P}^{-1}\boldsymbol{A}\boldsymbol{P}=\boldsymbol{\Lambda}$.

解 由 $$|\boldsymbol{A}-\lambda\boldsymbol{E}|=\begin{vmatrix}-\lambda&-1&1\\-1&-\lambda&1\\1&1&-\lambda\end{vmatrix}=-(\lambda-1)^2(\lambda+2)$$

得矩阵 $\boldsymbol{A}$ 的特征值为 $\lambda_1=-2,\lambda_2=\lambda_3=1$

当 $\lambda_1=-2$ 时，解方程

$$(\boldsymbol{A}+2\boldsymbol{E})\boldsymbol{x}=\boldsymbol{0}$$

$$\boldsymbol{A}+2\boldsymbol{E}=\begin{pmatrix}2&-1&1\\-1&2&1\\1&1&2\end{pmatrix}\sim\begin{pmatrix}1&0&1\\0&1&1\\0&0&0\end{pmatrix}$$

可得基础解系 $\boldsymbol{\xi}_1=\begin{pmatrix}-1\\-1\\1\end{pmatrix}$ 将 $\boldsymbol{\xi}_1$ 单位化，得　$\boldsymbol{p}_1=\dfrac{\boldsymbol{\xi}_1}{\|\boldsymbol{\xi}_1\|}=\begin{pmatrix}-1/\sqrt{3}\\-1/\sqrt{3}\\1/\sqrt{3}\end{pmatrix}$

当 $\lambda_2=\lambda_3=1$，解方程 $(\boldsymbol{A}-\boldsymbol{E})\boldsymbol{x}=\boldsymbol{0}$.

$$\boldsymbol{A}-\boldsymbol{E}=\begin{pmatrix}-1&-1&1\\-1&-1&1\\1&1&-1\end{pmatrix}\sim\begin{pmatrix}1&1&-1\\0&0&0\\0&0&0\end{pmatrix}$$

可得基础解系 $\boldsymbol{\xi}_2=\begin{pmatrix}-1\\1\\0\end{pmatrix}$，$\boldsymbol{\xi}_3=\begin{pmatrix}1\\0\\1\end{pmatrix}$.

显然，$\boldsymbol{\xi}_2$，$\boldsymbol{\xi}_3$ 不正交，故先将其正交化. 取

$$\boldsymbol{\eta}_2=\boldsymbol{\xi}_2=\begin{pmatrix}-1\\1\\0\end{pmatrix}$$

$$\boldsymbol{\eta}_3=\boldsymbol{\xi}_3-\frac{[\boldsymbol{\eta}_2,\boldsymbol{\xi}_3]}{[\boldsymbol{\eta}_2,\boldsymbol{\eta}_2]}\boldsymbol{\eta}_2=\begin{pmatrix}1\\0\\1\end{pmatrix}-\frac{-1}{2}\begin{pmatrix}-1\\1\\0\end{pmatrix}=\begin{pmatrix}1/2\\1/2\\1\end{pmatrix}$$

再将它们单位化，得

$$\boldsymbol{p}_2=\frac{\boldsymbol{\eta}_2}{\|\boldsymbol{\eta}_2\|}=\begin{pmatrix}-1/\sqrt{2}\\1/\sqrt{2}\\0\end{pmatrix},\quad \boldsymbol{p}_3=\frac{\boldsymbol{\eta}_3}{\|\boldsymbol{\eta}_3\|}=\begin{pmatrix}1/\sqrt{6}\\1/\sqrt{6}\\2/\sqrt{6}\end{pmatrix}$$

将得到的 $\boldsymbol{p}_1,\boldsymbol{p}_2,\boldsymbol{p}_3$ 构成正交矩阵，则有

$$\boldsymbol{P}=(\boldsymbol{p}_1,\boldsymbol{p}_2,\boldsymbol{p}_3)=\begin{pmatrix}-1/\sqrt{3}&-1/\sqrt{2}&1/\sqrt{6}\\-1/\sqrt{3}&1/\sqrt{2}&1/\sqrt{6}\\1/\sqrt{3}&0&2/\sqrt{6}\end{pmatrix}$$

使

$$\boldsymbol{P}^{-1}\boldsymbol{A}\boldsymbol{P}=\boldsymbol{P}^{\mathrm{T}}\boldsymbol{A}\boldsymbol{P}=\boldsymbol{\Lambda}=\begin{pmatrix}-2&&\\&1&\\&&1\end{pmatrix}$$

【例 4.13】　设矩阵 $\boldsymbol{A}=\begin{pmatrix}1&-2&-4\\-2&x&-2\\-4&-2&1\end{pmatrix}$ 与 $\boldsymbol{\Lambda}=\begin{pmatrix}5&&\\&-4&\\&&y\end{pmatrix}$ 相似，求 x,y；并求一个正交矩阵 $\boldsymbol{P}$，使 $\boldsymbol{P}^{-1}\boldsymbol{A}\boldsymbol{P}=\boldsymbol{\Lambda}$.

解　已知相似矩阵具有相同的特征值，显然 $\lambda_1=5$，$\lambda_2=-4$，$\lambda_3=y$ 是 $\boldsymbol{\Lambda}$ 的

特征值，故它们也是 $\boldsymbol{A}$ 的特征值. 因为 $\lambda_2=-4$ 是矩阵 $\boldsymbol{A}$ 的一个特征值，所以

$$|\boldsymbol{A}+4\boldsymbol{E}|=\begin{vmatrix}5 & -2 & -4\\-2 & x+4 & -2\\-4 & -2 & 5\end{vmatrix}=9(x-4)=0$$

解之得 $x=4$.

因相似矩阵的行列式值相同，所以

$$|\boldsymbol{A}|=\begin{vmatrix}1 & -2 & -4\\-2 & 4 & -2\\-4 & -2 & 1\end{vmatrix}=-100=|\boldsymbol{\Lambda}|=\begin{vmatrix}5 & & \\ & -4 & \\ & & y\end{vmatrix}=-20y$$

解之得 $y=5$.

对于 $\lambda_1=\lambda_3=5$，解 $(\boldsymbol{A}-5\boldsymbol{E})\boldsymbol{x}=\boldsymbol{0}$，即

$$\begin{pmatrix}-4 & -2 & -4\\-2 & -1 & -2\\-4 & -2 & -4\end{pmatrix}\begin{pmatrix}x_1\\x_2\\x_3\end{pmatrix}=\boldsymbol{0}$$

得特征向量 $(1,-2,0)^{\mathrm{T}}$，$(1,0,-1)^{\mathrm{T}}$，将它们正交化，单位化得

$$\boldsymbol{p}_1=\frac{1}{\sqrt{2}}(1,0,-1)^{\mathrm{T}},\quad \boldsymbol{p}_2=\frac{1}{3\sqrt{2}}(1,-4,1)^{\mathrm{T}}$$

对于 $\lambda_2=-4$，解 $(\boldsymbol{A}+4\boldsymbol{E})\boldsymbol{x}=\boldsymbol{0}$，即

$$\begin{pmatrix}5 & -2 & -4\\-2 & 8 & -2\\-4 & -2 & 5\end{pmatrix}\begin{pmatrix}x_1\\x_2\\x_3\end{pmatrix}=\boldsymbol{0}$$

得特征向量 $(2,1,2)^{\mathrm{T}}$，单位化得

$$\boldsymbol{p}_3=\frac{1}{3}(2,1,2)^{\mathrm{T}}$$

于是有正交矩阵

$$\boldsymbol{P}=\begin{pmatrix}\frac{1}{\sqrt{2}} & \frac{2}{3} & \frac{1}{3\sqrt{2}}\\ 0 & \frac{1}{3} & -\frac{4}{3\sqrt{2}}\\ -\frac{1}{\sqrt{2}} & \frac{2}{3} & \frac{1}{3\sqrt{2}}\end{pmatrix}\quad 使\quad \boldsymbol{P}^{-1}\boldsymbol{A}\boldsymbol{P}=\boldsymbol{\Lambda}$$

习 题 4

1. 设有两个四维向量 $\boldsymbol{\alpha}=\begin{pmatrix}1\\2\\-1\\5\end{pmatrix}$，$\boldsymbol{\beta}=\begin{pmatrix}-3\\0\\6\\-5\end{pmatrix}$. 求 $[\boldsymbol{\alpha},\boldsymbol{\beta}]$ 及 $[\boldsymbol{\alpha},\boldsymbol{\alpha}]$.

2. 求 $\mathbf{R}^3$ 中向量 $\boldsymbol{\alpha}=(4,0,3)^{\mathrm{T}}$，$\boldsymbol{\beta}=(-\sqrt{3},3,2)^{\mathrm{T}}$ 之间的夹角 θ.

3. 设 $\boldsymbol{\alpha}_1=\begin{pmatrix}1\\2\\-1\end{pmatrix}$，$\boldsymbol{\alpha}_2=\begin{pmatrix}-1\\3\\1\end{pmatrix}$，$\boldsymbol{\alpha}_3=\begin{pmatrix}4\\-1\\0\end{pmatrix}$，试用施密特正交化方法，将向量组标准正交化.

4. 用施密特正交化方法，将向量组标准正交化

$$\boldsymbol{\alpha}_1=(1,1,1,1),\quad \boldsymbol{\alpha}_2=(1,-1,0,4),\quad \boldsymbol{\alpha}_3=(3,5,1,-1)$$

5. 判别下列矩形是否为正交矩阵：

(1) $\begin{pmatrix}1 & -1/2 & 1/3\\ -1/2 & 1 & 1/2\\ 1/3 & 1/2 & -1\end{pmatrix}$；　　(2) $\begin{pmatrix}1/9 & -8/9 & -4/9\\ -8/9 & 1/9 & -4/9\\ -4/4 & -4/4 & 7/9\end{pmatrix}$.

6. 已知 $\boldsymbol{\alpha}_1=\begin{pmatrix}1\\1\\-1\end{pmatrix}$，求一组非零向量 $\boldsymbol{\alpha}_2,\boldsymbol{\alpha}_3$，使 $\boldsymbol{\alpha}_1,\boldsymbol{\alpha}_2,\boldsymbol{\alpha}_3$ 两两正交.

7. 设 $\boldsymbol{A}=\begin{pmatrix}-2 & 1 & 1\\ 0 & 2 & 0\\ -4 & 1 & 3\end{pmatrix}$，求 $\boldsymbol{A}$ 的特征值与特征向量.

8. 求矩阵 $\boldsymbol{A}=\begin{bmatrix}5 & -1 & -1\\ 3 & 1 & -1\\ 4 & -2 & 1\end{bmatrix}$ 的特征值和特征向量.

9. 设三阶矩阵 $\boldsymbol{A}$ 的特征值为 1，2，-3，求行列式 $|\boldsymbol{A}^3-3\boldsymbol{A}+\boldsymbol{E}|$ 的值.

10. 设 λ_1，λ_2 是 n 阶矩阵 $\boldsymbol{A}$ 的两个不同的特征值，对应的特征向量分别为 $\boldsymbol{\alpha}_1$，$\boldsymbol{\alpha}_2$，试证：$c_1\boldsymbol{\alpha}_1+c_2\boldsymbol{\alpha}_2$（$c_1\neq0$，$c_2\neq0$，任意常数）不是 $\boldsymbol{A}$ 的特征向量.

11. 设矩阵 $\boldsymbol{A}=\begin{pmatrix}2 & 0 & 1\\ 3 & 1 & x\\ 4 & 0 & 5\end{pmatrix}$ 可相似对角化，求 x.

12. 试求一个正交的相似变换矩阵，将矩阵 $\boldsymbol{A}=\begin{pmatrix}2 & -2 & 0\\ -2 & 1 & -2\\ 0 & -2 & 0\end{pmatrix}$ 化为对角阵.

13. 已知 $\boldsymbol{p}=(1,1,-1)^{\mathrm{T}}$ 是矩阵 $\boldsymbol{A}=\begin{pmatrix} 2 & -1 & 2 \\ 5 & a & 3 \\ -1 & b & -2 \end{pmatrix}$ 的一个特征向量.

(1) 求参数 a ,b 及特征向量 $\boldsymbol{p}$ 所对应的特征值;

(2) 矩阵 $\boldsymbol{A}$ 能否相似对角化? 并说明理由.

14. 设 $\boldsymbol{A}=\begin{pmatrix} 2 & -1 \\ -1 & 2 \end{pmatrix}$,求 $\boldsymbol{A}^n$.

15. 设三阶方阵 $\boldsymbol{A}$ 的特征值为 $\lambda_1=2$,$\lambda_2=-2$,$\lambda_3=1$;对应的特征向量依次为 $\boldsymbol{p}_1=(0,\ 1,\ 1)^{\mathrm{T}}$,$\boldsymbol{p}_2=(1,\ 1,\ 1)^{\mathrm{T}}$,$\boldsymbol{p}_3=(1,\ 1,\ 0)^{\mathrm{T}}$,求矩阵 $\boldsymbol{A}$.

16. 设实对称矩阵 $\boldsymbol{A}=\begin{pmatrix} 1 & -2 & 0 \\ -2 & 2 & -2 \\ 0 & -2 & 3 \end{pmatrix}$,求正交矩阵 $\boldsymbol{P}$,使 $\boldsymbol{P}^{-1}\boldsymbol{AP}$ 为对角矩阵.

第5章　二次型

5.1　二次型

在解析几何中，为了便于研究二次曲线

$$ax^2+bxy+cy^2=1$$

的几何性质，可以选择适当的坐标旋转变换

$$\begin{cases}x=x'\cos\theta-y'\sin\theta\\y=x'\sin\theta+y'\cos\theta\end{cases}$$

把方程化为标准形式

$$mx'^2+ny'^2=1$$

这类问题具有普遍性，在许多理论问题和实际问题中常会遇到. 本章将把这类问题一般化，讨论 n 个变量的二次多项式的化简问题. 二次型就是一个二次齐次多项式，其来源是平面解析几何中的有心二次曲线和空间解析几何中的二次曲面.

定义 5.1　一个系数取自数域 F 含有 n 个变量 x_1，x_2，…，x_n 的二次齐次多项式：

$$\begin{aligned}f(x_1,x_2,\cdots,x_n)=&a_{11}x_1^2+2a_{12}x_1x_2+2a_{13}x_1x_3+\cdots+2a_{1n}x_1x_n\\&+a_{22}x_2^2+2a_{23}x_2x_3+2a_{24}x_2x_4+\cdots\\&+2a_{2n}x_2x_n+\cdots+a_{nn}x_n^2\end{aligned}$$

称为数域 F 上的一个 n 元二次型，简称二次型.

取 $a_{ji}=a_{ij}$，则 $2a_{ij}x_ix_j=a_{ij}x_ix_j+a_{ji}x_jx_i$，于是

$$\begin{aligned}f(x_1,x_2,\cdots,x_n)=&a_{11}x_1^2+a_{12}x_1x_2+\cdots+a_{1n}x_1x_n\\&+a_{21}x_2x_1+a_{22}x_n^2+\cdots+a_{2n}x_2x_n\\&+\cdots\\&+a_{n1}x_nx_1+a_{n2}x_nx_2+\cdots+a_{nn}x_n^2\\=&\sum_{i,\ j=1}^{n}a_{ij}x_ix_j\\=&x_1(a_{11}x_1+a_{12}x_2+\cdots+a_{1n}x_n)\\&+x_2(a_{21}x_1+a_{22}x_2+\cdots+a_{2n}x_n)\\&+\cdots\end{aligned}$$

$$
\begin{aligned}
&+x_n(a_{n1}x_1+a_{n2}x_2+\cdots+a_{nn}x_n)\\
&=(x_1,\ x_2,\ \cdots,\ x_n)\begin{pmatrix} a_{11}x_1+a_{12}x_2+\cdots+a_{1n}x_n \\ a_{21}x_1+a_{22}x_2+\cdots+a_{2n}x_n \\ \cdots\cdots\cdots\cdots\cdots\cdots \\ a_{n1}x_1+a_{n2}x_2+\cdots+a_{nn}x_n \end{pmatrix}\\
&=(x_1,\ x_2,\ \cdots,\ x_n)\begin{pmatrix} a_{11} & a_{12} & \cdots & a_{1n} \\ a_{21} & a_{22} & \cdots & a_{2n} \\ \cdots & \cdots & \cdots & \cdots \\ a_{n1} & a_{n2} & \cdots & a_{nn} \end{pmatrix}\begin{pmatrix} x_1 \\ x_2 \\ \vdots \\ x_n \end{pmatrix}\\
&=\boldsymbol{X}^{\mathrm{T}}\boldsymbol{A}\boldsymbol{X}
\end{aligned}
$$

$$
\boldsymbol{X}=\begin{pmatrix} x_1 \\ x_2 \\ \vdots \\ x_n \end{pmatrix},\quad \boldsymbol{A}=\begin{pmatrix} a_{11} & a_{12} & \cdots & a_{1n} \\ a_{21} & a_{22} & \cdots & a_{2n} \\ \cdots & \cdots & \cdots & \cdots \\ a_{n1} & a_{n2} & \cdots & a_{nn} \end{pmatrix}
$$

称 f 为**二次型的矩阵形式**. 其中实对称矩阵 $\boldsymbol{A}$ 称为该二次型的矩阵，二次型 f 称为实对称矩阵 $\boldsymbol{A}$ 的二次型，实对称矩阵 $\boldsymbol{A}$ 的秩称为**二次型的秩**. 于是，二次型 f 与其实对称矩阵 $\boldsymbol{A}$ 之间有一一对应关系.

【例 5.1】 设 $f(x_1,\ x_2,\ x_3)=x_1^2+2x_1x_2+2x_2^2+4x_2x_3+4x_3^2$，求其二次型矩阵 $\boldsymbol{A}$.

解
$$
\boldsymbol{A}=\begin{pmatrix} 1 & 1 & 0 \\ 1 & 2 & 2 \\ 0 & 2 & 4 \end{pmatrix}
$$

【例 5.2】 设 $f(x_1,\ x_2,\ x_3)=-4x_1x_2+2x_1x_3+2x_2x_3$，求其二次型矩阵 $\boldsymbol{A}$.

解
$$
\boldsymbol{A}=\begin{pmatrix} 0 & -2 & 1 \\ -2 & 0 & 1 \\ 1 & 1 & 0 \end{pmatrix}
$$

【例 5.3】 设二次型的矩阵 $\boldsymbol{A}=\begin{pmatrix} 1 & -1 & 1 \\ -1 & -3 & -3 \\ 1 & -3 & 0 \end{pmatrix}$，求其对应的二次型.

解 $f(x_1,x_2,x_3)=x_1^2-2x_1x_2+2x_1x_3-3x_2^2-6x_2x_3$

和在几何中一样，在处理许多其他问题时也经常希望通过变量的线性变换来简化有关的二次型. 为此引入定义 5.2.

定义 5.2 设 $x_1,\ x_2,\ \cdots,\ x_n$ 和 $y_1,\ y_2,\ \cdots,\ y_n$ 是两组变量，它们之间

有关系式

$$\begin{cases} x_1=c_{11}y_1+c_{12}y_2+\cdots+c_{1n}y_n \\ x_2=c_{21}y_1+c_{22}y_2+\cdots+c_{2n}y_n \\ \cdots\cdots\cdots\cdots\cdots\cdots\cdots\cdots\cdots \\ x_n=c_{n1}y_1+c_{n2}y_2+\cdots+c_{nn}y_n \end{cases}$$

称此关系式为由 $x_1,x_2,\cdots,x_n$ 到 $y_1,y_2,\cdots,y_n$ 的一个线性变换，简称线性变换. 可以用矩阵的形式表示这线性变换：

$$\boldsymbol{X}=\begin{pmatrix} x_1 \\ x_2 \\ \vdots \\ x_n \end{pmatrix}=\begin{pmatrix} c_{11} & c_{12} & \cdots & c_{1n} \\ c_{21} & c_{22} & \cdots & c_{2n} \\ \cdots & \cdots & \cdots & \cdots \\ c_{n1} & c_{n2} & \cdots & c_{nn} \end{pmatrix}\begin{pmatrix} y_1 \\ y_2 \\ \vdots \\ y_n \end{pmatrix}\triangleq\boldsymbol{CY}$$

如果系数行列式 $|\boldsymbol{C}|\neq 0$，则称线性变换为可逆变换.

经过一个可逆变换，二次型还是变成二次型. 下面研究变换后的二次型与原二次型之间的关系，即找出变换后的二次型的矩阵与原二次型矩阵之间的关系.

设二次型 $f(x_1,x_2,\cdots,x_n)=\boldsymbol{X}^{\mathrm{T}}\boldsymbol{A}\boldsymbol{X}$ 经过可逆变换 $\boldsymbol{X}=\boldsymbol{CY}$ 得到一个关于 y_1, $y_2,\cdots,y_n$ 的二次型 $\boldsymbol{Y}^{\mathrm{T}}\boldsymbol{B}\boldsymbol{Y}$，下面寻找矩阵 $\boldsymbol{A}$、$\boldsymbol{B}$ 之间的关系.

把变换 $\boldsymbol{X}=\boldsymbol{CY}$ 代入 $f(x_1,x_2,\cdots,x_n)=\boldsymbol{X}^{\mathrm{T}}\boldsymbol{A}\boldsymbol{X}$ 得到

$$f(x_1,x_2,\cdots,x_n)=\boldsymbol{X}^{\mathrm{T}}\boldsymbol{A}\boldsymbol{X}=(\boldsymbol{CY})^{\mathrm{T}}\boldsymbol{ACY}=\boldsymbol{Y}^{\mathrm{T}}\boldsymbol{C}^{\mathrm{T}}\boldsymbol{ACY}=\boldsymbol{Y}^{\mathrm{T}}\boldsymbol{BY}$$

由此得：$\boldsymbol{B}=\boldsymbol{C}^{\mathrm{T}}\boldsymbol{AC}$，这就是前后二个二次型矩阵之间的关系. 为此引入下面定义.

定义 5.3　设 $\boldsymbol{A}$，$\boldsymbol{B}$ 为两个 n 阶矩阵，如果存在一个 n 阶可逆矩阵 $\boldsymbol{C}$，使得

$$\boldsymbol{B}=\boldsymbol{C}^{\mathrm{T}}\boldsymbol{AC}$$

则称矩阵 $\boldsymbol{A}$，$\boldsymbol{B}$ 是合同的，记作 $\boldsymbol{A}\simeq\boldsymbol{B}$.

合同是矩阵之间的一种关系，它具有以下性质：

(1) 反身性：$\boldsymbol{A}\simeq\boldsymbol{A}$；

(2) 对称性：$\boldsymbol{A}\simeq\boldsymbol{B}\Rightarrow\boldsymbol{B}\simeq\boldsymbol{A}$；[由 $\boldsymbol{B}=\boldsymbol{C}^{\mathrm{T}}\boldsymbol{AC}$ 得 $\boldsymbol{A}=(\boldsymbol{C}^{-1})^{\mathrm{T}}\boldsymbol{B}(\boldsymbol{C}^{-1})$]

(3) 传递性：$\boldsymbol{A}\simeq\boldsymbol{B}$，$\boldsymbol{B}\simeq\boldsymbol{C}\Rightarrow\boldsymbol{A}\simeq\boldsymbol{C}$；

(4) 保秩性：若 $\boldsymbol{A}\simeq\boldsymbol{B}$，则 $R(\boldsymbol{A})=R(\boldsymbol{B})$；

(5) 保对称性：若 $\boldsymbol{A}\simeq\boldsymbol{B}$，且 $\boldsymbol{A}$ 为对称矩阵，则矩阵 $\boldsymbol{B}$ 也是对称的；

因此，经过可逆变换，新二次型的矩阵与原二次型的矩阵是合同的.

5.2　化二次型为标准形

由于二次型中最简单的一种是只含有平方项的二次型

$$d_1x_1^2+d_2x_2^2+\cdots+d_nx_n^2$$

因此二次型的一个基本任务是通过一个可逆变换把二次型化为只含平方项而不含混合项的二次型.一般称只含平方项而不含混合项的二次型为二次型的**标准形**.因为标准二次型对应的矩阵是对角矩阵，所以化一般的二次型为标准二次型相当于对一般的对称矩阵 $\boldsymbol{A}$，寻找一个可逆矩阵 $\boldsymbol{C}$，使得 $\boldsymbol{C}^{\mathrm{T}}\boldsymbol{A}\boldsymbol{C}$ 为对角矩阵.

下面介绍三种化二次型为标准形的方法，并证明对实对称矩阵 $\boldsymbol{A}$，一定存在一个可逆矩阵 $\boldsymbol{C}$，使得 $\boldsymbol{C}^{\mathrm{T}}\boldsymbol{A}\boldsymbol{C}$ 为对角矩阵.

5.2.1 正交变换法

定理 5.1 对任意一个 n 元二次型 $f(x_1, x_2, \cdots, x_n)=\boldsymbol{X}^{\mathrm{T}}\boldsymbol{A}\boldsymbol{X}$，一定存在一个正交变换 $\boldsymbol{X}=\boldsymbol{Q}\boldsymbol{Y}$，使得

$$\boldsymbol{X}^{\mathrm{T}}\boldsymbol{A}\boldsymbol{X}=\boldsymbol{Y}^{\mathrm{T}}\boldsymbol{Q}^{\mathrm{T}}\boldsymbol{A}\boldsymbol{Q}\boldsymbol{Y}=\lambda_1 y_1^2+\lambda_2 y_2^2+\cdots+\lambda_n y_n^2$$

式中，$\lambda_1, \lambda_2, \cdots, \lambda_n$ 是实对称矩阵 $\boldsymbol{A}$ 的 n 个特征值；$\boldsymbol{Q}$ 的 n 个列向量 $\boldsymbol{\alpha}_1, \boldsymbol{\alpha}_2, \cdots, \boldsymbol{\alpha}_n$ 是矩阵 $\boldsymbol{A}$ 的对应于特征值 $\lambda_1, \lambda_2, \cdots, \lambda_n$ 的标准正交特征向量.

【例 5.4】 用正交变换法，化二次型 $f(x, y)=x^2+6xy+y^2$ 为标准形，且写出正交变换.

解 二次型的矩阵为 $\boldsymbol{A}=\begin{pmatrix}1 & 3\\ 3 & 1\end{pmatrix}$，所以

$$|\lambda\boldsymbol{E}-\boldsymbol{A}|=(\lambda+2)(\lambda-4)=0$$

得 $\lambda_1=-2$，$\lambda_2=4$，对应的特征向量分别为 $\boldsymbol{\alpha}_1=(1, -1)^{\mathrm{T}}$，$\boldsymbol{\alpha}_2=(1, 1)^{\mathrm{T}}$.单位化得

$$\boldsymbol{\beta}_1=\left(\frac{1}{\sqrt{2}},-\frac{1}{\sqrt{2}}\right)^{\mathrm{T}},\quad \boldsymbol{\beta}_2=\left(\frac{1}{\sqrt{2}},\frac{1}{\sqrt{2}}\right)^{\mathrm{T}}$$

记 $\boldsymbol{Q}=\begin{pmatrix}\frac{1}{\sqrt{2}} & \frac{1}{\sqrt{2}}\\ -\frac{1}{\sqrt{2}} & \frac{1}{\sqrt{2}}\end{pmatrix}$，则 $\boldsymbol{Q}$ 为正交矩阵，正交变换为 $\boldsymbol{X}=\boldsymbol{Q}\boldsymbol{Y}$，且 $\boldsymbol{Q}^{\mathrm{T}}\boldsymbol{A}\boldsymbol{Q}=\begin{pmatrix}-2 & 0\\ 0 & 4\end{pmatrix}$，所得标准形为：$-2x'^2+4y'^2$.

下面看一下此题的几何背景.设平面上有一条有心曲线：$x^2+6xy+y^2=4$，经过上述线性变换后得到标准形：$-2x'^2+4y'^2=4$.这表明把平面围绕坐标原点按顺时针方向旋转 45°，在新坐标系下该二次曲线方程为：$-2x'^2+4y'^2=4$，这是一条双曲线.

【例 5.5】 用正交变换法，化二次型 $f(x_1, x_2, x_3)=2x_1x_3+x_2^2$ 为标准形，且写出正交变换.

解 二次型的矩阵为 $\boldsymbol{A}=\begin{pmatrix}0 & 0 & 1\\ 0 & 1 & 0\\ 1 & 0 & 0\end{pmatrix}$，所以

$$|\lambda \boldsymbol{E}-\boldsymbol{A}|=(\lambda+1)(\lambda-1)^2=0$$

得 $\lambda_1=-1$，$\lambda_2=1$，$\lambda_3=1$、$\lambda_1=-1$ 对应的特征向量为 $\boldsymbol{\alpha}_1=(-1,\ 0,\ 1)^{\mathrm{T}}$，$\lambda_2=\lambda_3=1$ 对应的特征向量为 $\boldsymbol{\alpha}_2=(0,\ 1,\ 0)^{\mathrm{T}}$，$\boldsymbol{\alpha}_3=(1,\ 0,\ 1)^{\mathrm{T}}$.

由于 $\boldsymbol{\alpha}_2$，$\boldsymbol{\alpha}_3$ 已正交，所以将 $\boldsymbol{\alpha}_1$，$\boldsymbol{\alpha}_2$，$\boldsymbol{\alpha}_3$ 单位化得

$$\boldsymbol{\beta}_1=\left(-\frac{1}{\sqrt{2}},0,\frac{1}{\sqrt{2}}\right)^{\mathrm{T}},\quad \boldsymbol{\beta}_2=(0,1,0)^{\mathrm{T}},\quad \boldsymbol{\beta}_3=\left(\frac{1}{\sqrt{2}},0,\frac{1}{\sqrt{2}}\right)^{\mathrm{T}}$$

记 $\boldsymbol{Q}=\begin{pmatrix}-\frac{1}{\sqrt{2}} & 0 & \frac{1}{\sqrt{2}}\\ 0 & 1 & 0\\ \frac{1}{\sqrt{2}} & 0 & \frac{1}{\sqrt{2}}\end{pmatrix}$，则 $\boldsymbol{Q}$ 为正交矩阵，正交变换为 $\boldsymbol{X}=\boldsymbol{QY}$，且

$$\boldsymbol{Q}^{\mathrm{T}}\boldsymbol{AQ}=\begin{pmatrix}-1 & 0 & 0\\ 0 & 1 & 0\\ 0 & 0 & 1\end{pmatrix}$$

所得标准形为：$-y_1^2+y_2^2+y_3^2$.

【例 5.6】 已知二次型：

$$f(x_1,x_2,x_3)=x_1^2+2bx_1x_2+2x_1x_3+ax_2^2+2x_2x_3+x_3^2$$

可经正交线性变换 $\boldsymbol{X}=\boldsymbol{QY}$ 化为 $f(x_1,\ x_2,\ x_3)=y_2^2+4y_3^2$，求 a，b 的值和正交变换矩阵 $\boldsymbol{Q}$.

解　由题意可知矩阵 $\boldsymbol{A}=\begin{pmatrix}1 & b & 1\\ b & a & 1\\ 1 & 1 & 1\end{pmatrix}$ 与矩阵 $\boldsymbol{B}=\begin{pmatrix}0 & 0 & 0\\ 0 & 1 & 0\\ 0 & 0 & 4\end{pmatrix}$ 相似，所以 0，1，4 是矩阵 $\boldsymbol{A}$ 的特征值.

从而 $2+a=5$，$|\boldsymbol{A}|=-b^2+2b-1=0$，解得 $a=3$，$b=1$.

对特征值 0，得矩阵 $\boldsymbol{A}$ 的对应单位特征向量为 $\boldsymbol{\alpha}_1=\frac{1}{\sqrt{2}}(1,\ 0,\ -1)^{\mathrm{T}}$；

对特征值 1，得矩阵 $\boldsymbol{A}$ 的对应单位特征向量为 $\boldsymbol{\alpha}_2=\frac{1}{\sqrt{3}}(1,\ -1,\ 1)^{\mathrm{T}}$；

对特征值 4，得矩阵 $\boldsymbol{A}$ 的对应单位特征向量为 $\boldsymbol{\alpha}_3=\frac{1}{\sqrt{6}}(1,\ 2,\ 1)^{\mathrm{T}}$；

从而所求的正交矩阵为　$\boldsymbol{Q}=\begin{pmatrix}\frac{1}{\sqrt{2}} & \frac{1}{\sqrt{3}} & \frac{1}{\sqrt{6}}\\ 0 & -\frac{1}{\sqrt{3}} & \frac{2}{\sqrt{6}}\\ -\frac{1}{\sqrt{2}} & \frac{1}{\sqrt{3}} & \frac{1}{\sqrt{6}}\end{pmatrix}$

5.2.2 配方法

配方法是用中学代数中配平方的方法来达到消去交叉项，最后只剩下平方项的方法，从而化二次型为标准形. 下面通过两个具体例子说明.

【例 5.7】 用配方法化二次型 $f(x_1, x_2, x_3)=x_1^2+2x_1x_2+2x_1x_3+x_2^2-2x_2x_3-x_3^2$ 为标准形，并写出所用的可逆变换.

解 先对 x_1 配方消去所有含 x_1 的交叉项

$$f(x_1,x_2,x_3)=(x_1+x_2+x_3)^2-4x_2x_3-2x_3^2$$

再对 x_3 配方消去所有含 x_3 的交叉项：

$$f(x_1,x_2,x_3)=(x_1+x_2+x_3)^2-2(x_2+x_3)^2+2x_2^2$$

作线性变换

$$\begin{cases}y_1=x_1+x_2+x_3\\y_2=x_2+x_3\\y_3=x_2\end{cases} \quad \text{或} \quad \begin{cases}x_1=y_1-y_2\\x_2=y_3\\x_3=y_2-y_3\end{cases}$$

得二次型的标准形为 $f(x_1,x_2,x_3)=y_1^2-2y_2^2+2y_3^2$.

【例 5.8】 用配方法化二次型 $f(x_1, x_2, x_3)=2x_1x_2+2x_1x_3-6x_2x_3$ 为标准形，并写出所用的可逆变换.

解 线性变换

$$\begin{cases}x_1=y_1+y_2\\x_2=y_1-y_2\\x_3=y_3\end{cases} \tag{5.1}$$

得 $$f(x_1,x_2,x_3)=2y_1^2-2y_2^2-4y_1y_3+8y_2y_3$$

由此可用上例方法，先对 y_1 配方，再对 y_2 配方，即

$$f(x_1,x_2,x_3)=2(y_1-y_3)^2-2y_2^2+8y_2y_3-2y_3^2=2(y_1-y_3)^2-2(y_2-2y_3)^2+6y_3^2$$

作线性变换

$$\begin{cases}z_1=y_1-y_3\\z_2=y_2-2y_3\\z_3=y_3\end{cases} \quad \text{或} \quad \begin{cases}y_1=z_1+z_3\\y_2=z_2+2z_3\\y_3=z_3\end{cases} \tag{5.2}$$

得二次型的标准形为

$$f(x_1,x_2,x_3)=2z_1^2-2z_2^2+6z_3^2$$

把式（5.2）代入式（5.1）得线性变换为

$$\begin{cases}x_1=z_1+z_2+3z_3\\x_2=z_1-z_2-z_3\\x_3=z_3\end{cases}$$

把上述两个例子的方法应用于一般的二次型可得如下结果.

定理 5.2　对任意一个 n 元二次型 $f(x_1, x_2, \cdots, x_n)=\boldsymbol{X}^{\mathrm{T}}\boldsymbol{A}\boldsymbol{X}$，一定存在一个可逆变换 $\boldsymbol{X}=\boldsymbol{C}\boldsymbol{Y}$，使得

$$\boldsymbol{X}^{\mathrm{T}}\boldsymbol{A}\boldsymbol{X}=\boldsymbol{Y}^{\mathrm{T}}\boldsymbol{C}^{\mathrm{T}}\boldsymbol{A}\boldsymbol{C}\boldsymbol{Y}=d_1y_1^2+d_2y_2^2+\cdots+d_ny_n^2$$

或对任意一个 n 阶实对称矩阵 $\boldsymbol{A}$，一定存在可逆矩阵 $\boldsymbol{C}$，使得

$$\boldsymbol{C}^{\mathrm{T}}\boldsymbol{A}\boldsymbol{C}=\begin{pmatrix} d_1 & & & \\ & d_2 & & \\ & & \ddots & \\ & & & d_n \end{pmatrix}$$

5.3　惯性定理和正定二次型

虽然二次型的标准形不唯一，但这些不同的标准形有其共性.

定理 5.3　二次型 $f(x_1, x_2, \cdots, x_n)=\boldsymbol{X}^{\mathrm{T}}\boldsymbol{A}\boldsymbol{X}$ 的标准形中，系数不为零的平方项个数等于该二次型矩阵 $\boldsymbol{A}$ 的秩.

证明　设二次型 $f(x_1, x_2, \cdots, x_n)$ 经过可逆变换 $\boldsymbol{X}=\boldsymbol{C}\boldsymbol{Y}$ 化为标准形，即

$$f(x_1,x_2,\cdots,x_n)=\boldsymbol{X}^{\mathrm{T}}\boldsymbol{A}\boldsymbol{X}=\boldsymbol{Y}^{\mathrm{T}}\boldsymbol{C}^{\mathrm{T}}\boldsymbol{A}\boldsymbol{C}\boldsymbol{Y}=d_1y_1^2+d_2y_2^2+\cdots+d_ry_r^2$$

式中 $d_i\neq 0$，$(i=1, 2, \cdots, r)$. 所以 $R(\boldsymbol{A})=R(\boldsymbol{C}^{\mathrm{T}}\boldsymbol{A}\boldsymbol{C})=r$.

定理 5.3 表明，虽然二次型可化为不同的标准形，但这些标准形中不为零的平方项个数均为 $R(\boldsymbol{A})$，与所作的可逆变换无关.

设 $f(x_1, x_2, \cdots, x_n)$ 是秩为 r 的实二次型，则经过适当的可逆变换可化为标准形. 在标准形中不为零的 r 个平方项系数可正可负，再适当排列变量的次序可得到

$$f(x_1,x_2,\cdots,x_n)=d_1y_1^2+d_2y_2^2+\cdots+d_py_p^2-d_{p+1}y_{p+1}^2-\cdots-d_ry_r^2$$

式中，$d_i>0$ $(i=1, 2, \cdots r)$.

再作一个可逆变换

$$\begin{cases} z_i=\sqrt{d_i}\,y_i & (i=1,2,\cdots,r) \\ z_i=y_i & (i=r+1,r+2,\cdots,n) \end{cases}$$

得
$$f(x_1,x_2,\cdots,x_n)=z_1^2+z_2^2+\cdots+z_p^2-z_{p+1}^2-\cdots-z_r^2$$

称上式为实二次型 $f(x_1,x_2,\cdots,x_n)$ 的规范形.

定理 5.4　（惯性定理）任意一个秩为 r 的实二次型 $f(x_1,x_2,\cdots,x_n)$ 均可化为规范形，且不论用何种可逆变换得到的规范形是唯一的.

用矩阵的语言，惯性定理可表达为：任意一个秩为 r 的实对称矩阵 $\boldsymbol{A}$ 与矩阵 $\begin{pmatrix} \boldsymbol{I}_p & & \\ & -\boldsymbol{I}_{r-p} & \\ & & \boldsymbol{O}_{n-r} \end{pmatrix}$ 合同.

定义 5.4 在秩为 r 的实二次型 $f(x_1,x_2,\cdots,x_n)$ 的标准形或规范形中，正平方项的个数 p 称为正惯性指数，负平方项的个数 $r-p$ 称为负惯性指数，它们的差 $2p-r$ 称为符号差.

利用惯性定理可得到实对称矩阵合同的判别方法.

定理 5.5 设 $\boldsymbol{A},\boldsymbol{B}$ 均为 n 阶实对称矩阵，则 $\boldsymbol{A},\boldsymbol{B}$ 合同的充要条件是 $\boldsymbol{A},\boldsymbol{B}$ 有相同的秩和相同的正惯性指数.

【例 5.9】 设

$$\boldsymbol{A}=\begin{pmatrix}1&0&0\\0&-1&0\\0&0&2\end{pmatrix},\ \boldsymbol{B}=\begin{pmatrix}1&0&0\\0&-1&0\\0&0&0\end{pmatrix},\ \boldsymbol{C}=\begin{pmatrix}8&0&0\\0&6&0\\0&0&-2\end{pmatrix},\ \boldsymbol{D}=\begin{pmatrix}1&-1&0\\-1&1&0\\0&0&-2\end{pmatrix}$$

指出与矩阵 $\boldsymbol{A}$ 合同的矩阵，并说明理由.

解 $R(\boldsymbol{A})=3$，正惯性指数为 2，而 $R(\boldsymbol{B})=R(\boldsymbol{D})=2$，所以 $\boldsymbol{A}$ 与 $\boldsymbol{B}$，$\boldsymbol{D}$ 不合同；而 $R(\boldsymbol{C})=3$，正惯性指数为 2，所以 $\boldsymbol{A}$ 与 $\boldsymbol{C}$ 合同.

【例 5.10】 设 $\boldsymbol{A}=\begin{pmatrix}1&2&0\\2&2&0\\0&0&-1\end{pmatrix}$，则矩阵 $\boldsymbol{B}=\boldsymbol{E}$，$\boldsymbol{C}=\begin{pmatrix}1&0&0\\0&1&0\\0&0&-1\end{pmatrix}$，$\boldsymbol{D}=\begin{pmatrix}1&0&0\\0&-1&0\\0&0&-1\end{pmatrix}$，$\boldsymbol{E}=-\boldsymbol{E}$ 中哪个矩阵与 $\boldsymbol{A}$ 合同?

解 因为

$$|\lambda\boldsymbol{E}-\boldsymbol{A}|=(\lambda+1)(\lambda^2-3\lambda-2)=0$$

所以矩阵 $\boldsymbol{A}$ 有一个正的和二个负的特征值，即 $R(\boldsymbol{A})=3$，且正惯性指数为 1，由此可得 $\boldsymbol{A}$ 与 $\boldsymbol{D}$ 合同.

5.4 正定二次型和正定矩阵

在实二次型中，正定二次型占有特殊的地位，下面给出它的定义以及常用的判别条件.

定义 5.5 如果对任意的 $\boldsymbol{X}=(x_1,x_2,\cdots,x_n)^{\mathrm{T}}\neq 0$，有 $\boldsymbol{X}^{\mathrm{T}}\boldsymbol{A}\boldsymbol{X}>0$，则称实二次型 $f(x_1,x_2,\cdots,x_n)=\boldsymbol{X}^{\mathrm{T}}\boldsymbol{A}\boldsymbol{X}$ 为正定二次型，矩阵 $\boldsymbol{A}$ 为正定矩阵.

显然，二次型 $f(x_1,x_2,\cdots,x_n)=x_1^2+x_2^2+\cdots+x_n^2$ 是正定的. 不难验证，实二次型 $f(x_1,x_2,\cdots,x_n)=d_1x_1^2+d_2x_2^2+\cdots+d_nx_n^2$ 是正定二次型的充要条件是 $d_i>0$ $(i=1,2,\cdots,n)$.

定理 5.6 设实二次型 $f(x_1,x_2,\cdots,x_n)=\boldsymbol{X}^{\mathrm{T}}\boldsymbol{A}\boldsymbol{X}$，则下列命题等价：

(1) 实二次型 $f(x_1,x_2,\cdots,x_n)=\boldsymbol{X}^{\mathrm{T}}\boldsymbol{A}\boldsymbol{X}$ 是正定的；

(2) 实二次型 $f(x_1,x_2,\cdots,x_n)$ 的正惯性指数为 n；

(3) 存在可逆矩阵 $\boldsymbol{P}$，使得 $\boldsymbol{A}=\boldsymbol{P}^{\mathrm{T}}\boldsymbol{P}$；

（4）矩阵 $\boldsymbol{A}$ 的特征值均大于零.

证明　（1）⇒（2）. 由定理 5.2 得，存在一个可逆矩阵 $\boldsymbol{C}$，使得

$$\boldsymbol{X}^{\mathrm{T}}\boldsymbol{A}\boldsymbol{X}=\boldsymbol{Y}^{\mathrm{T}}\boldsymbol{C}^{\mathrm{T}}\boldsymbol{A}\boldsymbol{C}\boldsymbol{Y}=d_1y_1^2+d_2y_2^2+\cdots+d_ny_n^2$$

假设正惯性指数小于 n，则至少存在一个 $d_r\leqslant 0$，作变换 $\boldsymbol{X}=\boldsymbol{C}\boldsymbol{Y}$，则

$$\boldsymbol{X}^{\mathrm{T}}\boldsymbol{A}\boldsymbol{X}=\boldsymbol{Y}^{\mathrm{T}}\boldsymbol{C}^{\mathrm{T}}\boldsymbol{A}\boldsymbol{C}\boldsymbol{Y}=d_1y_1^2+d_2y_2^2+\cdots+d_ny_n^2$$

不恒大于零，与（1）矛盾，从而实二次型 $f(x_1,x_2,\cdots,x_n)$ 的正惯性指数为 n.

（2）⇒（3）. 因为实二次型 $f(x_1,x_2,\cdots,x_n)$ 的正惯性指数为 n，所以存在一个可逆矩阵 $\boldsymbol{C}$，使得

$$\boldsymbol{X}^{\mathrm{T}}\boldsymbol{A}\boldsymbol{X}=\boldsymbol{Y}^{\mathrm{T}}\boldsymbol{C}^{\mathrm{T}}\boldsymbol{A}\boldsymbol{C}\boldsymbol{Y}=y_1^2+y_2^2+\cdots+y_n^2$$

即 $\boldsymbol{C}^{\mathrm{T}}\boldsymbol{A}\boldsymbol{C}=\boldsymbol{E}$，所以 $\boldsymbol{A}=(\boldsymbol{C}^{\mathrm{T}})^{-1}(\boldsymbol{C}^{-1})=\boldsymbol{P}^{\mathrm{T}}\boldsymbol{P}$.

（3）⇒（4）. 设存在可逆矩阵 $\boldsymbol{P}$，使得 $\boldsymbol{A}=\boldsymbol{P}^{\mathrm{T}}\boldsymbol{P}$，则由 $\boldsymbol{A}\boldsymbol{\alpha}=\lambda\boldsymbol{\alpha}$ 可得

$$\boldsymbol{\alpha}^{\mathrm{T}}\boldsymbol{A}\boldsymbol{\alpha}=\boldsymbol{\alpha}^{\mathrm{T}}\boldsymbol{P}^{\mathrm{T}}\boldsymbol{P}\boldsymbol{\alpha}=\lambda\boldsymbol{\alpha}^{\mathrm{T}}\boldsymbol{\alpha}>0$$

从而 $\lambda>0$.

（4）⇒（1）. 设矩阵 $\boldsymbol{A}$ 的特征值均大于零，则存在一个正交矩阵 $\boldsymbol{Q}$，使得

$$\boldsymbol{X}^{\mathrm{T}}\boldsymbol{A}\boldsymbol{X}=\boldsymbol{Y}^{\mathrm{T}}\boldsymbol{Q}^{\mathrm{T}}\boldsymbol{A}\boldsymbol{Q}\boldsymbol{Y}=\lambda_1y_1^2+\lambda_2y_2^2+\cdots+\lambda_ny_n^2$$

由于矩阵 $\boldsymbol{A}$ 的特征值均大于零，所以 $\boldsymbol{X}^{\mathrm{T}}\boldsymbol{A}\boldsymbol{X}$ 正定.

推论 1：正定二次型 $f(x_1,x_2,\cdots,x_n)=\boldsymbol{X}^{\mathrm{T}}\boldsymbol{A}\boldsymbol{X}$ 的规范型为 $y_1^2+y_2^2+\cdots+y_n^2$.

推论 2：正定矩阵 $\boldsymbol{A}$ 的行列式 $|\boldsymbol{A}|>0$.

推论 3：正定矩阵 $\boldsymbol{A}$ 的主对角元 $a_{ii}>0$（$i=1,2,\cdots,n$）.

证明　因为 $\boldsymbol{X}^{\mathrm{T}}\boldsymbol{A}\boldsymbol{X}$ 正定，故取 $\boldsymbol{X}=(1,0,\cdots,0)^{\mathrm{T}}$，得 $\boldsymbol{X}^{\mathrm{T}}\boldsymbol{A}\boldsymbol{X}=a_{11}>0$.

【例 5.11】　证明若矩阵 $\boldsymbol{A}$ 是正定矩阵，则 $\boldsymbol{A}^{-1}$ 和 $\boldsymbol{A}^*$ 也是正定的.

证明　因为矩阵 $\boldsymbol{A}$ 是正定矩阵，所以 $\boldsymbol{A}$ 的所有特征值 $\lambda_1,\lambda_2,\cdots,\lambda_n$ 均大于零.

而 $\boldsymbol{A}^{-1}$ 的所有特征值是 λ_1^{-1}，λ_2^{-1}，…，λ_n^{-1}，从而 $\boldsymbol{A}^{-1}$ 的所有特征值也大于零，所以矩阵 $\boldsymbol{A}^{-1}$ 是正定的.

由于 $\boldsymbol{A}^*$ 的所有特征值是 $|\boldsymbol{A}|\lambda_1^{-1}$，$|\boldsymbol{A}|\lambda_2^{-1}$，…，$|\boldsymbol{A}|\lambda_n^{-1}$，且 $|\boldsymbol{A}|>0$，所以 $\boldsymbol{A}^*$ 的所有特征值也大于零，从而矩阵 $\boldsymbol{A}^*$ 是正定的.

【例 5.12】　证明若矩阵 $\boldsymbol{A}$ 是正定矩阵，则 $|\boldsymbol{A}+\boldsymbol{E}|>1$.

证明　因为 $\boldsymbol{A}$ 正定，所以 $\boldsymbol{A}$ 的所有特征值 λ_1，λ_2，…，λ_n 全大于零.

从而 $\boldsymbol{A}+\boldsymbol{E}$ 的所有特征值 λ_1+1，λ_2+1，…，λ_n+1 全大于 1，因此

$$|\boldsymbol{A}+\boldsymbol{E}|=(\lambda_1+1)(\lambda_2+1)\cdots(\lambda_n+1)>1$$

下面根据二次型矩阵 $\boldsymbol{A}$ 的子式来判别二次型 $\boldsymbol{X}^{\mathrm{T}}\boldsymbol{A}\boldsymbol{X}$ 的正定型.

定理 5.7 实二次型 $\boldsymbol{X}^{\mathrm{T}}\boldsymbol{A}\boldsymbol{X}$ 为正定的充分必要条件是矩阵 $\boldsymbol{A}$ 的顺序主子式全大于零.

【例 5.13】 判别下列二次型是否正定：

(1) $f(x_1,x_2,x_3)=5x_1^2+x_2^2+5x_3^2+4x_1x_2-8x_1x_3-4x_2x_3$

(2) $f(x_1,x_2,x_3)=x_1^2+4x_1x_2-2x_1x_3+5x_2^2-4x_2x_3+6x_3^2$

解 (1)
$$\boldsymbol{A}=\begin{pmatrix}5 & 2 & -4\\ 2 & 1 & -2\\ -4 & -2 & 5\end{pmatrix}$$

它的顺序主子式分别为

$$5>0,\quad \begin{vmatrix}5 & 2\\ 2 & 1\end{vmatrix}=1>0,\quad |\boldsymbol{A}|=\begin{vmatrix}5 & 2 & -4\\ 2 & 1 & -2\\ -4 & -2 & 5\end{vmatrix}=1>0$$

所以所给二次型是正定的.

(2)
$$\boldsymbol{A}=\begin{pmatrix}1 & 2 & -1\\ 2 & 5 & -2\\ -1 & -2 & 6\end{pmatrix}$$

它的顺序主子式分别为

$$1>0,\quad \begin{vmatrix}1 & 2\\ 2 & 5\end{vmatrix}=1>0,\quad |\boldsymbol{A}|=\begin{vmatrix}1 & 2 & -1\\ 2 & 5 & -2\\ -1 & -2 & 6\end{vmatrix}=5>0$$

所以所给二次型是正定的.

【例 5.14】 t 取何值时，二次型 $f(x_1,x_2,x_3)=x_1^2+2tx_1x_2+2x_1x_3+4x_2^2+2x_3^2$ 是正定的?

解 因为 $\boldsymbol{A}=\begin{pmatrix}1 & t & 1\\ t & 4 & 0\\ 1 & 0 & 2\end{pmatrix}$ 正定，所以它的顺序主子式都大于零，即

$$1>0,\quad \begin{vmatrix}1 & t\\ t & 4\end{vmatrix}=4-t^2>0,\quad |\boldsymbol{A}|=\begin{vmatrix}1 & t & 1\\ t & 4 & 0\\ 1 & 0 & 2\end{vmatrix}=4-2t^2>0$$

从而当 $|t|<\sqrt{2}$ 时，所给二次型正定.

习 题 5

1. 写出下列二次型的矩阵：

(1) $f(x_1,x_2,x_3)=2x_1^2-x_2^2+4x_1x_3-2x_2x_3$

(2) $f(x_1,x_2,x_3,x_4)=2x_1x_2+2x_1x_3+2x_1x_4+2x_3x_4$

2.写出下列对称矩阵所对应的二次型:

(1) $\begin{pmatrix} 1 & -\frac{1}{2} & \frac{1}{2} \\ -\frac{1}{2} & 0 & -2 \\ \frac{1}{2} & -2 & 2 \end{pmatrix}$ (2) $\begin{pmatrix} 0 & \frac{1}{2} & -1 & 0 \\ \frac{1}{2} & -1 & \frac{1}{2} & \frac{1}{2} \\ -1 & \frac{1}{2} & 0 & \frac{1}{2} \\ 0 & \frac{1}{2} & \frac{1}{2} & 1 \end{pmatrix}$

3.用正交变换法将下列二次型化为标准形,并写出所作的线性变换:

(1) $f(x_1,x_2,x_3)=2x_1^2+x_2^2-4x_1x_2-4x_2x_3$

(2) $f(x_1,x_2,x_3)=2x_1x_2-2x_2x_3$

(3) $f(x_1,x_2,x_3)=x_1^2+2x_2^2+3x_3^2-4x_1x_2-4x_2x_3$

4.用配方法将下列二次型化为标准形:

(1) $f(x_1,x_2,x_3)=x_1^2+2x_2^2+5x_3^2+2x_1x_2+2x_1x_3+6x_2x_3$

(2) $f(x_1,x_2,x_3)=2x_1x_2+4x_1x_3$

(3) $f(x_1,x_2,x_3)=-4x_1x_2+2x_1x_3+2x_2x_3$

5.用初等变换法将下列二次型化为标准形:

(1) $f(x_1,x_2,x_3)=x_1^2+2x_2^2+4x_3^2+2x_1x_2+4x_2x_3$

(2) $f(x_1,x_2,x_3)=x_1^2-3x_2^2+x_3^2-2x_1x_2+2x_1x_3+6x_2x_3$

(3) $f(x_1,x_2,x_3)=4x_1x_2+2x_1x_3+6x_2x_3$

6.已知二次型 $f(x_1, x_2, x_3)=5x_1^2+5x_2^2+cx_3^2-2x_1x_2+6x_1x_3-6x_2x_3$ 的秩为2.求参数 c 的值,并将此二次型化为标准形.

7.试证:如果 $\mathbf{A}$ 为正定矩阵,则 $\mathbf{A}^{-1}$ 也是正定矩阵.

8.已知二次型 $f(x_1, x_2, x_3)=2x_1^2+3x_2^2+3x_3^2-2ax_2x_3$ $(a>0)$ 通过正交变换化为标准形 $f=y_1^2+2y_2^2+5y_3^2$,求 a 的值及所作的正交变换矩阵.

9.判别下列二次型是否为正定二次型:

(1) $f(x_1,x_2,x_3)=5x_1^2+6x_2^2+4x_3^2-4x_1x_2-4x_2x_3$

(2) $f(x_1,x_2,x_3)=10x_1^2+2x_2^2+x_3^2+8x_1x_2+24x_1x_3-28x_2x_3$

(3) $f(x_1,x_2,x_3,x_4)=x_1^2+x_2^2+4x_3^2+7x_4^2+6x_1x_3+4x_1x_4-4x_2x_3+2x_2x_4+4x_3x_4$

10.当 t 为何值时,下列二次型为正定二次型:

(1) $f(x_1,x_2,x_3)=x_1^2+4x_2^2+x_3^2+2tx_1x_2+10x_1x_3+6x_2x_3$

(2) $f(x_1,x_2,x_3)=x_1^2+x_2^2+5x_3^2+2tx_1x_2-2x_1x_3+4x_2x_3$

(3) $f(x_1,x_2,x_3)=2x_1^2+x_2^2+x_3^2+2x_1x_2+tx_2x_3$

11. 设 $\boldsymbol{A},\boldsymbol{B}$ 为 n 阶正定矩阵，证明 $\boldsymbol{BAB}$ 也是正定矩阵.

12. 如果 $\boldsymbol{A},\boldsymbol{B}$ 为 n 阶正定矩阵，则 $\boldsymbol{A}+\boldsymbol{B}$ 也为正定矩阵.

13. 设 $\boldsymbol{A}$ 为正定矩阵，则 $\boldsymbol{A}^{-1}$ 和 $\boldsymbol{A}^*$ 也是正定矩阵. 其中 $\boldsymbol{A}^*$ 为 $\boldsymbol{A}$ 的伴随矩阵.

14. 设 $\boldsymbol{A}$ 为 $n\times m$ 实矩阵，且 $R(\boldsymbol{A})=m<n$，求证：

(1) $\boldsymbol{A}^{\mathrm{T}}\boldsymbol{A}$ 为 m 阶正定矩阵； (2) $\boldsymbol{A}\boldsymbol{A}^{\mathrm{T}}$ 为 n 阶半正定矩阵.

15. 试证实二次型 $f(x_1,x_2,\cdots,x_n)$ 是半正定的充分必要条件是 f 的正惯性指数等于它的秩.

16. 证明：正定矩阵主对角线上的元素都是正的.

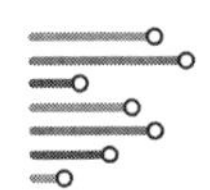

第6章　MATLAB实验

6.1　MATLAB 基础

MATLAB 是 MATtrix 和 LABoratory 两个单词的组合，意为矩阵实验室，是由美国 MathWorks 公司发布的主要面向科学计算、可视化以及交互式程序设计的计算环境. MATLAB 的基本数据单位是矩阵，它的指令表达式与数学、工程中常用的形式十分相似，故用 MATLAB 来解决计算问题要比用 C、FORTRAN 等语言完成相同的事情简捷得多，并且 MATLAB 也吸收了像 Maple 等软件的优点，使 MATLAB 成为一个强大的数学软件. MATLAB 的优势：

（1）高效的数值计算及符号计算功能，能使用户从繁杂的数学运算中解脱出来；

（2）具有完备的图形处理功能，实现计算结果和编程的可视化；

（3）友好的用户界面及接近数学表达式的自然化语言，易于读者学习和掌握；

（4）功能丰富的应用工具箱（如信号处理工具箱、优化工具箱、符号运算工具箱、神经网络工具箱、概率统计工具箱、金融工具箱等），为用户提供了大量方便实用的处理工具.

MATLAB 的默认布局界面如图 6.1 所示.

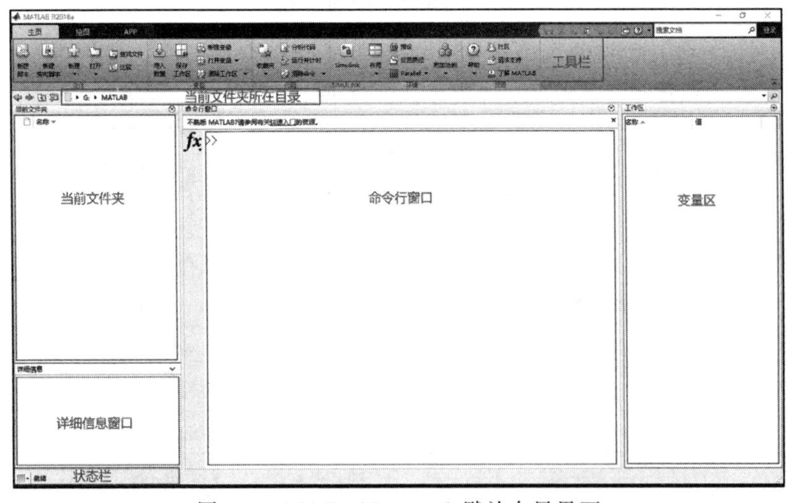

图 6.1　MATLAB 2018A 默认布局界面

工具栏：提供一些常用的命令按钮，例如新建脚本、打开、保存、布局、预设等.

当前文件夹：可以在当前文件夹位置处来输入或者选择，选定当前文件夹后，新建的脚本文件都会保存在此文件夹内，方便以后使用.

命令行窗口：命令行窗口是 MATLAB 的主要交互窗口，用于输入命令并显示执行结果，命令行窗口中的“>>”是提示符，在其后输入 MATLAB 语句，输入完毕后回车即可执行刚才输入的语句.

变量区：变量区主要存放程序执行过程中涉及的变量及结果，显示变量的名称、大小、类型，可以在变量区对变量进行观察、编辑、保存和删除.

MATLAB 的基本运算和常用函数见表 6.1 和表 6.2.

表 6.1　MATLAB 基本运算

运算符	含义
+	加法运算,数与数、数与矩阵、同型矩阵之间的相加
−	减法运算,数与数、数与矩阵、同型矩阵之间的相减
*	乘法运算,数与数、数与矩阵、矩阵与矩阵之间的普通乘法
/	除法运算(右除运算),当 a,b 为数时 $a/b=\frac{a}{b}$,当 $\boldsymbol{A},\boldsymbol{B}$ 为矩阵时 $\boldsymbol{A}/\boldsymbol{B}=\boldsymbol{A}\boldsymbol{B}^{-1}$
\	左除运算,当 a,b 为数时 $a\backslash b=\frac{b}{a}$,当 $\boldsymbol{A},\boldsymbol{B}$ 为矩阵时 $\boldsymbol{A}\backslash\boldsymbol{B}=\boldsymbol{A}^{-1}\boldsymbol{B}$
^	乘幂运算,数或者方阵的普通乘幂运算
.*	点乘运算,两个同型矩阵对应位置元素的相乘
./	点除运算,两个同型矩阵对应位置元素的相除
.^	点幂运算,当 $\boldsymbol{A}$ 为矩阵时,$\boldsymbol{A}$.^k 表示 $\boldsymbol{A}$ 中每个元素取 k 次幂

表 6.2　MATLAB 常用函数

函数	含义	函数	含义
sin(x)	正弦函数	asin(x)	反正弦函数
cos(x)	余弦函数	acos(x)	反余弦函数
tan(x)	正切函数	atan(x)	反正切函数
cot(x)	余切函数	acot(x)	反余切函数
exp(x)	指数函数 e^x	log(x)	自然对数函数
log2(x)	以 2 为底的对数函数	log10(x)	以 10 为底的对数函数
sqrt(x)	开方	abs(x)	绝对值函数
sign(x)	符号函数	sum(x)	向量或矩阵元素求和
min(x)	向量或矩阵元素取最小值	max(x)	向量或矩阵元素取最大值
fix(x)	舍掉小数取整函数	round(x)	四舍五入取整函数
ceil(x)	上取整函数	floor(x)	下取整函数

MATLAB 中常用的常量有：圆周率 pi，虚数单位 i 或者 j，无穷大 inf，浮点相对精度 eps.

MATLAB 中的变量要求以字母开头，由字母、数字或下划线组成，字母区分大小写，定义变量时，变量的名称不能与 MATLAB 内部函数或者常量的名称相同. MATLAB 提供的变量类型很多，主要的两种类型是数值型变量和符号型变量，其他类型的变量还有字符串型变量、多维数组、元胞变量、类变量等，其中使用最多的是数值型变量，数值型变量一般不需要事先声明，可以直接赋值使用；符号型变量使用前需要用 syms 命令事先声明符号变量，例如：syms x y z，表示声明了三个符号变量 x，y，z.

MATLAB 中一般矩阵的输入，以“[”开头，以“]”结尾，矩阵中的元素按行输入，同一行元素用逗号或者空格隔开，换行时采用分号换行.

【例 6.1】 输入矩阵 $\boldsymbol{A}=\begin{pmatrix}4 & 3 & 1\\1 & -2 & 3\\5 & 7 & 0\end{pmatrix}$ 和 $\boldsymbol{B}=\begin{pmatrix}1 & 2\\1 & -1\\0 & 1\end{pmatrix}$.

代码与结果：

```
A=[4 3 1;1 -2 3;5 7 0]
A = 3×3
    4     3  1
    1    -2  3
    5     7  0
B = [1 2;1 -1;0 1]
B = 3×2
    1     2
    1    -1
    0     1
```

对于一些特殊的矩阵，MATLAB 内置了相应的函数，具体的函数见表 6.3.

表 6.3 常用特殊矩阵函数

函数	含义
zeros(n)	生成 n 阶元素均为 0 的方阵
zeros(m,n)	生成元素均为 0 的 m 行 n 列的矩阵
ones(n)	生成 n 阶元素均为 1 的方阵
ones(m,n)	生成元素均为 1 的 m 行 n 列的矩阵
eye(n)	生成一个 n 阶单位阵
eye(m,n)	生成 m 行 n 列的矩阵,元素的行标与列标相同为 1、不同为 0
diag(v)	生成主对角线元素为向量 v 中元素的对角阵
vander(v)	生成一次项为向量 v 中元素的范德蒙德行列式,注:此函数生成的范德蒙德行列式与教材中给出的范德蒙德行列式略有差异,可以利用 transpose(fliplr(vander(v)))来生成教材中的范德蒙德行列式,其中,函数 transpose(A)表示矩阵 **A** 的转置,fliplr(A)表示矩阵 **A** 左右翻转

【例 6.2】 生成一个 3 阶单位阵 $\boldsymbol{E}$ 和一个一次项为 1，2，3，4 的范德蒙德矩阵 $\boldsymbol{A}$.

代码与结果：

```
E = eye(3)
E = 3×3
     1  0  0
     0  1  0
     0  0  1
A = transpose(fliplr(vander([1,2,3,4])))
A = 4×4
     1  1   1   1
     1  2   3   4
     1  4   9  16
     1  8  27  64
```

矩阵 $\boldsymbol{A}$ 中元素的提取、赋值和删除：

A(i,j)表示提取矩阵 $\boldsymbol{A}$ 中第 i 行第 j 列的元素；

A(i,:)表示提取矩阵 $\boldsymbol{A}$ 中第 i 行所有的元素；

A(:,j)表示提取矩阵 $\boldsymbol{A}$ 中第 j 列所有的元素；

A(v1,v2)表示提取向量 $\boldsymbol{v}1$ 中的行、向量 $\boldsymbol{v}2$ 中的列相交位置的元素；

A(i,j)=a 表示将矩阵 $\boldsymbol{A}$ 中第 i 行第 j 列的元素赋值为数 a；

A(i,:)=v 表示将矩阵 $\boldsymbol{A}$ 中第 i 行元素用同维行向量 $\boldsymbol{v}$ 替换；

A(:,j)=v 表示将矩阵 $\boldsymbol{A}$ 中第 j 列元素用同维列向量 $\boldsymbol{v}$ 替换；

A(v1,v2)=B 表示将矩阵 $\boldsymbol{A}$ 中向量 $\boldsymbol{v}1$ 中的行、向量 $\boldsymbol{v}2$ 中的列相交位置的元素用矩阵 $\boldsymbol{B}$ 中的元素替换；

A(v1,:)=[ ]表示删除向量 $\boldsymbol{v}1$ 中元素所对应的行；

A(:,v2)=[ ]表示删除向量 $\boldsymbol{v}2$ 中元素所对应的列.

注意： 删除操作只能整行或者整列的删除，不能删除某个元素，另外，赋值和删除操作会改变矩阵 $\boldsymbol{A}$，后续如果再对 $\boldsymbol{A}$ 进行操作，是对修改后的 $\boldsymbol{A}$ 进行操作.

【例 6.3】 对矩阵

$$\boldsymbol{A}=\begin{pmatrix}3 & -5 & 2 & 1\\ 1 & 1 & 0 & -5\\ -1 & 3 & 1 & 3\\ 2 & -4 & -1 & -3\end{pmatrix}$$

依次做如下操作：

(1) 生成一个由矩阵 $\boldsymbol{A}$ 中四个角上的元素所构成的矩阵 $\boldsymbol{B}$；

(2) 删除矩阵 $\boldsymbol{A}$ 的第 2、4 行和第 4 列元素；

(3) 生成一个由矩阵 $\boldsymbol{A}$ 中四个角上的元素所构成的矩阵 $\boldsymbol{C}$.

代码与结果：

```
A=[3 -5 2 1;1 1 0 -5;-1 3 1 3;2 -4 -1 -3];
B=A([1,end],[1,end])      % end 表示矩阵的最后一行(列)的行(列)数
B = 2×2
    3     1
    2    -3
A([2,4],:)=[]      % 删除第 2 行和第 4 行
A = 2×4
     3    -5    2    1
    -1     3    1    3
A(:,4)=[]      % 删除第 4 列,注:命令 A([2,4],4)=[]是无法同时删除第 2,4 行和第 4 列的
A = 2×3
     3    -5    2
    -1     3    1
C=A([1,end],[1,end])
C = 2×2
     3    2
    -1    1
```

6.2 行列式实验

【例 6.4】 计算行列式

$$D=\begin{vmatrix}3&1&1&1\\1&3&1&1\\1&1&3&1\\1&1&1&3\end{vmatrix}$$

代码与结果：

```
A=[3 1 1 1;1 3 1 1;1 1 3 1;1 1 1 3];
D=det(A)    % det(A)返回方阵 A 所对应的行列式
D = 48
```

【例 6.5】 计算如下行列式：

(1) 对角行列式 $D_1=\begin{vmatrix}a_1&0&0&0\\0&a_2&0&0\\0&0&a_3&0\\0&0&0&a_4\end{vmatrix}$；

(2) 副对角行列式 $D_2=\begin{vmatrix}0&0&a_1\\0&a_2&0\\a_3&0&0\end{vmatrix}$；

(3) 下三角形行列式 $D_3=\begin{vmatrix} a_1 & 0 & 0 & 0 \\ a_5 & a_2 & 0 & 0 \\ a_6 & a_8 & a_3 & 0 \\ a_7 & a_9 & a_{10} & a_4 \end{vmatrix}$;

(4) 上三角形行列式 $D_4=\begin{vmatrix} a_1 & a_5 & a_6 & a_7 \\ 0 & a_2 & a_8 & a_9 \\ 0 & 0 & a_3 & a_{10} \\ 0 & 0 & 0 & a_4 \end{vmatrix}$;

(5) 范德蒙德行列式 $D_5=\begin{vmatrix} 1 & 1 & 1 & 1 \\ a_1 & a_2 & a_3 & a_4 \\ a_1^2 & a_2^2 & a_3^2 & a_4^2 \\ a_1^3 & a_2^3 & a_3^3 & a_4^3 \end{vmatrix}$;

(6) $D_{2n}=\underbrace{\begin{vmatrix} a & & & & & b \\ & \ddots & & & \unicode{x22F0} & \\ & & a & b & & \\ & & c & d & & \\ & \unicode{x22F0} & & & \ddots & \\ c & & & & & d \end{vmatrix}}_{2n}$.

代码与结果:

```
syms a1 a2 a3 a4 a5 a6 a7 a8 a9 a10;      % 声明符号变量
v1 = [a1 a2 a3 a4];      % 主对角线元素对应的向量
A1 = diag(v1);           % 生成对角阵
D1 = det(A1)             % 计算对角行列式
D1 = a1 a2 a3 a4
v2 = [a1 a2 a3];
A2 = fliplr(diag(v2));      % 将 v2 生成的对角阵左右翻转,得到副对角阵
D2 = det(A2)      % 计算副对角行列式
D2 = - a1 a2 a3
A3 = [a1 0 0 0;a5 a2 0 0;a6 a8 a3 0;a7 a9 a10 a4];
D3 = det(A3)      % 计算下三角行列式
D3 = a1 a2 a3 a4
A4 = [a1 a5 a6 a7;0 a2 a8 a9;0 0 a3 a10;0 0 0 a4];
D4 = det(A4)      % 计算上三角行列式
D4 = a1 a2 a3 a4
```

```
v5 = [a1 a2 a3 a4];
A5 = transpose(fliplr(vander(v5)));      % 生成范德蒙德行列式
D5 = det(A5);      % 计算范德蒙德行列式
D5 = simplify(D5)      % 将结果化简
D5 =   (a1 - a2)(a1 - a3)(a1 - a4)(a2 - a3)(a2 - a4)(a3 - a4)
syms a b c d;
n = 4;      % 给出维数 2n 中的 n 值
SA = diag(ones(1,n) * a);              % 生成左上角
SB = fliplr(diag(ones(1,n) * b));      % 生成右上角
SC = fliplr(diag(ones(1,n) * c));      % 生成左下角
SD = diag(ones(1,n) * d);              % 生成右下角
A6 = [SA,SB;SC,SD];                    % 拼接各个部分
D6 = det(A6)                           % 计算行列式
D6 = (ad - bc)^4
```

【例 6.6】 求行列式

$$D=\begin{vmatrix} 3 & -5 & 2 & 1 \\ 1 & 1 & 0 & -5 \\ -1 & 3 & 1 & 3 \\ 2 & -4 & -1 & -3 \end{vmatrix}$$

所有元素的余子式和代数余子式，并验证行列式按行展开法则.

自定义函数 MyMA，功能：求行列式 D 所有元素的余子式和代数余子式

```
function [M,A] = MyMA(D)
% 输入:行列式所对应的矩阵 D
% 输出:余子式矩阵 M,代数余子式矩阵 A
n = size(D,1);   % 获取行列式的维数
for i = 1:n
   for j = 1:n
     M(i,j) = det(D(setdiff(1:n,i),setdiff(1:n,j)));   % 计算余子式,setdiff(A,B)表示 A 与 B 的差集,此处表示划掉第 i 行和第 j 列元素
     A(i,j) = ( - 1)^(i + j) * M(i,j);   % 代数余子式
   end
end
end
```

代码与结果：

```
D = [3 - 5 2 1;1 1 0 - 5; - 1 3 1 3;2 - 4 - 1 - 3];
[M,A] = MyMA(D);
d = det(D)   % 计算行列式
d  =  40.0000
D * transpose(A)   % 验证行列式按行展开法则,即验证主对角线元素是否为行列式的值
```

```
ans = 4×4
      40.0000    0.0000    0.0000   -0.0000
            0   40.0000         0         0
            0         0   40.0000   -0.0000
            0    0.0000    0.0000   40.0000
```

6.3 矩阵及其运算实验

【例 6.7】 设矩阵 $\boldsymbol{A}=\begin{pmatrix}-2 & 4\\ 1 & -2\end{pmatrix}$，$\boldsymbol{B}=\begin{pmatrix}2 & 4\\ -3 & -6\end{pmatrix}$，$\boldsymbol{C}=\begin{pmatrix}1 & 2 & 3\\ 2 & 2 & 1\\ 3 & 4 & 3\end{pmatrix}$，求 $\boldsymbol{A}+\boldsymbol{B}$，$\boldsymbol{A}-\boldsymbol{B}$，$2\boldsymbol{A}$，$\boldsymbol{A}^3$，$\boldsymbol{AB}$，$\boldsymbol{BA}$，$|\boldsymbol{AB}|$，$|\boldsymbol{BA}|$，$\boldsymbol{C}^{-1}$，$\boldsymbol{C}^{\mathrm{T}}$，$\boldsymbol{C}^*$.

代码与结果：

```
A=[-2 4;1 -2];
B=[2 4;-3 -6];
C=[1 2 3;2 2 1;3 4 3];
A+B
ans = 2×2
       0     8
      -2    -8
A-B
ans = 2×2
      -4   0
       4   4
2*A
ans = 2×2
      -4     8
       2    -4
A^3
ans = 2×2
     -32     64
      16    -32
A*B
ans = 2×2
     -16    -32
       8     16
B*A               %A*B不等于B*A,矩阵乘法没有交换律
ans = 2×2
     0   0
```

```
     0   0
det(A * B)
ans = 0
det(B * A)       % 虽然 A * B 不等于 B * A,但是二者的行列式相同
ans = 0
inv(C)           % inv(C)求矩阵的逆矩阵
ans = 3×3
        1.0000    3.0000   -2.0000
       -1.5000   -3.0000    2.5000
        1.0000    1.0000   -1.0000
C'               % C 的转置,同 transpose(C)
ans = 3×3
     1   2   3
     2   2   4
     3   1   3
inv(C) * det(C)   % 根据 C * C* = |C| * E,有 C* = inv(C) * |C|
ans = 3×3
        2.0000    6.0000   -4.0000
       -3.0000   -6.0000    5.0000
        2.0000    2.0000   -2.0000
```

【例 6.8】 求解如下三个矩阵方程：

(1) $\begin{pmatrix}2 & 5\\1 & 3\end{pmatrix}X=\begin{pmatrix}4 & -6\\2 & 1\end{pmatrix}$；　　(2) $X\begin{pmatrix}2 & 1 & -1\\2 & 1 & 0\\1 & -1 & 1\end{pmatrix}=\begin{pmatrix}1 & -1 & 3\\4 & 3 & 2\end{pmatrix}$；

(3) $\begin{pmatrix}1 & 4\\-1 & 2\end{pmatrix}X\begin{pmatrix}2 & 0\\-1 & 1\end{pmatrix}=\begin{pmatrix}3 & 1\\0 & -1\end{pmatrix}$.

代码与结果：

```
A = [2 5;1 3];
B = [4 -6;2 1];
X = A\B,X = inv(A) * B   % A 左除 B 相当于 inv(A) * B
X = 2×2
    2   -23
    0     8
X = 2×2
    2   -23
    0     8
A = [2 1 -1;2 1 0;1 -1 1];
B = [1 -1 3;4 3 2];
X = B/A,X = B * inv(A)     % B 右除 A 相当于 B * inv(A)
```

```
X = 2×3
     -2.0000   2.0000    1.0000
     -2.6667   5.0000   -0.6667
X = 2×3
     -2.0000   2.0000    1.0000
     -2.6667   5.0000   -0.6667
A=[1 4;-1 2];
B=[2 0;-1 1];
C=[3 1;0 -1];
X=inv(A)*C*inv(B),X=A\C/B     % A先左除C再右除B相当于inv(A)*C*inv(B)
X = 2×2
    1.0000   1.0000
    0.2500        0
X = 2×2
    1.0000   1.0000
    0.2500        0
```

【例 6.9】 利用克莱姆法则求解线性方程组

$$\begin{cases}x_1-x_2-x_3=2\\2x_1-x_2-3x_3=1\\3x_1+2x_2-5x_3=0\end{cases}$$

代码与结果：

```
A=[1 -1 -1;2 -1 -3;3 2 -5];%系数矩阵
b=[2;1;0];       %常数项向量
A1=A;            %将A赋值给A1
A1(:,1)=b;       %A1的第1列元素替换为向量b
A2=A;            %将A赋值给A2
A2(:,2)=b;       %A2的第2列元素替换为向量b
A3=A;            %将A赋值给A3
A3(:,3)=b;       %A3的第3列元素替换为向量b
D=det(sym(A)); %将矩阵A转换为符号矩阵,再计算系数行列式
x1=det(sym(A1))/D,x2=det(sym(A2))/D,x3=det(sym(A3))/D   %利用克莱姆法则求解
x1 = 5
x2 = 0
x3 = 3
```

【例 6.10】 设齐次线性方程组

$$\begin{cases}ax_1+x_4=0\\x_1+2x_2-x_4=0\\(a+2)x_1-x_2+4x_4=0\\2x_1+x_2+3x_3+ax_4=0\end{cases}$$

有非零解，求 a 的值.

代码与结果：

```
syms a;      %声明符号变量
A=[a 0 0 1;1 2 0 -1;a+2 -1 0 4;2 1 3 a];
eqn=det(A)  %计算系数行列式,结果为包含 a 的表达式
eq = 15-15a
a=solve(eqn==0,a)  %行列式表达式的值为 0,用 solve 命令求解方程
a = 1
```

根据程序运行结果知，当 $a=1$ 时，系数行列式为 0，齐次线性方程组有非零解.

6.4 初等行变换与线性方程组实验

【例 6.11】 将矩阵 $\boldsymbol{A}$ 和 $\boldsymbol{B}$ 化为行最简形矩阵并求它们的秩

$$\boldsymbol{A}=\begin{pmatrix}2 & -1 & -1 & 1 & 2\\1 & 1 & -2 & 1 & 4\\4 & -6 & 2 & -2 & 4\\3 & 6 & -9 & 7 & 9\end{pmatrix},\quad \boldsymbol{B}=\begin{pmatrix}2 & 1 & 8 & 3 & 7\\2 & -3 & 0 & 7 & -5\\3 & -2 & 5 & 8 & 0\\1 & 0 & 3 & 2 & 0\end{pmatrix}$$

代码与结果：

```
A=[2 -1 -1 1 2;1 1 -2 1 4;4 -6 2 -2 4;3 6 -9 7 9];
B=[2 1 8 3 7;2 -3 0 7 -5;3 -2 5 8 0;1 0 3 2 0];
rfA=rref(A)        %rref(A)求解 A 的行最简形矩阵
rfA = 4×5
      1        0        -1        0        4
      0        1        -1        0        3
      0        0         0        1       -3
      0        0         0        0        0
rA=rank(A)         %rank(A)求矩阵 A 的秩
rA =
     3
rfB=rref(B)        %求解 B 的行最简形矩阵
rfB = 4×5
      1        0         3        2        0
      0        1         2       -1        0
      0        0         0        0        1
      0        0         0        0        0
rB=rank(B)         %求矩阵 B 的秩
rB =
     3
```

【例 6.12】 利用初等行变换的方法求矩阵 $\boldsymbol{A}=\begin{pmatrix}0 & -2 & 1\\3 & 0 & -2\\-2 & 3 & 0\end{pmatrix}$ 的逆矩阵.

代码与结果:

```
A = [0 -2 1;3 0 -2;-2 3 0];   % 矩阵 A
B = [A,eye(3)];   % 将同维单位阵写在 A 的后面得到 B
C = rref(B);      % 将 B 化为行最简形矩阵 C,C 前三列元素为单位阵,后三列元素即为 A 的逆
Ainv = C(:,4:6)   % 提取 C 的后三列元素,即 A 逆
Ainv = 3×3
     6          3          4
     4          2          3
     9          4          6
```

【例 6.13】 设 $\boldsymbol{A}=\begin{pmatrix}2 & -1 & -1\\1 & 1 & -2\\4 & -6 & 2\end{pmatrix}$ 的行最简形矩阵为 $\boldsymbol{F}$，求 $\boldsymbol{F}$，并求一个可逆矩阵 $\boldsymbol{P}$，使 $\boldsymbol{PA}=\boldsymbol{F}$.

代码与结果:

```
A = [2 -1 -1;1 1 -2;4 -6 2];   % 矩阵 A
B = [A,eye(3)];                % 将同维单位阵写在 A 的后面得到 B
C = rref(B);                   % 初等行变换化为行最简形矩阵,(A,E)~(F,P)
F = C(:,1:3)                   % 得到行最简形矩阵
F = 3×3
     1          0          -1
     0          1          -1
     0          0           0
P = C(:,4:6)                   % 得到可逆矩阵 P,注意 P 不唯一
P = 3×3
     0          3/5         1/10
     0          2/5        -1/10
     1         -4/5        -3/10
```

【例 6.14】 判断下列非齐次线性方程组是否有解,如果有唯一解,求出该唯一解;如果有无穷多解,请求出基础解系和一个特解.

(1) $\begin{cases}4x_1+2x_2-x_3=2\\3x_1-x_2+2x_3=10\\11x_1+3x_2=8\end{cases}$

(2) $\begin{cases}x_1+2x_2+3x_3=2\\2x_1-x_2-x_3=1\\x_1-2x_2-2x_3=-1\\x_1-x_2-x_3=0\end{cases}$

$$
(3)\begin{cases}2x_1+x_2-x_3+x_4=1\\3x_1-2x_2+x_3-3x_4=4\\x_1+4x_2-3x_3+5x_4=-2\end{cases}
$$

自定义函数 MyLEG,功能:判断线性方程组 $\boldsymbol{Ax}=\boldsymbol{b}$ 是否有解,如果有唯一解,求出该唯一解;如果有无穷多解,请求出基础解系和一个特解.

```
function [] = MyLEG(A,b)
%输入:A为系数矩阵,b为常数项向量
B = [A,b];          %增广矩阵
n = size(A,2);      %返回未知数个数
rA = rank(A);       %系数矩阵A的秩
rB = rank(B);       %增广矩阵B的秩
if rA~ = rB         %如果系数矩阵的秩不等于增广矩阵的秩,方程组无解
    disp(strcat('系数矩阵的秩为',num2str(rA),',增广矩阵的秩为',num2str(rB),',二者不等,此线性方程组无解')); %num2str(d)将数值d转化为字符串,strcat(str1,str2,…,strn)为字符串拼接函数
end
if rA = = rB && rA = = n     %如果系数矩阵的秩等于增广矩阵的秩,且等于未知数的个数,方程组有唯一解
    disp(strcat('系数矩阵的秩和增广矩阵的秩均为',num2str(rA),',等于未知数个数',',此线性方程组有唯一解'));
    disp('此线性方程组的唯一解为:');
    A(1:rA,:)\b(1:rA) %求出唯一解
end
if rA = = rB && rA<n     %如果系数矩阵的秩等于增广矩阵的秩,但小于未知数的个数,方程组有无穷多解
    disp(strcat('系数矩阵的秩和增广矩阵的秩均为',num2str(rA),',小于未知数个数',num2str(n),',此线性方程组有无穷多解'));
    disp('此线性方程组的一个特解为:');
    A(1:rA,:)\b(1:rA)   %求一个特解
    disp('此线性方程组的基础解系为:');
    null(A,'r')     %求矩阵A所对应的齐次线性方程组的基础解系
end
end
```

代码与结果:

```
A1 = [4 2 -1;3 -1 2;11 3 0];     %系数矩阵A
b1 = [2;10;8];        %常数项向量b
MyLEG(A1,b1)          %线性方程组求解函数
系数矩阵的秩为2,增广矩阵的秩为3,二者不等,此线性方程组无解
A2 = [1 2 3;2 -1 -1;1 -2 -2;1 -1 -1];   %系数矩阵A
```

```
b2 = [2;1; - 1;0];     % 常数项向量 b
MyLEG(A2,b2)           % 线性方程组求解函数
系数矩阵的秩和增广矩阵的秩均为 3,等于未知数个数,此线性方程组有唯一解
此线性方程组的唯一解为:
ans = 3×1
       1
       2
      - 1
A3 = [2 1  - 1 1;3  - 2 1  - 3;1 4  - 3 5]; % 系数矩阵 A
b3 = [1;4; - 2];       % 常数项向量 b
MyLEG(A3,b3)           % 线性方程组求解函数
系数矩阵的秩和增广矩阵的秩均为 2,小于未知数个数 4,此线性方程组有无穷多解
此线性方程组的一个特解为:
ans = 4×1
       7/9
       0
       0
      - 5/9
此线性方程组的基础解系为:
ans = 4×2
     1/7          1/7
     5/7        - 9/7
     1            0
     0            1
```

根据齐次线性方程组的基础解系和非齐次线性方程组的一个特解，得非齐次线性方程组的通解为

$$\begin{pmatrix} x_1 \\ x_2 \\ x_3 \\ x_4 \end{pmatrix} = c_1 \begin{pmatrix} 1/7 \\ 5/7 \\ 1 \\ 0 \end{pmatrix} + c_2 \begin{pmatrix} 1/7 \\ -9/7 \\ 0 \\ 1 \end{pmatrix} + \begin{pmatrix} 7/9 \\ 0 \\ 0 \\ -5/9 \end{pmatrix}, c_1, c_2 \in \mathbf{R}.$$

【例 6.15】 设$\begin{cases} (2-a)x_1+2x_2-2x_3=1 \\ 2x_1+(5-a)x_2-4x_3=2 \\ -2x_1-4x_2+(5-a)x_3=-a-1 \end{cases}$，问 a 为何值时，次方程组有唯一解，无解或有无限多解？并在有无限多解时求其通解.

```
syms a;       % 定义符号变量 a
A = [2 - a 2  - 2;2 5 - a  - 4; - 2  - 4 5 - a];       % 系数矩阵
b = [1;2;-a-1];       % 常数项向量
D = det(A);           % 计算系数行列式,结果是一个关于 a 的三次多项式
```

```
solve(D = = 0) %D不等于0时,方程组有唯一解,即a不等于1和10时有唯一解
ans =
```

$$\begin{pmatrix}1\\1\\10\end{pmatrix}$$

```
A1 = eval(subs(A,'a',1));      %讨论当a = 1时的情形,将矩阵A中的a替换为1
b1 = eval(subs(b,'a',1));      %矩阵b中的a替换为1
MyLEG(A1,b1)                   %利用自定义函数MyLEG来求线性方程组的解
系数矩阵的秩和增广矩阵的秩均为1,小于未知数个数3,此线性方程组有无穷多解
此线性方程组的一个特解为:
ans = 3×1
      0
      1/2
      0
此线性方程组的基础解系为:
ans = 3×2
       -2         2
        1         0
        0         1
A2 = eval(subs(A,'a',10));     %讨论当a = 10时的情形,将矩阵A中的a替换为10
b2 = eval(subs(b,'a',10));     %矩阵b中的a替换为10
MyLEG(A2,b2)                   %利用自定义函数MyLEG来求线性方程组的解
系数矩阵的秩为2,增广矩阵的秩为3,二者不等,此线性方程组无解
```

当$a=1$时，方程组有无穷多个解，根据齐次线性方程组的基础解系和非齐次线性方程组的一个特解，得非齐次线性方程组的通解为

$$\begin{pmatrix}x_1\\x_2\\x_3\end{pmatrix}=c_1\begin{pmatrix}-2\\1\\0\end{pmatrix}+c_2\begin{pmatrix}2\\0\\1\end{pmatrix}+\begin{pmatrix}0\\1/2\\0\end{pmatrix},c_1,c_2\in\mathbf{R}$$

6.5 向量组线性相关性实验

【例 6.16】 设

$$\boldsymbol{a}_1=\begin{pmatrix}1\\1\\2\\2\end{pmatrix},\quad \boldsymbol{a}_2=\begin{pmatrix}1\\2\\1\\3\end{pmatrix},\quad \boldsymbol{a}_3=\begin{pmatrix}1\\-1\\4\\0\end{pmatrix},\quad \boldsymbol{b}=\begin{pmatrix}1\\0\\3\\1\end{pmatrix}$$

证明向量$\boldsymbol{b}$能由向量组$\boldsymbol{a}_1$，$\boldsymbol{a}_2$，$\boldsymbol{a}_3$线性表示，并求出表达式.

代码与结果：

```
a1 = [1;1;2;2];
a2 = [1;2;1;3];
a3 = [1;-1;4;0];
b = [1;0;3;1];
A = [a1,a2,a3];
rA = rank(A)              % 计算向量组 a1,a2,a3 的秩
rA =
     2
rB = rank([A,b])          % 计算向量组 a1,a2,a3,b 的秩
rB =
     2
MyLEG(A,b)                % 求解 Ax = b
系数矩阵的秩和增广矩阵的秩均为 2,小于未知数个数 3,此线性方程组有无穷多解
此线性方程组的一个特解为：
ans = 3×1
       0
       1/3
       2/3
此线性方程组的基础解系为：
ans = 3×1
       -3
        2
        1
```

由 $R(\boldsymbol{a}_1,\boldsymbol{a}_2,\boldsymbol{a}_3)=R(\boldsymbol{a}_1,\boldsymbol{a}_2,\boldsymbol{a}_3,\boldsymbol{b})=2$ 知，向量 $\boldsymbol{b}$ 能由向量组 $\boldsymbol{a}_1,\boldsymbol{a}_2,\boldsymbol{a}_3$ 线性表示，又由 $(\boldsymbol{a}_1,\ \boldsymbol{a}_2,\ \boldsymbol{a}_3)\begin{pmatrix}x_1\\x_2\\x_3\end{pmatrix}=\boldsymbol{b}$ 的解，得

$$\boldsymbol{b}=(\boldsymbol{a}_1,\boldsymbol{a}_2,\boldsymbol{a}_3)\left(c\begin{pmatrix}-3\\2\\1\end{pmatrix}+\begin{pmatrix}0\\1/3\\2/3\end{pmatrix}\right)=(-3c)\boldsymbol{a}_1+(2c+1/3)\boldsymbol{a}_2+(c+2/3)\boldsymbol{a}_3$$

【例 6.17】 设

$$\boldsymbol{a}_1=\begin{pmatrix}1\\-1\\1\\-1\end{pmatrix},\quad \boldsymbol{a}_2=\begin{pmatrix}3\\1\\1\\3\end{pmatrix},\quad \boldsymbol{b}_1=\begin{pmatrix}2\\0\\1\\1\end{pmatrix},\quad \boldsymbol{b}_2=\begin{pmatrix}1\\1\\0\\2\end{pmatrix},\quad \boldsymbol{b}_3=\begin{pmatrix}3\\-1\\2\\0\end{pmatrix}$$

证明向量组 $\boldsymbol{a}_1$，$\boldsymbol{a}_2$ 与向量组 $\boldsymbol{b}_1$，$\boldsymbol{b}_2$，$\boldsymbol{b}_3$ 等价.

```
a1 = [1; - 1;1; - 1];
a2 = [3;1;1;3];
```

```
b1 = [2;0;1;1];
b2 = [1;1;0;2];
b3 = [3; - 1;2;0];
A = [a1,a2];
B = [b1,b2,b3];
AB = [A,B];
rA = rank(A),rB = rank(B),rAB = rank(AB) % 计算向量组 a1,a2,向量组 b1,b2,b3,向量组 a1,a2,b1,b2,b3 的秩
rA =
     2
rB =
     2
rAB =
     2
```

根据 $R(\boldsymbol{a}_1, \boldsymbol{a}_2)=R(\boldsymbol{b}_1, \boldsymbol{b}_2, \boldsymbol{b}_3)=R(\boldsymbol{a}_1, \boldsymbol{a}_2, \boldsymbol{b}_1, \boldsymbol{b}_2, \boldsymbol{b}_3)=2$ 知，向量组 $\boldsymbol{a}_1, \boldsymbol{a}_2$ 与向量组 $\boldsymbol{b}_1, \boldsymbol{b}_2, \boldsymbol{b}_3$ 等价.

【例 6.18】 讨论下列向量组的线性相关性：

(1) $\begin{pmatrix}-1\\3\\1\end{pmatrix}, \begin{pmatrix}2\\1\\0\end{pmatrix}, \begin{pmatrix}1\\4\\1\end{pmatrix}$　　(2) $\begin{pmatrix}2\\3\\0\end{pmatrix}, \begin{pmatrix}-1\\4\\0\end{pmatrix}, \begin{pmatrix}0\\0\\2\end{pmatrix}$

```
a1 = [ - 1;3;1];
a2 = [2;1;0];
a3 = [1;4;1];
A = [a1,a2,a3];
rA = rank(A);
if rA = = size(A,2)      % 判断向量组的秩是否等于向量的个数
    disp('此向量组线性无关.')      % 如果相等,则线性无关
else
    disp('此向量组线性相关.')      % 如果不相等,则线性相关
end
此向量组线性相关.
a1 = [2;3;0];
a2 = [ - 1;4;0];
a3 = [0;0;2];
A = [a1,a2,a3];
rA = rank(A);
if rA = = size(A,2)      % 判断向量组的秩是否等于向量的个数
    disp('此向量组线性无关.')      % 如果相等,则线性无关
else
```

```
    disp('此向量组线性相关.')      % 如果不相等,则线性相关
end
此向量组线性无关.
```

【例 6.19】 设矩阵

$$A=\begin{pmatrix}2 & -1 & -1 & 1 & 2\\1 & 1 & -2 & 1 & 4\\4 & -6 & 2 & -2 & 4\\3 & 6 & -9 & 7 & 9\end{pmatrix}$$

求矩阵 A 的列向量组的一个最大无关组，并把不属于最大无关组的列向量用最大无关组线性表示.

代码与结果：

```
A=[2 -1 -1 1 2;1 1 -2 1 4;4 -6 2 -2 4;3 6 -9 7 9];
[rfA,S]=rref(A);      % 初等行变换得行最简形矩阵 rfA,最大无关组中向量的列号存入 S
disp(strcat('最大无关组中的向量为:',num2str(S))); % 输出最大无关组中向量的列号
最大无关组中的向量为:1  2  4
T=setdiff(1:5,S);      % 非最大无关组中向量的列号存入 T
for i=1:length(T)
disp(strcat('第',num2str(T(i)),'个向量由最大无关组表示的系数为:'))
c=A(1:length(S),S)\A(1:length(S),T(i))    % 将非最大无关组中的向量用最大无关组表示
end
第 3 个向量由最大无关组表示的系数为:
c = 3×1
    -1
    -1
     0
第 5 个向量由最大无关组表示的系数为:
c = 3×1
     4
     3
    -3
```

根据系数 c 知，$a_3=-a_1-a_2$，$a_5=4a_1+3a_2-3a_4$.

6.6 相似矩阵及二次型实验

【例 6.20】 设 $a_1=\begin{pmatrix}1\\2\\-1\end{pmatrix}$，$a_2=\begin{pmatrix}-1\\3\\1\end{pmatrix}$，$a_3=\begin{pmatrix}4\\-1\\0\end{pmatrix}$，试用施密特正交化把这组向量标准正交化.

自定义函数 MySMT，功能：将列向量组进行施密特正交化.

```
function [B] = MySMT(A)
% 输入:A 为列向量组所构成的矩阵,A = [a1,a2,a3,…,an]
% 输出:B 为施密特正交化之后的向量组所构成的矩阵,B = [b1,b2,b3,…,bn]
n = size(A,2);      % 返回列向量组中向量个数
B(:,1) = A(:,1)/norm(A(:,1));      % 将 a1 标准化后赋值给 b1
for i = 2:n
    ai = A(:,i);
    tmp = ai;
    for j = 1:i - 1
        tmp = tmp-dot(ai,B(:,j))/norm(B(:,j))^2 * B(:,j); % 施密特正交化,计算 bi,dot(a,b)表示向量 a 和 b 的内积
    end
    B(:,i) = tmp/norm(tmp); % 将 bi 标准化后重新赋值给 bi
end
end
```

代码与结果：

```
a1 = [1;2; - 1];
a2 = [ - 1;3;1];
a3 = [4; - 1;0];
A = [a1,a2,a3];
B = MySMT(sym(A))       % 将矩阵 A 转化为符号矩阵,再进行施密特正交化
B =
```

$$\begin{pmatrix} \frac{\sqrt{6}}{6} & -\frac{\sqrt{3}}{3} & \frac{\sqrt{8}}{4} \\ \frac{\sqrt{6}}{3} & \frac{\sqrt{3}}{3} & 0 \\ -\frac{\sqrt{6}}{6} & \frac{\sqrt{3}}{3} & \frac{\sqrt{8}}{4} \end{pmatrix}$$

【例 6.21】 求矩阵 $\boldsymbol{A}=\begin{pmatrix} -1 & 1 & 0 \\ -4 & 3 & 0 \\ 1 & 0 & 2 \end{pmatrix}$的特征值和特征向量.

代码及结果：

```
A = [-1 1 0;-4 3 0;1 0 2];      % 输入矩阵 A
SA = sym(A);            % 将数值矩阵 A 转化为符号矩阵 SA
[v,d] = eig(SA)     % 用[v,d] = eig(SA)求 SA 的特征值和特征向量,其中 d 为特征值构成的对角阵,v 为特征值所对应的特征向量
v =
```

$$\begin{pmatrix} 0 & -1 \\ 0 & -2 \\ 1 & 1 \end{pmatrix}$$

```
d =
```

$$\begin{pmatrix} 2 & 0 & 0 \\ 0 & 1 & 0 \\ 0 & 0 & 1 \end{pmatrix}$$

【例 6.22】 设矩阵 $\boldsymbol{A}=\begin{pmatrix} -2 & 1 & 1 \\ 0 & 2 & 0 \\ -4 & 1 & 3 \end{pmatrix}$，问 $\boldsymbol{A}$ 能否对角化，若能，则求可逆矩阵 $\boldsymbol{P}$ 和对角矩阵 $\boldsymbol{\Lambda}$，使 $\boldsymbol{P}^{-1}\boldsymbol{AP}=\boldsymbol{\Lambda}$.

代码与结果：

```
A = [-2 1 1;0 2 0;-4 1 3];
SA = sym(A);
[P,D] = eig(SA)
P =
```

$$\begin{pmatrix} 1 & \frac{1}{4} & \frac{1}{4} \\ 0 & 1 & 0 \\ 1 & 0 & 1 \end{pmatrix}$$

```
D =
```

$$\begin{pmatrix} -1 & 0 & 0 \\ 0 & 2 & 0 \\ 0 & 0 & 2 \end{pmatrix}$$

```
if size(P,2) = = size(A,2)
    disp('可以对角化.')      % 特征向量的个数等于矩阵 A 的(行)列数
    inv(P) * A * P
else
    disp('不能对角化.')      % 特征向量的个数等于矩阵 A 的(行)列数
end
可以对角化.
ans =
```

$$\begin{pmatrix} -1 & 0 & 0 \\ 0 & 2 & 0 \\ 0 & 0 & 2 \end{pmatrix}$$

【例 6.23】 设 $\boldsymbol{A}=\begin{pmatrix} 0 & -1 & 1 \\ -1 & 0 & 1 \\ 1 & 1 & 0 \end{pmatrix}$，求一个正交矩阵 $\boldsymbol{P}$，使 $\boldsymbol{P}^{-1}\boldsymbol{AP}=\boldsymbol{\Lambda}$ 为对角阵.

代码与结果：

```
A=[0 -1 1;-1 0 1;1 1 0];
[S,D]=eig(sym(A));        %求特征向量和特征值
P=MySMT(S)                %将特征向量施密特正交化
P =
```

$$\begin{pmatrix} -\frac{\sqrt{3}}{3} & -\frac{\sqrt{2}}{2} & \frac{\sqrt{2}\sqrt{3}}{6} \\ -\frac{\sqrt{3}}{3} & \frac{\sqrt{2}}{2} & \frac{\sqrt{2}\sqrt{3}}{6} \\ \frac{\sqrt{3}}{3} & 0 & \frac{\sqrt{2}\sqrt{3}}{3} \end{pmatrix}$$

```
P'*A*P,inv(P)*A*P     %验证
ans =
```

$$\begin{pmatrix} -2 & 0 & 0 \\ 0 & 1 & 0 \\ 0 & 0 & 1 \end{pmatrix}$$

```
ans =
```

$$\begin{pmatrix} -2 & 0 & 0 \\ 0 & 1 & 0 \\ 0 & 0 & 1 \end{pmatrix}$$

【例 6.24】 求一个正交变换 $\boldsymbol{x}=\boldsymbol{P}\boldsymbol{y}$，把二次型 $f=x_1^2+2x_2^2+2x_1x_2+4x_1x_3+2x_2x_3$ 化为标准型.

代码与结果：

```
A=[1 1 2;1 2 1;2 1 1];     %二次型f的矩阵
[V,D]=eig(sym(A));         %将A转为符号矩阵,并求特征值和特征向量
P=MySMT(V)                 %进行施密特正交化,求正交矩阵P
P =
```

$$\begin{pmatrix} \frac{\sqrt{6}}{6} & \frac{\sqrt{3}}{3} & -\frac{\sqrt{2}}{2} \\ -\frac{\sqrt{6}}{3} & \frac{\sqrt{3}}{3} & 0 \\ \frac{\sqrt{6}}{6} & \frac{\sqrt{3}}{3} & \frac{\sqrt{2}}{2} \end{pmatrix}$$

```
syms x1 x2 x3 X y1 y2 y3;
X=P*[y1;y2;y3];                  %求变换关系
x1=X(1),x2=X(2),x3=X(3)          %显示变换关系
x1 =
```

$$\frac{\sqrt{3}\,y_2}{3}-\frac{\sqrt{2}\,y_3}{2}+\frac{\sqrt{6}\,y_1}{6}$$

```
x2 =
```

$$\frac{\sqrt{3}\,y_2}{3}-\frac{\sqrt{6}\,y_1}{3}$$

```
x3 =
```

$$\frac{\sqrt{2}\,y_3}{2}+\frac{\sqrt{3}\,y_2}{3}+\frac{\sqrt{6}\,y_1}{6}$$

```
f = [y1,y2,y3] * D * [y1;y2;y3]      % f的标准型
```

$$f = y_1^2 + 4y_2^2 - y_3^2$$

部分习题参考答案

习题 1

1.(1) 5；(2) x^3-x^2-1；(3) 18；(4) 0；(5) 5；(6) $-2(x^3+y^3)$.

2.(1) 4；(2) 7；(3) $\frac{1}{2}n(n-1)$；(4) $n(n-1)$.

3.(1) $k=3$ 或 $k=1$；(2) $k\neq 0$ 且 $k\neq 2$.

4. $-a_{11}a_{23}a_{32}a_{44}$；$a_{11}a_{23}a_{34}a_{42}$.

5.(1) 8；(2) 1；(3) 0；(4) -270；(5) $abcd+ab+cd+ad+1$；(6) x^2y^2.

7.(1) $a_1a_2\cdots a_n\left(1+\sum_{i=1}^{n}\frac{1}{a_i}\right)$；(2) $[x+(n-1)a](x-a)^{n-1}$；(3) $4a_1a_2a_3$；(4) -1080；(5) $(ad-bc)^n$；(6) $(k-1)(k^2-4)$.

8. 7.　　9. -15.　　10. 24.

习题 2

1.(1) $\begin{pmatrix}1 & 2 & 3\\ 2 & 4 & 6\\ 3 & 6 & 9\end{pmatrix}$；(2) 14；(3) $\begin{pmatrix}4 & 6\\ 7 & -1\end{pmatrix}$；(4) 15.

3.(1) $\begin{pmatrix}a^n & 0 & 0\\ 0 & b^n & 0\\ 0 & 0 & c^n\end{pmatrix}$；(2) $\begin{pmatrix}0 & 0 & 0\\ 0 & 0 & 0\\ 0 & 0 & 0\end{pmatrix}$.

4.(1) $\begin{pmatrix}7 & -2\\ -3 & 1\end{pmatrix}$；(2) $\begin{pmatrix}-2 & 1 & 0\\ -\frac{13}{1} & 3 & -\frac{1}{2}\\ -16 & 7 & -1\end{pmatrix}$；(3) $\begin{pmatrix}2 & -1 & -1\\ 3 & -1 & -2\\ -1 & 1 & 1\end{pmatrix}$；

(4) $\begin{pmatrix} 1 & 3 & -2 \\ -3/2 & -3 & 5/2 \\ 1 & 1 & -1 \end{pmatrix}$；(5) $\begin{pmatrix} \frac{1}{a_1} & 0 & \cdots & 0 \\ 0 & \frac{1}{a_2} & \cdots & 0 \\ \vdots & \vdots & \ddots & \vdots \\ 0 & 0 & \cdots & \frac{1}{a_n} \end{pmatrix}$；(6) $\begin{pmatrix} & & & \frac{1}{a_n} \\ & & ⋰ & \\ & \frac{1}{a_2} & & \\ \frac{1}{a_1} & & & \end{pmatrix}$.

5. $\begin{pmatrix} 1 & 4 & -7 & 3 \\ 0 & 1 & -3 & -14 \\ 0 & 0 & 0 & -143 \\ 0 & 0 & 0 & 0 \end{pmatrix}$. 6. $\begin{pmatrix} 1 & 0 & 0 \\ 0 & 1 & 0 \\ 0 & 0 & 0 \\ 0 & 0 & 0 \\ 0 & 0 & 0 \end{pmatrix}$. 7. $\begin{pmatrix} 0 & -1/2 & 0 \\ -3 & -3/4 & -1/2 \\ -1 & 0 & 0 \end{pmatrix}$

8.(1) $\boldsymbol{X}=\begin{pmatrix} -2 & 2 & 1 \\ -\frac{8}{3} & 5 & -\frac{2}{3} \end{pmatrix}$；(2) $\boldsymbol{X}=\begin{pmatrix} 2 & -1 & 0 \\ 1 & 3 & -4 \\ 1 & 0 & -2 \end{pmatrix}$；

(3) $\boldsymbol{X}=\begin{pmatrix} 0 & 3 & 3 \\ -1 & 2 & 3 \\ 1 & 1 & 0 \end{pmatrix}$；(4) $\boldsymbol{X}=\begin{pmatrix} 2 & 0 & 1 \\ 0 & 3 & 0 \\ 1 & 0 & 2 \end{pmatrix}$；(5) $\boldsymbol{X}=\begin{pmatrix} -2 & 2 & 6 \\ 2 & 0 & -3 \\ 2 & -1 & -3 \end{pmatrix}$；

(6) $\boldsymbol{X}=\begin{pmatrix} 3 & 2 \\ -2 & -3 \\ 1 & 3 \end{pmatrix}$；(7) $\boldsymbol{X}=\begin{pmatrix} 3 & -8 & -6 \\ 2 & -9 & -6 \\ -2 & 12 & 9 \end{pmatrix}$.

9. 16. 10. $\begin{pmatrix} 4 & 4 & 4 \\ 4 & 4 & 4 \\ 4 & 4 & 4 \end{pmatrix}$. 11. $\begin{cases} x_1=-1 \\ x_2=3 \\ x_3=-1 \end{cases}$.

12. $\begin{cases} x_1=3 \\ x_2=-4 \\ x_3=-1 \\ x_4=1 \end{cases}$. 13. $y=3-\frac{3}{2}x+2x^2-\frac{1}{2}x^3$.

习题 3

1.(1) 有唯一解 $\begin{pmatrix} x_1 \\ x_2 \\ x_3 \end{pmatrix}=\begin{pmatrix} -3 \\ \frac{4}{3} \\ \frac{4}{3} \end{pmatrix}$；(2) 无解；

(3) 有无穷多解，通解为 $\begin{pmatrix} x_1 \\ x_2 \\ x_3 \end{pmatrix} = k \begin{pmatrix} \frac{9}{7} \\ \frac{8}{7} \\ 1 \end{pmatrix} + \begin{pmatrix} -3 \\ 1 \\ 0 \end{pmatrix}$ $(k \in R)$；(4) 只有零解；

(5) 有无穷多解，通解为 $\begin{pmatrix} x_1 \\ x_2 \\ x_3 \\ x_4 \end{pmatrix} = k_1 \begin{pmatrix} 8 \\ -6 \\ 1 \\ 0 \end{pmatrix} + k_2 \begin{pmatrix} -7 \\ 5 \\ 0 \\ 1 \end{pmatrix}$ $(k_1, k_2 \in \mathbf{R})$.

2. $(-3, -5, 5)^T$，$(13, 2, 5)^T$.

3. $(2, -9, -5, 10)^T$，$(-1, 7, 4, -7)^T$.

4. 提示：由 $\lambda_1\boldsymbol{\alpha}_1 + \lambda_2\boldsymbol{\alpha}_2 + \lambda_3\boldsymbol{\alpha}_3 = \boldsymbol{\beta}$，解出 $\lambda_1 = -1$，$\lambda_2 = \lambda_3 = 1$，故 $\boldsymbol{\beta} = -\boldsymbol{\alpha}_1 + \boldsymbol{\alpha}_2 + \boldsymbol{\alpha}_3$.

5. 对矩阵 $(\boldsymbol{\alpha}_1, \boldsymbol{\alpha}_2, \boldsymbol{\alpha}_3, \boldsymbol{\beta}_1, \boldsymbol{\beta}_2, \boldsymbol{\beta}_3)$ 作初等行变换，有

$$(\boldsymbol{\alpha}_1, \boldsymbol{\alpha}_2, \boldsymbol{\alpha}_3, \boldsymbol{\beta}_1, \boldsymbol{\beta}_2, \boldsymbol{\beta}_3) = \begin{pmatrix} 0 & 3 & 2 & 2 & 0 & 4 \\ 1 & 0 & 3 & 1 & -2 & 4 \\ 2 & 1 & 0 & 1 & 1 & 1 \\ 3 & 2 & 1 & 2 & 1 & 3 \end{pmatrix}$$

$$\sim \begin{pmatrix} 1 & 0 & 0 & 1/4 & 1/4 & 1/4 \\ 0 & 1 & 0 & 2/4 & 2/4 & 2/4 \\ 0 & 0 & 1 & 1/4 & -3/4 & 5/4 \\ 0 & 0 & 0 & 0 & 0 & 0 \end{pmatrix}$$

故 $\boldsymbol{\beta}_1 = \frac{1}{4}\boldsymbol{\alpha}_1 + \frac{2}{4}\boldsymbol{\alpha}_2 + \frac{1}{4}\boldsymbol{\alpha}_3$，$\boldsymbol{\beta}_2 = \frac{1}{4}\boldsymbol{\alpha}_1 + \frac{2}{4}\boldsymbol{\alpha}_2 - \frac{3}{4}\boldsymbol{\alpha}_3$，$\boldsymbol{\beta}_3 = \frac{1}{4}\boldsymbol{\alpha}_1 + \frac{2}{4}\boldsymbol{\alpha}_2 + \frac{5}{4}\boldsymbol{\alpha}_3$

即 $\boldsymbol{B}$ 组能由 $\boldsymbol{A}$ 组线性表示.

$$(\boldsymbol{\beta}_1, \boldsymbol{\beta}_2, \boldsymbol{\beta}_3, \boldsymbol{\alpha}_1, \boldsymbol{\alpha}_2, \boldsymbol{\alpha}_3) = \begin{pmatrix} 2 & 0 & 4 & 0 & 3 & 2 \\ 1 & -2 & 4 & 1 & 0 & 3 \\ 1 & 1 & 1 & 2 & 1 & 0 \\ 2 & 1 & 3 & 3 & 2 & 1 \end{pmatrix} \sim \begin{pmatrix} 1 & 0 & 2 & 0 & 3/2 & 1 \\ 0 & 1 & -1 & 0 & 1/2 & -1 \\ 0 & 0 & 0 & 1 & -1/2 & 0 \\ 0 & 0 & 0 & 0 & 0 & 0 \end{pmatrix}$$

故 $\boldsymbol{\alpha}_1$，$\boldsymbol{\alpha}_2$ 不可以由 $\boldsymbol{\beta}_1$，$\boldsymbol{\beta}_2$，$\boldsymbol{\beta}_3$ 线性表示，故 $\boldsymbol{A}$ 组不能由 $\boldsymbol{B}$ 组线性表示.

6. (1) 线性相关；(2) 线性无关；(3) 线性相关；(4) 线性相关.

7. $a = 2$ 或 $a = -1$.

8. (1) $\boldsymbol{\alpha}_1$，$\boldsymbol{\alpha}_2$，$\boldsymbol{\alpha}_3$ 线性相关，(2) $\boldsymbol{\alpha}_2$，$\boldsymbol{\alpha}_3$ 线性无关，故 $\boldsymbol{\alpha}_1$ 能用 $\boldsymbol{\alpha}_2$，$\boldsymbol{\alpha}_3$ 唯一地线性表示.(2) $\boldsymbol{\alpha}_4$ 不能用 $\boldsymbol{\alpha}_1$，$\boldsymbol{\alpha}_2$，$\boldsymbol{\alpha}_3$ 线性表示.事实上，若 $\boldsymbol{\alpha}_4$ 能用 $\boldsymbol{\alpha}_1$，$\boldsymbol{\alpha}_2$，$\boldsymbol{\alpha}_3$ 线性表示，则 $\boldsymbol{\alpha}_4$ 也能用 $\boldsymbol{\alpha}_2$，$\boldsymbol{\alpha}_3$ 线性表示，从而 $\boldsymbol{\alpha}_2$，$\boldsymbol{\alpha}_3$，$\boldsymbol{\alpha}_4$ 线性相关，这与条件相矛盾.

9.（1）秩为 4，$\boldsymbol{\alpha}_1$，$\boldsymbol{\alpha}_2$，$\boldsymbol{\alpha}_3$，$\boldsymbol{\alpha}_4$ 是极大无关组；（2）秩为 4，可取 $\boldsymbol{\alpha}_1$，$\boldsymbol{\alpha}_2$，$\boldsymbol{\alpha}_3$，$\boldsymbol{\alpha}_5$ 为极大无关组.

10.（1）极大无关组为 $\begin{pmatrix}2\\4\\2\end{pmatrix}$，$\begin{pmatrix}1\\1\\0\end{pmatrix}$，且 $\begin{pmatrix}2\\3\\1\end{pmatrix}=\frac{1}{2}\begin{pmatrix}2\\4\\2\end{pmatrix}+\begin{pmatrix}1\\1\\0\end{pmatrix}$，$\begin{pmatrix}3\\5\\2\end{pmatrix}=\begin{pmatrix}2\\4\\2\end{pmatrix}+\begin{pmatrix}1\\1\\0\end{pmatrix}$；

（2）可取极大无关组为 $\begin{pmatrix}1\\0\\2\\1\end{pmatrix}$，$\begin{pmatrix}1\\2\\0\\1\end{pmatrix}$，$\begin{pmatrix}2\\1\\3\\0\end{pmatrix}$ 且

$$\begin{pmatrix}2\\5\\-1\\4\end{pmatrix}=\begin{pmatrix}1\\0\\2\\1\end{pmatrix}+3\begin{pmatrix}1\\2\\0\\1\end{pmatrix}-\begin{pmatrix}2\\1\\3\\0\end{pmatrix},\quad \begin{pmatrix}1\\-1\\3\\-1\end{pmatrix}=-\begin{pmatrix}1\\2\\0\\1\end{pmatrix}+\begin{pmatrix}2\\1\\3\\0\end{pmatrix};$$

（3）$(\boldsymbol{\alpha}_1^{\mathrm{T}}, \boldsymbol{\alpha}_2^{\mathrm{T}}, \boldsymbol{\alpha}_3^{\mathrm{T}}, \boldsymbol{\alpha}_4^{\mathrm{T}}, \boldsymbol{\alpha}_5^{\mathrm{T}}) \sim \begin{pmatrix}1&0&3&0&1\\0&1&1&0&1\\0&0&0&1&1\\0&0&0&0&0\end{pmatrix}$，

可取 $\boldsymbol{\alpha}_1$，$\boldsymbol{\alpha}_2$，$\boldsymbol{\alpha}_4$ 为极大无关组，且 $\begin{cases}\boldsymbol{\alpha}_3=3\boldsymbol{\alpha}_1+\boldsymbol{\alpha}_2\\ \boldsymbol{\alpha}_5=\boldsymbol{\alpha}_1+\boldsymbol{\alpha}_2+\boldsymbol{\alpha}_4\end{cases}$.

11.（1）$\begin{vmatrix}1&-1&3&-2\\1&-3&2&-6\\1&5&-1&10\\3&1&p+2&p\end{vmatrix}=14(p-2)$，当 $p\neq 2$ 时，向量组线性无关；

（2）当 $p=2$ 时，向量组线性相关，秩为 3，极大无关组可取为 $\boldsymbol{\alpha}_1$，$\boldsymbol{\alpha}_2$，$\boldsymbol{\alpha}_3$.

12. V_1 是，V_2 不是.

13.（1）$\lambda\neq -2$ 且 $\lambda\neq 1$；（2）$\lambda=-2$；（3）$\lambda=1$，其通解是

$$\begin{pmatrix}x_1\\x_2\\x_3\end{pmatrix}=k_1\begin{pmatrix}-1\\1\\0\end{pmatrix}+k_2\begin{pmatrix}-1\\0\\1\end{pmatrix}+\begin{pmatrix}-2\\0\\0\end{pmatrix}\quad (k_1,k_2\in\mathbf{R})$$

14.（1）当 $\lambda\neq 0$ 且 $\lambda\neq -3$ 时，$R(\mathbf{A})=R(\mathbf{B})=3$，方程组有唯一解；

（2）当 $\lambda=0$ 时，$R(\mathbf{A})=1$，$R(\mathbf{B})=2$，$R(\mathbf{A})\neq R(\mathbf{B})$，方程组无解；

（3）当 $\lambda=-3$ 时，$R(\mathbf{A})=R(\mathbf{B})=2$，方程组有无穷多个解，其通解为

$$\begin{pmatrix}x_1\\x_2\\x_3\end{pmatrix}=k\begin{pmatrix}1\\1\\1\end{pmatrix}+\begin{pmatrix}-3\\0\\0\end{pmatrix}\quad (k\in\mathbf{R})$$

15. 提示：$\boldsymbol{A}_{m\times n}$，$\boldsymbol{B}_{m\times n}$. 则 $\boldsymbol{A}+\boldsymbol{B}=(\boldsymbol{a}_1+\boldsymbol{b}_1, \boldsymbol{a}_2+\boldsymbol{b}_2, \cdots, \boldsymbol{a}_n+\boldsymbol{b}_n)$.

由 $\boldsymbol{a}_1+\boldsymbol{b}_1$，$\boldsymbol{a}_2+\boldsymbol{b}_2$，…，$\boldsymbol{a}_n+\boldsymbol{b}_n$ 可由 $\boldsymbol{a}_1$，$\boldsymbol{a}_2$，…，$\boldsymbol{a}_n$，$\boldsymbol{b}_1$，$\boldsymbol{b}_2$，…，$\boldsymbol{b}_n$ 线性表示，所以 $\boldsymbol{a}_1+\boldsymbol{b}_1$，$\boldsymbol{a}_2+\boldsymbol{b}_2$，…，$\boldsymbol{a}_n+\boldsymbol{b}_n$ 的秩小于或等于 $\boldsymbol{a}_1$，$\boldsymbol{a}_2$，…，$\boldsymbol{a}_n$，$\boldsymbol{b}_1$，$\boldsymbol{b}_2$，…，$\boldsymbol{b}_n$ 的秩.

16. 令 $\boldsymbol{B}=(\boldsymbol{b}_1, \boldsymbol{b}_2, \cdots, \boldsymbol{b}_r)$，$\boldsymbol{A}=(\boldsymbol{a}_1, \boldsymbol{a}_2, \cdots, \boldsymbol{a}_s)$，并将 $\boldsymbol{K}$ 按列分块为 $\boldsymbol{K}=(\boldsymbol{k}_1, \boldsymbol{k}_2, \cdots, \boldsymbol{k}_r)$. 必要性. 由于 $\boldsymbol{B}$ 组向量线性无关，有故 $R(\boldsymbol{K})=r$；充分性. 设有一组数 λ_1，λ_2，…，λ_r 使

$$\lambda_1\boldsymbol{b}_1+\lambda_2\boldsymbol{b}_2+\cdots+\lambda_r\boldsymbol{b}_r=\lambda_1\boldsymbol{A}\boldsymbol{k}_1+\lambda_2\boldsymbol{A}\boldsymbol{k}_2+\cdots+\lambda_r\boldsymbol{A}\boldsymbol{k}_r=0$$

而 $\boldsymbol{a}_1$，$\boldsymbol{a}_2$，…，$\boldsymbol{a}_s$ 线性无关，所以 $\boldsymbol{A}\boldsymbol{x}=\boldsymbol{0}$ 只有零解. 即 $\lambda_1\boldsymbol{k}_1+\lambda_2\boldsymbol{k}_2+\cdots+\lambda_r\boldsymbol{k}_r=\boldsymbol{0}$，而 $\boldsymbol{k}_1$，$\boldsymbol{k}_2$，…，$\boldsymbol{k}_r$ 线性无关，故 $\lambda_1=\lambda_2=\cdots=\lambda_r=0$. 说明 $\boldsymbol{b}_1$，$\boldsymbol{b}_2$，…，$\boldsymbol{b}_r$ 线性无关.

17. 提示：$\boldsymbol{\alpha}_4$ 可由 $\boldsymbol{\alpha}_1$，$\boldsymbol{\alpha}_2$，$\boldsymbol{\alpha}_3$ 线性表示，即存在一组数 λ_1，λ_2，λ_3. 使 $\boldsymbol{\alpha}_4=\lambda_1\boldsymbol{\alpha}_1+\lambda_2\boldsymbol{\alpha}_2+\lambda_3\boldsymbol{\alpha}_3$. 令 $k_1\boldsymbol{\alpha}_1+k_2\boldsymbol{\alpha}_2+k_3\boldsymbol{\alpha}_3+k_4(\boldsymbol{\alpha}_5-\boldsymbol{\alpha}_4)=\boldsymbol{0}$，由 $\boldsymbol{\alpha}_1$，$\boldsymbol{\alpha}_2$，$\boldsymbol{\alpha}_3$，$\boldsymbol{\alpha}_5$ 线性无关，易知命题成立.

18. (1) 是；(2) 不是；(3) 是.

19. 提示：三维向量组 $\boldsymbol{\alpha}_1$，$\boldsymbol{\alpha}_2$，$\boldsymbol{\alpha}_3$ 的秩为 3，成为 $\mathbf{R}^3$ 的一个基.

20. 提示：因为 $R(a_1, a_2)=R(b_1, b_2)=R(a_1, a_2, b_1, b_2)$，所以 $\boldsymbol{a}_1$，$\boldsymbol{a}_2$ 与 $\boldsymbol{b}_1$，$\boldsymbol{b}_2$ 等价.

21. 坐标是 (2，3，-1).

22. (1) 特解是 $\boldsymbol{\eta}=(-17, 0, 14, 0)^{\mathrm{T}}$，基础解系是 $\boldsymbol{\xi}_1=(-9, 1, 7, 0)^{\mathrm{T}}$，$\boldsymbol{\xi}_2=\left(-4, 0, \dfrac{7}{2}, 1\right)^{\mathrm{T}}$；

(2) 特解是 $\boldsymbol{\eta}=\left(-\dfrac{1}{2}, -\dfrac{1}{2}, -1, 0\right)^{\mathrm{T}}$，基础解系是 $\boldsymbol{\xi}=(1, 2, 0, 1)^{\mathrm{T}}$.

23. 通解为 $\begin{pmatrix}x_1\\x_2\\x_3\\x_4\end{pmatrix}=k\begin{pmatrix}-1\\-4\\-1\\2\end{pmatrix}+\begin{pmatrix}1\\2\\3\\4\end{pmatrix}\quad(k\in\mathbf{R})$.

24. $\begin{cases}x_1-2x_2+x_3=0\\2x_1-3x_2+x_4=0\end{cases}$.

25. $\boldsymbol{X}=(1, 1, 1, 1)^{\mathrm{T}}+k(1, -2, 1, 0)^{\mathrm{T}}\quad(k\in\mathbf{R})$.

26. 提示：$\boldsymbol{\beta}_1$，$\boldsymbol{\beta}_2$，…，$\boldsymbol{\beta}_s$ 均为方程组 $\boldsymbol{AX}=\boldsymbol{0}$ 的解. $\boldsymbol{\beta}_1$，$\boldsymbol{\beta}_2$，…，$\boldsymbol{\beta}_s$ 线性无关.

习题 4

1. $[\boldsymbol{\alpha}, \boldsymbol{\beta}]=-34$；$[\boldsymbol{\alpha}, \boldsymbol{\alpha}]=31$.

2. $\cos\theta=\dfrac{[\boldsymbol{\alpha}, \boldsymbol{\beta}]}{\|\boldsymbol{\alpha}\|\cdot\|\boldsymbol{\beta}\|}=\dfrac{6-4\sqrt{3}}{5\times4}=\dfrac{3-2\sqrt{3}}{10}$，$\theta=\arccos\dfrac{3-2\sqrt{3}}{10}$.

3. $\boldsymbol{e}_1=\dfrac{1}{\sqrt{6}}\begin{pmatrix}1\\2\\-1\end{pmatrix}$，$\boldsymbol{e}_2=\dfrac{1}{\sqrt{3}}\begin{pmatrix}-1\\1\\1\end{pmatrix}$，$\boldsymbol{e}_3=\dfrac{1}{\sqrt{2}}\begin{pmatrix}1\\0\\1\end{pmatrix}$.

4. 显然，$\boldsymbol{\alpha}_1$，$\boldsymbol{\alpha}_2$，$\boldsymbol{\alpha}_3$ 是线性无关的. 先正交化，再单位化，得规范正交向量如下

$$\boldsymbol{e}_1=\left(\frac{1}{2},\frac{1}{2},\frac{1}{2},\frac{1}{2}\right),\boldsymbol{e}_2=\left(0,\frac{-2}{\sqrt{14}},\frac{-1}{\sqrt{14}},\frac{3}{\sqrt{14}}\right),\boldsymbol{e}_3=\left(\frac{1}{\sqrt{6}},\frac{1}{\sqrt{6}},\frac{-2}{\sqrt{6}},0\right)$$

5.（1）不是；（2）是.

6. $\boldsymbol{\alpha}_2=\begin{pmatrix}1\\0\\1\end{pmatrix}$，$\boldsymbol{\alpha}_3=\dfrac{1}{2}\begin{pmatrix}-1\\2\\1\end{pmatrix}$.

7. 特征值 $\lambda_1=-1$，$\lambda_2=\lambda_2=2$.

当 $\lambda_1=-1$ 时，基础解系 $\boldsymbol{p}_1=\begin{pmatrix}1\\0\\1\end{pmatrix}$，对应的全体特征向量为 $k_1\boldsymbol{p}_1$（$k_1\neq0$）.

当 $\lambda_2=\lambda_2=2$ 时，基础解系 $\boldsymbol{p}_2=\begin{pmatrix}1\\4\\0\end{pmatrix}$，$\boldsymbol{p}_2=\begin{pmatrix}1\\0\\4\end{pmatrix}$，对应的全部特征向量为

$$k_2\boldsymbol{p}_2+k_3\boldsymbol{p}_3\quad(k_2,k_3\text{不同时为}0).$$

8. 特征值为 $\lambda_1=3$，$\lambda_2=2$（二重特征值）.

当 $\lambda_1=3$ 时，其基础解系为 $\boldsymbol{X}_1=(1, 1, 1)^{\mathrm{T}}$，$k_1\boldsymbol{X}_1$（$k_1\neq0$）是对应的全部特征向量.

当 $\lambda_2=2$ 时，其基础解系为 $\boldsymbol{X}_2=(1, 1, 2)^{\mathrm{T}}$，$k_2\boldsymbol{X}_2$（$k_2\neq0$）是对应的全部特征向量.

9. $|f(\boldsymbol{A})|=51$.

10. 提示　反证法.　　　11. $x=3$.

12. 正交阵 $\boldsymbol{P}=\begin{pmatrix}\frac{1}{3}&\frac{2}{3}&\frac{2}{3}\\\frac{2}{3}&\frac{1}{3}&-\frac{2}{3}\\\frac{2}{3}&-\frac{2}{3}&\frac{1}{3}\end{pmatrix}$，使 $\boldsymbol{P}^{-1}\boldsymbol{AP}=\mathrm{diag}(-2, 1, 4)$.

13.（1）设 λ 是特征向量 $\boldsymbol{p}$ 所对应的特征值，$\lambda=-1$，$a=-3$，$b=0$；（2）不能.

14. $\boldsymbol{A}^n=\boldsymbol{P\Lambda}^n\boldsymbol{P}^{-1}=\frac{1}{2}\begin{pmatrix}1+3^n & 1-3^n\\ 1-3^n & 1+3^n\end{pmatrix}$.　　15. $\boldsymbol{A}=\begin{pmatrix}-2 & 3 & -3\\ -4 & 5 & -3\\ -4 & 4 & -2\end{pmatrix}$.

16. $\boldsymbol{P}=\begin{pmatrix}2/3 & 2/3 & 1/3\\ 2/3 & -1/3 & -2/3\\ 1/3 & -2/3 & 2/3\end{pmatrix}$，此时 $\boldsymbol{P}^{-1}\boldsymbol{AP}=\boldsymbol{P}^{\mathrm{T}}\boldsymbol{AP}=\begin{pmatrix}-1 & 0 & 0\\ 0 & 2 & 0\\ 0 & 0 & 5\end{pmatrix}$.

习题 5

1.(1) $\begin{pmatrix}2 & 0 & 2\\ 0 & -1 & -1\\ 2 & -1 & 0\end{pmatrix}$；(2) $\begin{bmatrix}0 & 1 & 1 & 1\\ 1 & 0 & 0 & 0\\ 1 & 0 & 0 & 1\\ 1 & 0 & 1 & 0\end{bmatrix}$.

2.(1) 设 $\boldsymbol{X}=(x_1, x_2, x_3)^{\mathrm{T}}$，则

$$f(x_1, x_2, x_3)=x_1^2+2x_3^2-x_1x_2+x_1x_3-4x_2x_3$$

(2) 设 $\boldsymbol{X}=(x_1, x_2, x_3, x_4)^{\mathrm{T}}$，则

$$f(x_1, x_2, x_3, x_4)=-x_2^2+x_4^2+x_1x_2-2x_1x_3+x_2x_3+x_2x_4+x_3x_4$$

3.(1) $\begin{pmatrix}x_1\\ x_2\\ x_3\end{pmatrix}=\begin{bmatrix}\frac{1}{3} & \frac{2}{3} & \frac{2}{3}\\ \frac{2}{3} & \frac{1}{3} & -\frac{2}{3}\\ \frac{2}{3} & -\frac{2}{3} & \frac{1}{3}\end{bmatrix}\begin{pmatrix}y_1\\ y_2\\ y_3\end{pmatrix}$，$f=-2y_1^2+y_2^2+4y_3^2$.

(2) $\begin{pmatrix}x_1\\ x_2\\ x_3\end{pmatrix}=\begin{bmatrix}\frac{1}{\sqrt{2}} & -\frac{1}{2} & -\frac{1}{2}\\ 0 & -\frac{1}{\sqrt{2}} & \frac{1}{\sqrt{2}}\\ \frac{1}{\sqrt{2}} & \frac{1}{2} & \frac{1}{2}\end{bmatrix}\begin{pmatrix}y_1\\ y_2\\ y_3\end{pmatrix}$，$f=\sqrt{2}y_2^2-\sqrt{2}y_3^2$.

(3) $\begin{pmatrix}x_1\\ x_2\\ x_3\end{pmatrix}=\begin{bmatrix}\frac{2}{3} & \frac{1}{3} & \frac{2}{3}\\ -\frac{1}{3} & -\frac{2}{3} & \frac{2}{3}\\ -\frac{2}{3} & \frac{2}{3} & \frac{1}{3}\end{bmatrix}\begin{pmatrix}y_1\\ y_2\\ y_3\end{pmatrix}$，$f=2y_1^2+5y_2^2-y_3^2$.

4.(1) $f(x_1, x_2, x_3)=y_1^2+y_2^2$；(2) $f(x_1, x_2, x_3)=2z_1^2-2z_2^2$；
(3) $f(x_1, x_2, x_3)=-z_1^2+4z_2^2+z_3^2$.

5.(1) $f(x_1, x_2, x_3)=y_1^2+y_2^2$；(2) $f(x_1, x_2, x_3)=y_1^2-4y_2^2+4y_3^2$；

(3) $f(x_1, x_2, x_3)=2y_1^2-\frac{1}{2}y_2^2-12y_3^2$.

6. $c=3$，$f(x_1, x_2, x_3)=4y_2^2+9y_3^2$.

7. 提示：根据实对称矩阵和特征值.

8. $a=2$；正交替换矩阵为

$$\begin{pmatrix} 0 & 1 & 0 \\ \frac{1}{\sqrt{2}} & 0 & \frac{1}{\sqrt{2}} \\ \frac{1}{\sqrt{2}} & 0 & -\frac{1}{\sqrt{2}} \end{pmatrix}.$$

9.(1) 是；(2) 不是；(3) 不是.

10.(1) 不论 t 取何值，此二次型都不是正定的.

(2) $-\frac{4}{5}<t<0$；(3) $-\sqrt{2}<t<\sqrt{2}$.

11. 提示：先证 $\boldsymbol{BAB}$ 也为实对称矩阵. 由于 $\boldsymbol{A}$、$\boldsymbol{B}$ 为正定矩阵，则存在可逆矩阵 $\boldsymbol{C}_1$，$\boldsymbol{C}_2$，有 $\boldsymbol{A}=\boldsymbol{C}_1^{\mathrm{T}}\boldsymbol{C}_1$，$\boldsymbol{B}=\boldsymbol{C}_2^{\mathrm{T}}\boldsymbol{C}_2$，所以

$$\boldsymbol{BAB}=\boldsymbol{C}_2^{\mathrm{T}}\boldsymbol{C}_2\boldsymbol{C}_1^{\mathrm{T}}\boldsymbol{C}_1\boldsymbol{C}_2^{\mathrm{T}}\boldsymbol{C}_2=(\boldsymbol{C}_1\boldsymbol{C}_2^{\mathrm{T}}\boldsymbol{C}_2)^{\mathrm{T}}\ (\boldsymbol{C}_1\boldsymbol{C}_2^{\mathrm{T}}\boldsymbol{C}_2)$$

12. 提示：先证 $\boldsymbol{X}^{\mathrm{T}}\boldsymbol{AX}>0$，$\boldsymbol{X}^{\mathrm{T}}\boldsymbol{BX}>0$，$h=\boldsymbol{X}^{\mathrm{T}}(\boldsymbol{A}+\boldsymbol{B})\boldsymbol{X}=\boldsymbol{X}^{\mathrm{T}}\boldsymbol{AX}+\boldsymbol{X}^{\mathrm{T}}\boldsymbol{BX}>0$.

13. 提示：先证 $\boldsymbol{A}^*$ 为对称矩阵；由已知条件可知，存在可逆矩阵 $\boldsymbol{C}$，使得

$$\boldsymbol{A}=\boldsymbol{C}^{\mathrm{T}}\boldsymbol{C}.\ \boldsymbol{A}^{-1}=(\boldsymbol{C}^{\mathrm{T}}\boldsymbol{C})^{-1}=\boldsymbol{C}^{-1}(\boldsymbol{C}^{-1})^{\mathrm{T}}$$

$$\boldsymbol{A}^*=|\boldsymbol{A}|\boldsymbol{A}^{-1}=|\boldsymbol{A}|\boldsymbol{C}^{-1}(\boldsymbol{C}^{-1})^{\mathrm{T}}=\frac{1}{\sqrt{|\boldsymbol{A}|}}\boldsymbol{C}^{-1}\left[\frac{1}{\sqrt{|\boldsymbol{A}|}}\boldsymbol{C}^{-1}\right]^{\mathrm{T}}$$

14. 提示：(1) $\boldsymbol{X}^{\mathrm{T}}(\boldsymbol{A}^{\mathrm{T}}\boldsymbol{A})\boldsymbol{X}=(\boldsymbol{AX})^{\mathrm{T}}(\boldsymbol{AX})>0$；

(2) $\boldsymbol{X}^{\mathrm{T}}(\boldsymbol{AA}^{\mathrm{T}})\boldsymbol{X}=(\boldsymbol{A}^{\mathrm{T}}\boldsymbol{X})^{\mathrm{T}}\ (\boldsymbol{A}^{\mathrm{T}}\boldsymbol{X})\geqslant 0$.

15. 提示：利用负惯性指数.

16. 提示：设矩阵 $\boldsymbol{A}$ 为正定矩阵，因此 $f=\boldsymbol{X}^{\mathrm{T}}\boldsymbol{AX}$ 为正定二次型.